U0338467

高等职业教育“十三五”规划教材

计算机应用基础实训指导

宋益众　金信苗　主　编

戚海燕　陈　红　副主编

科　学　出　版　社

北　京

内 容 简 介

本书由两部分组成：第一部分为实验，第二部分为习题。

本书内容包括：计算机基础知识与操作、Windows 7操作系统、文字处理软件Word 2010、电子表格软件Excel 2010、演示文稿软件PowerPoint 2010、计算机网络与Internet应用、计算机信息安全实训。

本书实验内容全面，图文并茂，实验步骤详细，习题量大而全，易学易懂。适合作为“大学计算机基础”、“计算机应用基础”或“计算机文化基础”等课程相配套的上机实验（训）教材，同时也可作为计算机爱好者自学时上机操作练习用书。

图书在版编目（CIP）数据

计算机应用基础实训指导/宋益众，金信苗主编. —北京：科学出版社，2018.8

（高等职业教育“十三五”规划教材）

ISBN 978-7-03-058308-6

Ⅰ. ①计…　Ⅱ. ①宋…　②金…　Ⅲ. ①电子计算机-高等职业教育-教学参考资料　Ⅳ. ①TP3

中国版本图书馆CIP数据核字（2018）第163016号

责任编辑：薛飞丽 / 责任校对：陶丽荣

责任印制：吕春珉 / 封面设计：东方人华平面设计部

科学出版社 出版

北京东黄城根北街16号

邮政编码：100717

http://www.sciencep.com

天津翔远印刷有限公司 印刷

科学出版社发行　各地新华书店经销

*

2018年 8 月第 一 版　开本：787×1092　1/16

2021年 1 月第五次印刷　印张：13 3/4

字数：311 000

定价：33.00 元

（如有印装质量问题，我社负责调换〈翔远〉）

销售部电话 010-62136230　编辑部电话 010-62135120 转 2039

前　言

目前，计算机技术和应用已经渗透到几乎所有的学科，非计算机专业的学生不仅应该了解和掌握计算机的基础知识、基本工作原理，更应该具有计算机的操作技能以及各种知识的实际应用能力，才能更好地学习自己的专业知识，并为今后的工作与进一步学习打下坚实的基础。基于此，我们召集了长期从事计算机基础教学一线的教师们，利用他们实际教学和实践经验，同时吸纳了诸多学校和教师在实际教学工作中积累的实例精华编写了此书。

本书是配合《计算机应用基础》（宋益众，金信苗主编，科学出版社）而编写的实践教学教材，可供师生及自学者上机实验及课后练习时使用。本书具有如下特点与特色。

实验内容丰富、全面：基本上已涉及目前高校计算机基础教学中的所有内容，包括中英文输入练习；Windows 7 操作系统的相关操作与系统设置；Office 2010 办公软件（Word、Excel、PowerPoint）的使用；计算机网络、Internet 操作与应用；系统防火墙与防毒软件的使用；为了巩固和提高读者所学的知识，我们编制与收集了大量的理论题以供学生课后练习。

广泛性：本书讲述了目前高校中最为通用的操作系统——Windows 7 和办公软件——Office 2010 的有关应用与操作技能，这些版本的软件是目前计算机学科基础类课程中使用最为广泛的。

针对性：本书紧扣当前全国计算机等级考试与浙江省计算机等级考试的操作技能点，结合实际应用中所需要的技能与应用安排实验内容，对学生的实际应用与考证具有很大的帮助与指导意义。

实用性：本书结合目前高职院校的培养目标——高级应用型人才，从实际出发，将应会目标、操作内容与操作步骤、实例分析等内容有机结合，从应具备的理论知识阐述到实际训练，循序渐进，通俗易懂，内容丰富，实用性强。

本书由浙江经济职业技术学院和浙江警官职业学院教学一线的老师编写，由宋益众、金信苗任主编，戚海燕、陈红任副主编，参加编写的人员还有朱哲燕、毕晓东、傅望、彭辉。另外，很多朋友和同事对本书的编写提出了很多宝贵的意见和建议，在此我们表示衷心的感谢。

由于计算机技术发展很快，本书涉及的内容又多，加之编者水平有限，书中有不妥和疏漏之处在所难免，恳请广大读者与同行批评指正。

编　者

2018 年 4 月

目　　录

第一部分　实　　验

第二部分　习　　题

第一部分　实　　验

实验一　计算机的启动与中英文输入

一、实验目的

- ✧ 熟悉计算机开关机过程（Windows 7 的启动和退出）。
- ✧ 熟悉键盘布局、英文录入指法。
- ✧ 掌握“金山打字通”等应用程序的使用。
- ✧ 熟悉输入法选择及切换。
- ✧ 掌握一种汉字输入法。
- ✧ 掌握软键盘的使用方法。

二、预备知识

1. 熟悉主键盘

普通键盘主要有 103 键、104 键、105 键和 108 键等几种规格。所有的按键分为四个区：主键区、功能键区、编辑键区和数字键区（数字小键盘）。此外，还有几个键盘指示灯。

主键区是键盘的主要部分，主要用于输入文字与各种命令参数，它包括字符键和控制键两大类。字符键主要包括英文字母、数字键和标点符号键；控制键主要用于辅助执行某些特定操作。

- 制表键（【Tab】键）：按一次可使光标移至下一个制表位置（默认为 8 个字符位）。
- 大小写锁定键（【CapsLock】键）：在大小写状态之间切换，若原为小写，则按一次【CapsLock】键后再输入字母即得到大写字母，反之亦然。
- 上档键（【Shift】）：又称换档键。对于双字符键，按住【Shift】键不放再按下某双字符键则可得到上一档的字符；对于字母键，按住【Shift】键不放再按下字母键将得到与原状态相反的字母。
- 控制键（【Ctrl】和【Alt】键）：这两个键单独不起作用，只有与其他键一起使用才有意义。
- 退格键（【Backspace】键）：删除当前光标处或插入点前的一个字符。
- 回车键（【Enter】键）：一般用于换行或结束当前的输入或命令行表示确认。
- 字母键：A～Z 与 a～z。

- 数字键：0~9。
- 符号键：“/”“;”“,”“!”等。
- 空格键：主键盘区下方最长的键。

2. 与汉字输入有关的各种切换

在计算机中输入中、英文信息时，往往需要选择各种输入方法和设置相应的输入状态。在 Windows 7 中，可以通过鼠标和键盘两种操作实现输入法的选择和状态的转换，具体方法如表 1-1 所示。

表 1-1　输入法切换方法

功能 操作	中、英文输入法直接切换	各种汉字输入方法及英文输入法之间的切换	全角与半角之间的切换	中、英文标点符号之间的切换
鼠标操作	单击任务栏上的按钮	单击任务栏上的按钮	单击输入法状态条上的全角／半角按钮	单击输入法状态条上的按钮
键盘操作	Ctrl+空格键	Ctrl+Shift	Shift+空格键	Ctrl+句号键

3. 软键盘的使用

（1）软键盘目录的打开

右击汉字输入法状态条上的软键盘按钮，弹出软键盘目录，如图 1-1 所示。一般情况下有 13 种软键盘。

（2）软键盘的打开

单击软键盘目录中的某一项，将打开相应的软键盘，如单击“数字序号”目录，则打开图 1-2 所示的“数字序号”软键盘。

✔ P C 键盘	标点符号
希腊字母	数字序号
俄文字母	数学符号
注音符号	单位符号
拼　音	制表符
日文平假名	特殊符号
日文片假名	

图 1-1　软键盘目录

图 1-2　“数字序号”软键盘

（3）默认软键盘的打开

若原来已选择过某一种软键盘，则这种软键盘即为默认软键盘，否则默认软键盘就是“PC 键盘”。用户只要单击汉字输入法状态条上的软键盘图标就可以打开默认软键盘。

（4）关闭软键盘

一种软键盘打开以后，用户只要单击汉字输入法状态条上的软键盘图标即可关闭原来打开的软键盘。

4. 规范化指法

提高输入速度的途径和目标之一是实现盲打，操作者除了保持正确的坐姿以外，要求每个手指所击打的键位也是固定的。

（1）基准键

基准键共有 8 个，左边的 4 个键分别是【A】、【S】、【D】、【F】，右边的 4 个键分别是【J】、【K】、【L】、【；】。操作时，左手小指放在【A】键上，无名指放在【S】键上，中指放在【D】键上，食指放在【F】键上；右手小指放在【；】键上，无名指放在【L】键上，中指放在【K】键上，食指放在【J】键上。

（2）键位分配

左手小指管辖【Z】、【A】、【Q】、【1】四键；无名指管辖【X】、【S】、【W】、【2】四键；中指管辖【C】、【D】、【E】、【3】四键；食指管辖【V】、【F】、【R】、【4】四键；右手 4 个手指的管辖范围依此类推，两个拇指负责空格键，【B】、【G】、【T】、【5】四键和【N】、【H】、【Y】、【6】四键分别由左、右手的食指管辖，如图 1-3 所示。主键盘上左右两边的其他键位分别由左右两个小指管辖。

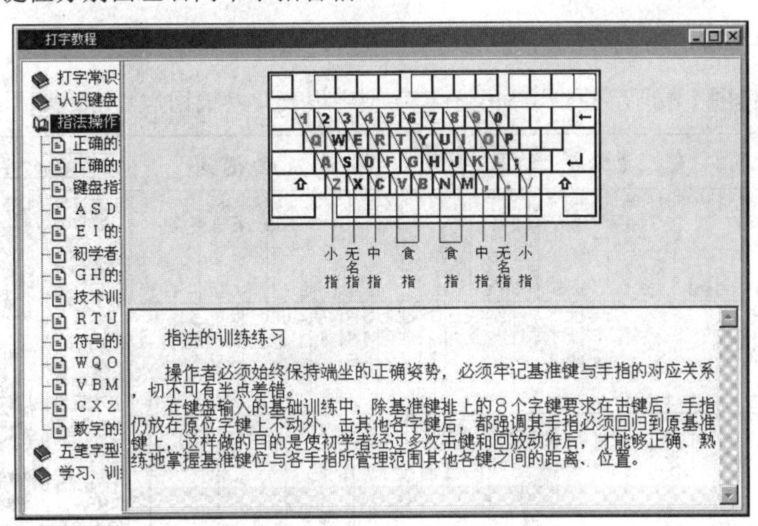

图 1-3　基准键与手指的对应关系

（3）指法

操作时，两手各手指自然弯曲、悬腕放在各自的基准键位上，眼睛看稿纸或显示器屏幕。输入时手略抬起，只有需击键的手指伸出击键，击键后手恢复原形状。在基准键以外击键后，要立即返回基准键。基准键【F】键与【J】键下方各有一凸起的短横线作为标记，供“回归”时触摸定位。

5. “智能 ABC”输入法的一些技巧

（1）中英文混合输入

人们在日常文本输入过程中，总存在着大部分中文中掺夹着若干英文单词或字母的情况。例如，输入“计算机的启动方式有冷启动和带电重启（热启动）两种。其中热启动的方法又有键盘启动和复位启动两种，键盘启动需按【Ctrl+Alt+Del】组合键……”

这种情况在“智能 ABC”下，输入英文字母时不需要切换输入法，可直接在中文输入环境下，先按字母【V】，再输入其他字母即可。

（2）数字的快速输入

利用字母 i 或 I 可以输入中文的数字，输入方法如表 1-2 所示。

表 1-2 智能 ABC 输入数字时的前导字母“i”或“I”

汉字	输入码	汉字	输入码	汉字	输入码
○	i0	百	ib	伍	I5
一	i1	千	iq	玖	I9
五	i5	万	iw/Iw	零	I0
九	i9	亿	ie/Ie	拾	Is
十	is	佰	Ib		
壹	I1	仟	Iq		

注意：输入时“I”应按【Shift+I】得到。

6. 五笔字型输入方法

详细阅读图 1-4 所示的“增强型五笔字型字根表及助记词”，注意以下几方面。

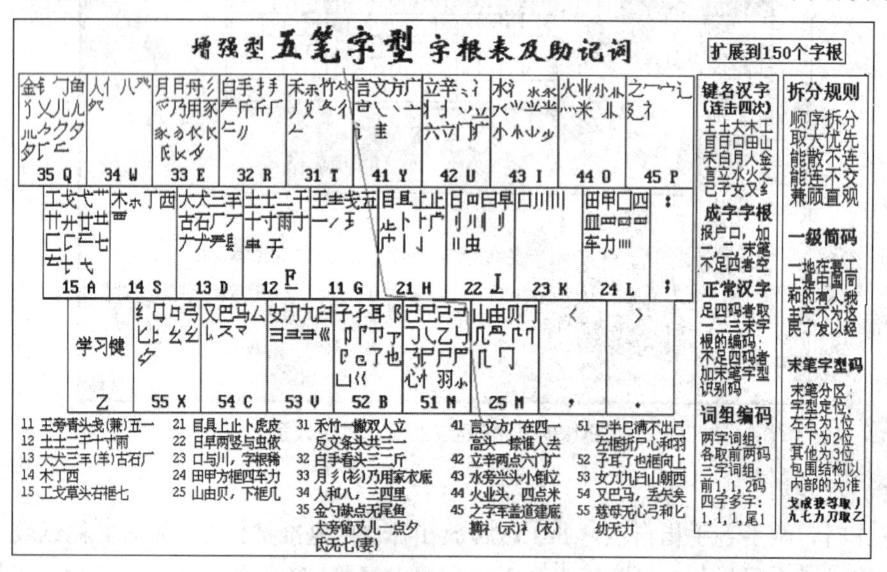

图 1-4 增强型五笔字型字根表及助记词

① “五笔字型”输入法中，按字根首笔（横、竖、撇、捺、折）笔画将键盘分为五个区（1 区～5 区）。

② 键名汉字（助记词中每句话中的首字）的编码规则：“键名汉字打 4 下”。

③ 成字字根的编码规则：先报“户口”（字根所在键），再加一、二、末笔画键，不足四笔补空格键。

④ 一般汉字的编码规则：

- 足四码的汉字：取一、二、三、末字根。
- 不足四码的汉字：取足字根，最后加打“识别码”。若还不足四码，再补打空格。

⑤ 汉字的拆分规则：按汉字的书写顺序拆分。取大优先，兼顾直观，能散不连，能连不交。

⑥ 词组的编码规则：

- 两字词组：各取前 2 码。
- 三字词组：前两字各取第 1 码，第三字取前 2 码。
- 三字以上词组：取前三字和末字第 1 码。

三、实验课时

建议课内 2～4 课时，课外 4～8 课时。

四、实验内容与操作过程

（一）开机

Windows 7 操作系统启动后的桌面如图 1-5 所示。

图 1-5 Windows 7 操作系统的桌面

（二）熟悉键盘与输入法切换

1. “智能 ABC 输入法”输入中英文混合的文章及数字输入练习

打开 Windows“写字板”或“Word”应用程序，选择“智能 ABC 输入法”，输入一段中英文混合的文章和表 1-2 中的有关内容。

2. 在 10 分钟内录入以下文本

还有另一件事情，一家公司的雇员将文件的备用磁盘藏在公文包内，并在周末将它悄悄地“借”给了另一家公司，在周一早晨，该雇员又将该磁盘悄悄地放回了原处，做得很隐藏，这种“叛徒”行径也给公司带来了重大损失。上述类似的事情还很多。这些事情的发生，都是因为数据没有加密，造成严重的信息失窃；如果数据已经加密，则不知道数据加密技术的窃取者，是无法使用这些数据的。这就是加密的意义所在。从可读懂的文本变换成不可读懂的文本的过程称为加密。这个终端的所有者刚好是他商业上的竞争对手，事情的结果自然造成了这家公司的巨大损失。

（三）熟悉指法与中英文输入练习

利用打字软件进行指法练习和中英文输入练习。

在 Windows 7 桌面上，打开“金山打字 2013”应用软件（双击该软件的快捷方式图标），出现图 1-6 所示的用户界面。选择用户名或添加新用户后单击“登录”按钮进入“金山打字通 2013”主界面。

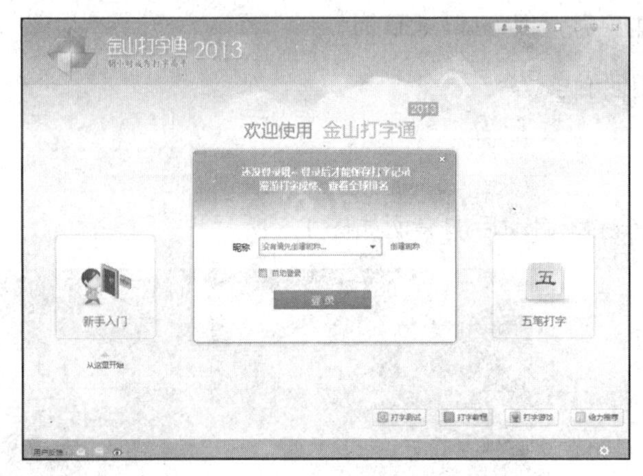

图 1-6　金山打字通 2013 窗口

进入“金山打字通 2013”主界面后，用户可单击“英文打字”“拼音打字”“五笔打字”按钮进行练习，也可单击“打字测试”按钮进行测试，如图 1-7 所示。在此窗口中，用户可以选择“英文测试”“拼音测试”“五笔测试”，也可以选择课程。

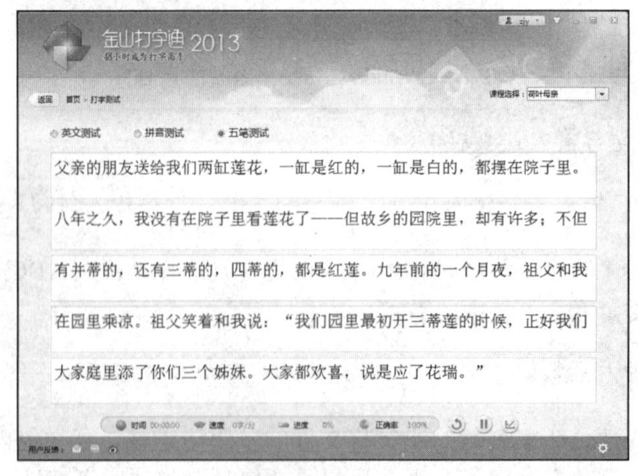

图 1-7　金山打字通 2013 之“打字测试”窗口

（四）关闭计算机

关闭所有应用程序后，单击“开始”菜单中的“关机”按钮关机。

五、思考题

1）计算机的重启有哪几种方法？

2）如果你的计算机中没有所需要的汉字输入法（如五笔字型），如何添加？

3）在关闭计算机时，为什么不能直接切断电源？

实验二　Windows 7 基本操作与文件和文件夹管理

一、实验目的

- ✧ 掌握 Windows 7 的桌面、窗口、菜单、剪贴板等有关概念和操作。
- ✧ 熟悉回收站的设置和使用方法。
- ✧ 掌握 Windows 7 应用程序快捷方式的创建方法。
- ✧ 掌握 Windows 7 利用“计算机”或“资源管理器”对文件和文件夹的管理。
- ✧ 掌握文件和文件夹的新建、复制、移动、重命名、删除等基本操作。

二、预备知识

Windows 7 操作系统的桌面、图标、窗口、对话框、菜单、“开始”菜单、任务栏等有关概念、组成及相关知识；回收站与剪贴板的概念；文件与文件夹的概念与基础知识；快捷方式的概念。

三、实验课时

建议课内 2 课时，课外 2 课时。

四、实验内容与操作过程

（一）认识 Windows 7 桌面和桌面的常用操作

打开计算机电源，启动 Windows 7 操作系统后进入 Windows 7 桌面。

1. 桌面

Windows 7 的工作桌面就是指计算机屏幕，Windows 7 桌面如图 2-1 所示。一般情

图 2-1　Windows 7 的桌面

况下，桌面都由桌面图标、任务栏、“开始”按钮、桌面背景、语言栏和通知区域组成。

2. 常用操作

Windows 7 安装完成后默认只显示“回收站”图标。桌面图标就是代表文件、文件夹、程序以及其他功能的小图片。用户可以显示所有桌面图标、建立桌面图标，也可以隐藏所有桌面图标、调整桌面图标的大小，并对桌面上的图标进行移动、重命名、删除、排列等操作。设置一个既便捷又漂亮的桌面图标，有助于用户快捷操作。

（1）添加桌面图标

Windows 7 桌面可以显示“计算机”“用户文件”“网络”“回收站”“控制面板”等图标，在使用中，用户可以根据自己的喜好与习惯在桌面上显示相应图标。

【实验 2-1】设置桌面上显示“计算机”“回收站”“网络”图标，不显示“用户的文件”和“控制面板”图标。

具体操作过程如下：

① 右击桌面空白处，在弹出的快捷菜单中选择“个性化”命令，打开“个性化”窗口，如图 2-2 所示。

② 单击左侧窗格中的“更改桌面图标”超链接，弹出“桌面图标设置”对话框，如图 2-3 所示。

图 2-2 “个性化”窗口

图 2-3 “桌面图标设置”对话框

③ 勾选“桌面图标”选项组中的“计算机”“回收站”“网络”复选框。

④ 单击“确定”按钮，完成桌面图标显示设置。

（2）修改默认图标

如果用户不喜欢系统默认的桌面图标，可以修改其默认值。

【实验 2-2】将桌面上的“计算机”图标修改为。

具体操作过程如下：

① 右击桌面空白处，在弹出的快捷菜单中选择“个性化”命令，打开“个性化”窗口。

② 单击左侧窗格中的“更改桌面图标”超链接，弹出“桌面图标设置”对话框。

③ 在“桌面图标设置”对话框中单击“更改图标...”按钮，弹出“更改图标”对话框，选择要更改成的桌面图标。

④ 单击“确定”按钮。

（3）添加桌面快捷方式图标

【实验 2-3】 *在桌面上添加画笔“mspaint.exe”快捷方式，其名称为“作图工具”。*

具体操作过程如下：

① 右击桌面空白处，在弹出的快捷菜单中选择“新建”|“快捷方式”命令，弹出“创建快捷方式”对话框，如图 2-4 所示。

② 在“请键入对象的位置”文本框中输入画图文件的位置“C:\Windows\System32”与程序文件名“mspaint.exe”（中间用“\”隔开），如用户清楚具体的位置与文件名，可以单击右侧的“浏览”按钮，采用选择输入，输入后单击“下一步”按钮。

③ 在弹出的对话框（见图 2-5）中输入快捷方式名称后单击“完成”按钮，完成快捷方式的创建。

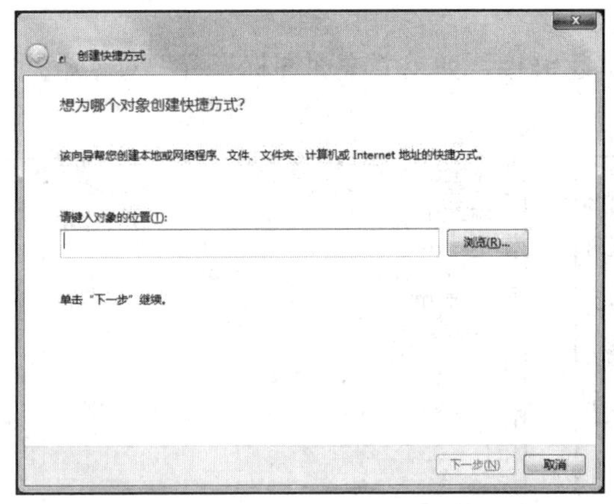

图 2-4 创建快捷方式向导一

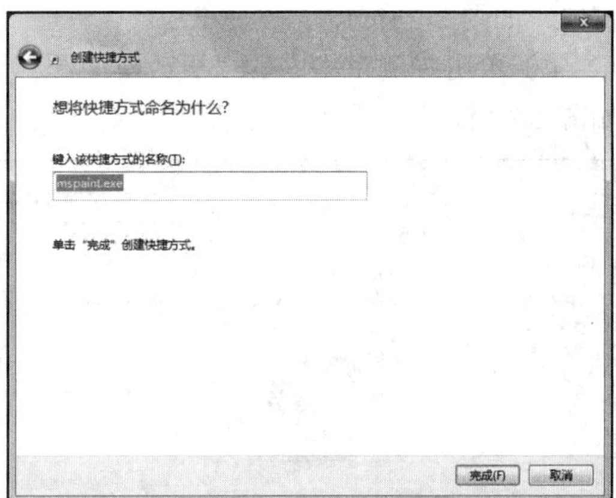

图 2-5 创建快捷方式向导二

（4）移动桌面图标

桌面上的图标可以很方便地进行移动，直至移到合适或需要的位置。具体操作过程如下：将鼠标指针置于需移动的图标上，按住左键不放并拖动鼠标，图标即跟着移动，在合适或需要的位置松开鼠标左键即可。

说 明

要使图标按照用户的要求放置于桌面的某个位置，必须取消选中桌面图标排列方式中的“自动排列图标”复选项，如图 2-6 所示。

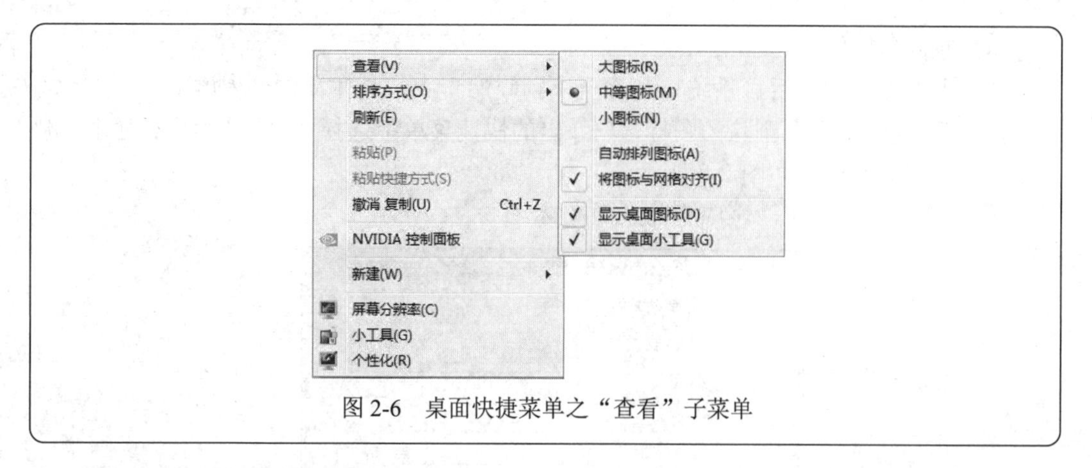

图 2-6　桌面快捷菜单之“查看”子菜单

（5）显示或隐藏桌面图标

显示桌面图标的操作过程如下：右击桌面空白处，在弹出的快捷菜单（见图 2-6）中选择“查看”｜“显示桌面图标”命令。

隐藏桌面图标的操作过程与显示桌面图标的操作过程基本相同的，只需取消选中“显示桌面图标”复选项。

（6）更改桌面图标大小

在使用 Windows 7 时，如果用户不喜欢默认的桌面图标大小，可以改变其默认大小。

【实验 2-4】设置桌面图标采用“小图标”方式显示。

具体操作可以选择以下操作之一。

- 右击桌面空白处，在弹出的快捷菜单中选择“查看”｜“小图标”命令。
- 在桌面上按住【Ctrl】键的同时滚动鼠标更改桌面图标的大小至“小图标”即可。

（7）排列图标

当桌面图标比较多而排列杂乱的时候，用户可以重新选择图标的排序方式，使桌面图标排列更加整齐。

【实验 2-5】设置桌面图标按“项目类型”方式显示。

具体操作过程如下：

右击桌面空白处，在弹出的快捷菜单中选择“排序方式”｜“项目类型”命令（见图 2-7）。

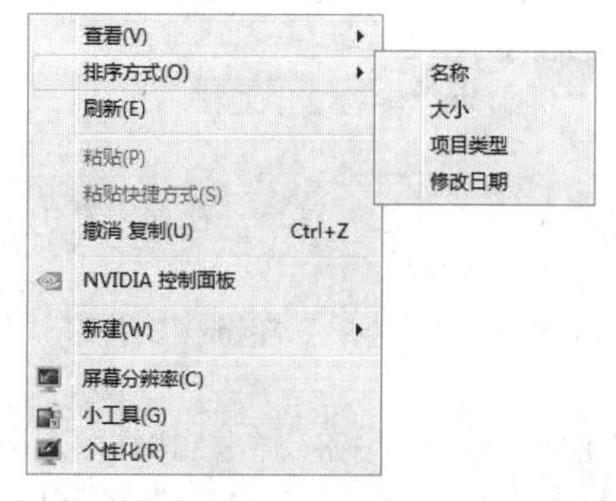

图 2-7　桌面快捷菜单之“排序方式”子菜单

（8）删除桌面图标

桌面上的图标删除后，系统将其移至“回收站”中。具体操作过程如下：

① 右击桌面上需要删除的图标，在弹出的快捷菜单中选择“删除”命令，弹出“删除快捷方式”对话框，如图 2-8 所示。

② 单击“是”按钮，完成删除桌面图标。

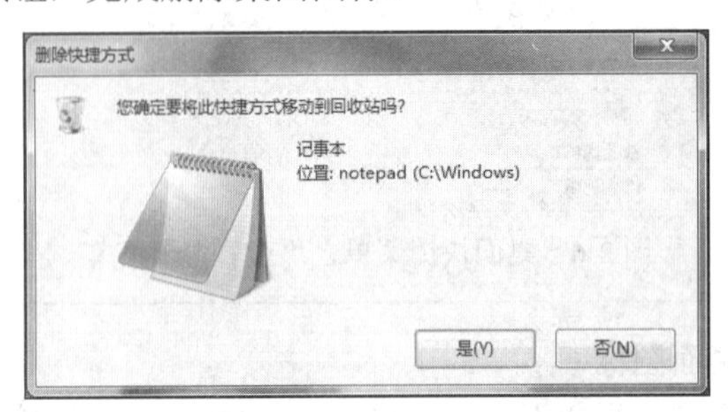

图 2-8 “删除快捷方式”对话框

说 明

① 删除桌面上的快捷方式图标，不会删除图标所链接的文件、文件夹或程序。

② 要永久删除该快捷方式，可以打开“回收站”，在“回收站”中选择该对象将其删除。

③ 桌面上的程序文件、文档的删除操作与删除快捷方式图标的操作过程相同。

（二）“开始”菜单使用与设置

“开始”按钮位于屏幕左下角，单击“开始”按钮，弹出“开始”菜单，“开始”菜单中列出了安装在 Windows 7 中的大多数应用程序，因此通过“开始”菜单可调用安装在 Windows 7 中的大部分软件。

开始菜单常用的操作有以下几个方面。

1. 搜索文件与文件夹

使用“开始”菜单中的搜索框可以快速查找需要使用的文件、文件夹或应用程序，它是计算机中查找项目最便捷的方法之一。

【实验 2-6】查找 D 盘中所有的“实验 2”文档。

具体操作过程如下：

① 单击“开始”按钮，弹出“开始”菜单，在搜索框中输入“实验 2”，结果显示在“开始”菜单搜索框的上方。

② 单击搜索框上方的“查看更多结果”超链接。打开“搜索结果”窗口，其搜索结果如图 2-9 所示。

③ 单击搜索结果下方的“自定义”按钮，弹出“选择搜索位置”对话框（见图 2-10），选择需要的搜索位置计算机下的 D 盘。

④ 单击“确定”按钮，系统即在选择的位置中进行搜索。

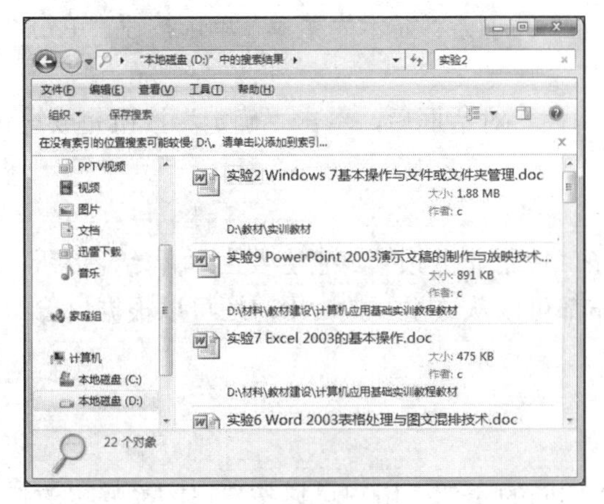

图 2-9　搜索结果窗口

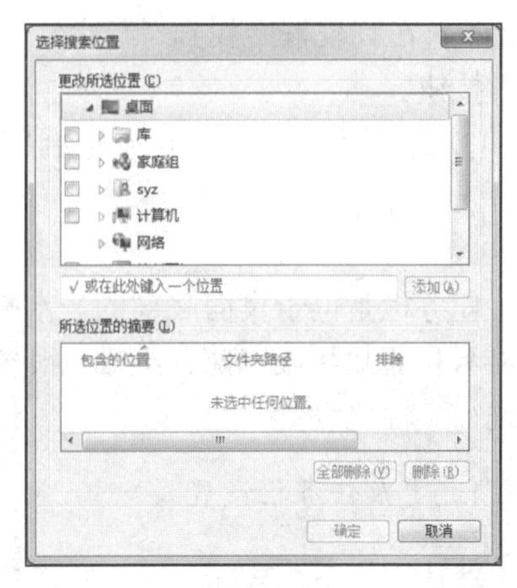

图 2-10　“选择搜索位置”对话框

2. 在“开始”菜单中添加程序图标

【实验 2-7】将画笔程序“mspaint.exe”添加到“开始”菜单中。

具体操作过程如下：

① 利用“搜索”功能查找“mspaint.exe”。

② 右击查找到的程序文件，在弹出的快捷菜单中选择“附到「开始」菜单”命令。

说　明

① 若要解锁程序图标，右击相应图标，在弹出的快捷菜单中选择“从「开始」菜单解锁”命令。

② 若要将应用程序添加到“开始”菜单的“所有程序”组列表中，可将程序图标拖动到列表中的某个位置。

3. 设置“开始”菜单外观和行为

在 Windows 7 中，“开始”菜单中的 Windows 链接、图标、菜单的外观和行为已具有比较经典的设置，用户可以根据自己的爱好或需要进行有选择地设置。

【实验 2-8】将“开始”菜单中的“游戏”的显示方式（默认显示方式为链接）设置成“显示为菜单”。

具体操作过程如下：

① 右击“开始”按钮，在弹出的快捷菜单中选择“属性”命令，弹出“任务栏和「开始」菜单属性”对话框，如图 2-11 所示。

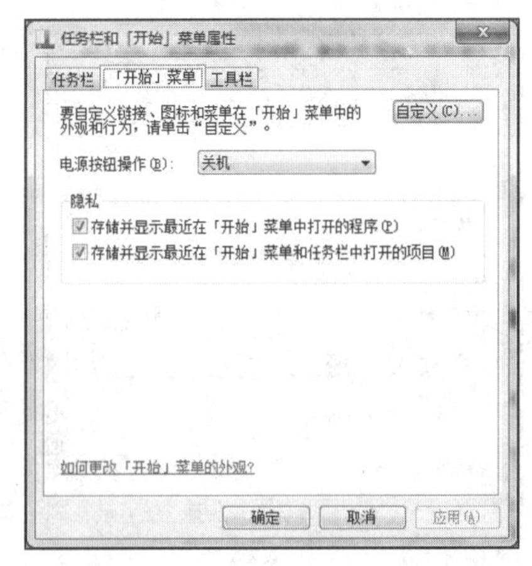

图 2-11　“任务栏和「开始」菜单属性”对话框之“「开始」菜单”选项卡

② 在“「开始」菜单”选项卡中单击“自定义”按钮，弹出“自定义「开始」菜单”对话框，在列表框中找到“游戏”选项，选中其下方“显示为菜单”单选按钮，单击“确定”按钮。

③ 返回到“任务栏和「开始」菜单属性”对话框后，单击“确定”按钮完成设置。

（三）“任务栏”

任务栏是位于桌面底部的一水平长条，使用非常频繁。它主要由“开始”按钮、任务显示和通知区域三部分组成。很多操作都可以从这里开始，用户还可以根据自己的习惯进行个性化设置。

1. 更改任务栏设置

默认情况下，Windows 7 的任务栏在桌面的底部，用户可以按自己的喜好更改任务栏的位置。具体操作过程如下：

① 右击任务栏空白处，在弹出的快捷菜单中选择“属性”命令，弹出“任务栏和「开始」菜单属性”对话框，如图 2-12 所示。

② 选择“任务栏”选项卡，在“任务栏外观”选项组的“屏幕上的任务栏位置”下拉列表框中选择要更改任务栏的位置，然后单击“确定”按钮。

用户也可以直接拖动任务栏更改任务栏的位置。

说　明

如果任务栏快捷菜单中的“锁定任务栏”复选项被选中（显示“✓”符号），将不能通过拖动操作更改任务栏的位置。

2. 更改图标在任务栏上的显示方式、隐藏任务栏

在任务栏上，除了可以使用大图标以外，还可以使用小图标显示方式，也可以隐藏任务栏。具体操作过程如下：

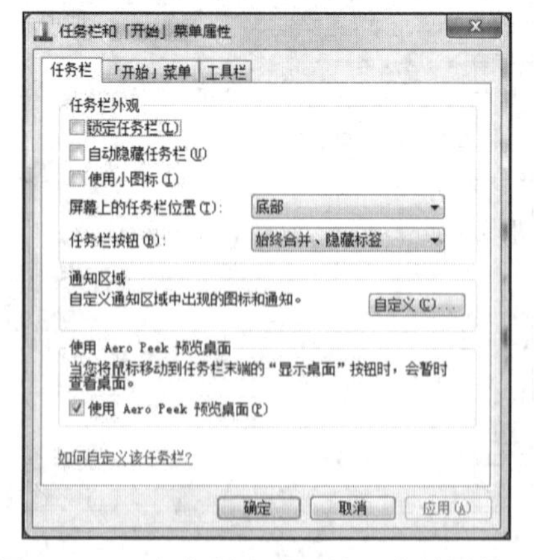

图 2-12　“任务栏和「开始」菜单属性”

① 右击任务栏空白处，在弹出的快捷菜单中选择“属性”命令，弹出“任务栏和「开始」菜单属性”对话框，如图 2-12 所示。

② 选择“任务栏”选项组，“任务栏外观”选项组中显示“使用小图标”“自动隐藏任务栏”复选框，选择相应复选框后单击“确定”按钮。

3. 将程序锁定至任务栏

在使用 Windows 7 时，可以将程序直接锁定到任务栏，以后就不需要从“开始”菜单中启动程序，以便用户快速打开应用程序。具体操作过程如下：

如果要锁定的程序正在运行，则右击任务栏上的程序图标，在弹出的快捷菜单中选

择“将此程序锁定到任务栏”命令。

4. 设置通知区域的显示方式

在任务栏的通知区域常常存在一些图标，如音量、网络、操作中心等，而且某些程序在安装过程中会自动将图标添加到通知区域，用户可以根据自己的需要将通知区域中的图标设置为“显示图标和通知”“隐藏图标和通知”“仅显示通知”。为了方便查找当前运行的程序，也可以设置始终在任务栏上显示所有图标。

【实验 2-9】 设置 QQ 聊天程序在任务栏的通知区域“显示图标和通知”。

具体操作过程如下：

① 右击任务栏空白处，在弹出的快捷菜单中选择“属性”命令，弹出“任务栏和「开始」菜单属性”对话框。

② 单击“通知区域”选项组中的“自定义”按钮，打开“通知区域图标”窗口，如图 2-13 所示。

③ 在“QQ2013”下拉列表框中选择“显示图标和通知”选项。

④ 单击“确定”按钮退出设置窗口。

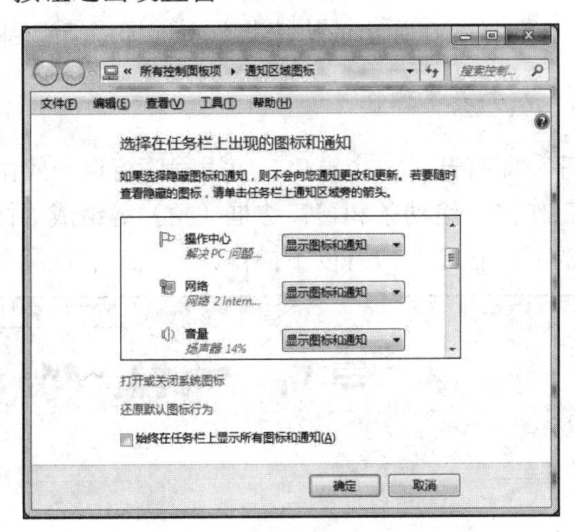

图 2-13 “通知区域图标”窗口

（四）回收站的使用

回收站是用来放置那些从硬盘上删除的文件和文件夹的一个临时存储区域。为了便于用户访问，桌面上设有回收站的快捷图标，如果计算机中有多个用户账户，那么系统会为每个用户设置一个单独的回收站。如果希望不通过回收站而将文件或文件夹从计算机中彻底删除，可在删除文件时按住【Shift】键。回收站主要有以下操作。

1. 还原操作

打开“回收站”窗口，选中需要还原的文件、文件夹或其他对象并右击，在弹出的快捷菜单中选择“还原”命令；也可以在“回收站”窗口中选择“文件”｜“还原”命令。

2. 删除操作

打开“回收站”窗口，选中需要删除的对象并右击，在弹出的快捷菜单中选择“删除”命令；也可以在“回收站”窗口中选择“文件”｜“删除”命令。

说　明

回收站中的对象被删除后将无法还原。

3. 清空回收站

回收站被清空后，被删除的对象将无法还原。具体操作有以下几种方式：

- 打开“回收站”窗口，在工作区空白处右击，在弹出的快捷菜单中选择“清空回收站”命令。
- 打开“回收站”窗口，选择“文件”｜“清空回收站”命令。
- 打开“回收站”窗口，单击“清空回收站”超链接。
- 右击“回收站”图标，在弹出的快捷菜单中选择“清空回收站”命令。

（五）应用程序窗口及其基本操作

启动一个应用程序，即打开了一个窗口。应用程序窗口一般由标题栏、菜单栏、工具栏、状态栏、用户工作区、滚动条和窗口边框（角）等组成。图 2-14 所示为“画图”应用程序窗口。常用的应用程序窗口有以下操作。

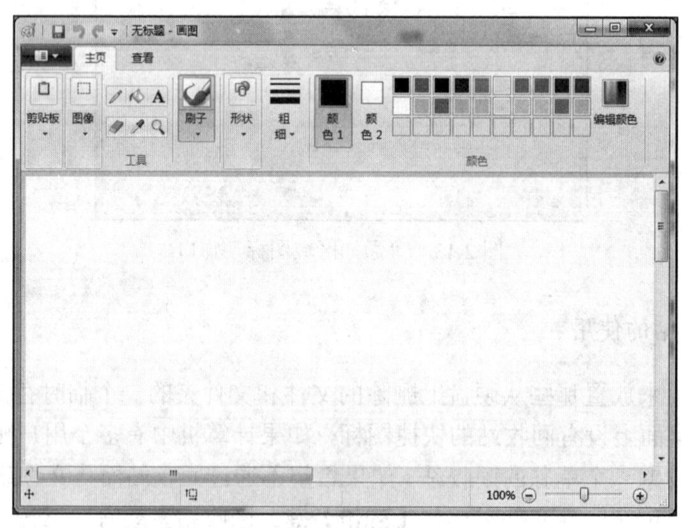

图 2-14　“画图”应用程序窗口

1. 最小化窗口

选择控制菜单中的“最小化”命令，或单击窗口右上角的“最小化”按钮，窗口即缩小至最小化状态，并显示在任务栏上。单击任务栏中的该按钮，可以还原窗口。

2. 最大化窗口

选择控制菜单中的“最大化”命令，或单击窗口右上角的“最大化”按钮，或双击标题栏，窗口即扩大到最大化状态（若已经是最大化的窗口，本项功能无效）。

3. 还原窗口

选择控制菜单中的“还原”命令，或单击窗口右上角的“还原”按钮，或双击标题栏，即可将窗口还原至原来状态。

4. 移动窗口

将鼠标指针移至窗口标题栏上，按住鼠标左键不放并拖动鼠标，便可以将窗口移至所需的位置。

5. 缩放窗口

将鼠标指针移至窗口4个角的任一位置，鼠标指针将变为一个双向箭头形状，按住鼠标左键不放并拖动鼠标，便可以同时放大或缩小窗口的宽度和高度；当鼠标指针移动到窗口左边框或右边框时，它都会变成左右双向箭头形状，此时，按住鼠标左键不放，左右拖动鼠标便可以放大或缩小窗口的宽度；当鼠标指针移动到窗口上边框或下边框时，它也会变成上下双向箭头形状，此时，按住鼠标左键不放，前后拖动鼠标便可以放大或缩小窗口的高度。

6. 关闭窗口

选择控制菜单中的“关闭”命令，或单击窗口右上角的“关闭”按钮，或按【Alt+F4】组合键，均可关闭应用程序窗口。

7. 切换窗口

单击任务栏上对应窗口的图标，或单击桌面上未被完全覆盖的窗口的任意位置，可将所需的窗口切换至最前面（特殊情况除外）。

8. 排列窗口

窗口排列有层叠、堆叠显示和并排显示三种方式。右击任务栏空白处，在弹出的快捷菜单中选择一种排列方式。

9. 复制窗口或整个桌面图像

复制整个屏幕的图像到剪贴板，应按【Print Screen】键。复制当前窗口到剪贴板，应按【Alt+Print Screen】组合键。

（六）文件与文件夹管理

在 Windows 7 中，文件与文件夹主要通过“计算机”或“资源管理器”进行管理。“计算机”与“资源管理器”对资源管理的操作是相同的。对于文件与文件夹的管理，一般双击“计算机”图标，打开“资源管理器”窗口（见图 2-15），实现对文件与文件夹的管理。

图 2-15　“资源管理器”窗口

利用“资源管理器”窗口，可以浏览、新建、复制、移动和删除文件或文件夹等操作，也可以对其他设备进行管理。

1. 查看文件夹和文件

若要查看文件夹，可移动“资源管理器”窗口左窗格的滚动条，在左窗格中选择需要查看的盘符或文件夹，在窗口右窗格中查看文件。在 Windows 7 中使用不同的图标表示文件夹。

：驱动器。

：文件夹，该文件夹不存在子文件夹。

▷ ：该文件夹存在子文件夹，但子文件夹处于折叠状态。

◢ ：该文件夹存在子文件夹，其下一级文件夹已经展开。

单击左窗格中文件夹图标或名称即可打开文件夹。打开文件夹后，文件夹中包含的子文件夹和文件名将显示在右窗格中。如果想打开出现在右窗格中的文件夹，则双击该文件夹，利用右窗格滚动条可查看文件及其相关属性。

选择“查看”菜单或单击右窗格中的“更多选项”下拉按钮，可打开“显示方式”列表，如图 2-16 所示。用户可以选择“超大图标”“大图标”“中等图标”“小图标”“列表”“详细信息”“平铺”“内容”等多种显示方式。

选择“查看”｜“排序方式”命令（见图 2-17），用户可以选定文件的排序方式，按“名称”“日期”“大小”等多种方式，还可以确定按“升序”排列还是按“降序”排列。

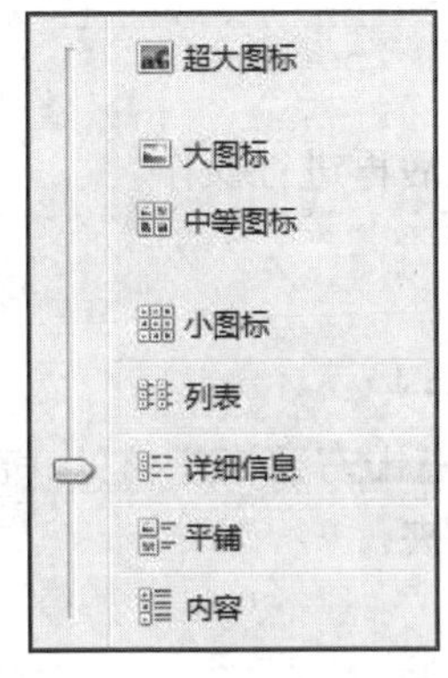

图 2-16 显示方式列表

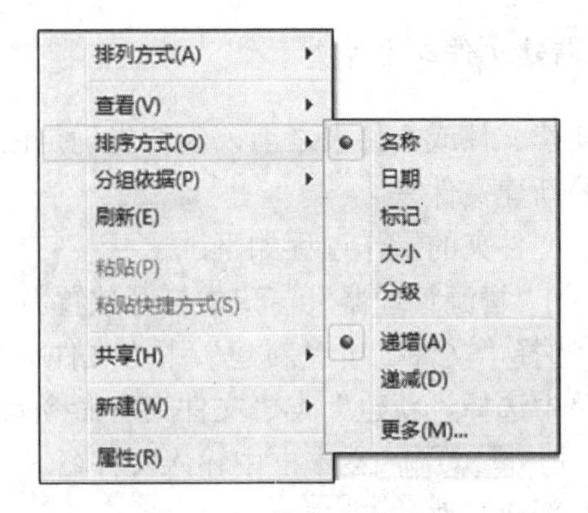

图 2-17 排序方式列表

当用户选择“详细信息”方式显示时，右击右窗格中的列标题，在弹出的快捷菜单中选择需要显示的信息，也可以选择“其他”命令，弹出“选择详细信息”对话框，如图 2-18 所示。用户也可以设置显示文件信息，如名称、大小、创建日期、最后一次修改的日期和时间、作者、属性等，也可以设置显示文件相关信息的先后次序。

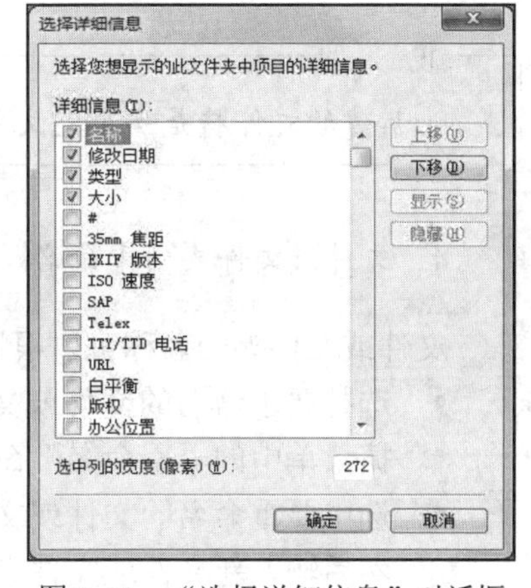

图 2-18 “选择详细信息”对话框

2. 选定文件或文件夹的操作

在“资源管理器”中，对文件夹或文件的许多操作都要先进行选定操作。选定文件夹或文件的方法如下。

（1）选定单个文件或文件夹

只需单击要选定的文件或文件夹，即可选定该文件或文件夹。选定的文件或文件夹将呈反显状态，选定文件夹中的文件将出现在右窗格中。

（2）选定多个不连续的文件或文件夹

先选择第一个文件或文件夹，再按住【Ctrl】键，选择其他文件或文件夹。

（3）选定一个连续段的文件或文件夹

先选择第一个文件或文件夹，再按住【Shift】键，单击其连续段的最后一个文件或文件夹。

（4）选定多个连续段的文件或文件夹

先选择一个连续段的文件或文件夹；在选择第二个及以上连续段时，按住【Ctrl】键单击第一个文件或文件夹，再同时按住【Ctrl】键和【Shift】键，单击其连续段的最后一个文件或文件夹。

（5）选择所有文件或文件夹

选择“编辑”｜“全部选定”命令，或按【Ctrl+A】组合键。

（6）选定大量的文件或文件夹

先选定少量不需要的文件或文件夹，然后选择“编辑”｜“反向选定”命令。

3. 新建文件或文件夹

在新建文件或文件夹之前，应该先确定创建位置，然后再进行操作。

（1）新建文件夹

新建文件夹的操作过程如下：

① 在“资源管理器”窗口中打开放置新文件夹的文件夹。

② 选择“文件”｜“新建”｜“文件夹”命令，或右击右窗格空白处，在弹出的快捷菜单中选择“新建”｜“文件夹”命令新建一个文件夹。

③ 在 新建文件夹 文本框中输入文件名。

（2）新建文件

在 Windows 7 中可以创建多种类型的文件，其操作过程与新建文件夹基本相同，只是选择“新建”菜单中具体类型的文件。

说　明

新建的文件将是一个空文件，但不一定是一个 0 字节的文件。

4. 文件或文件夹的重命名

文件或文件夹的名称可以根据需要进行重命名，其操作方式主要有以下两种。

- 选择要重命名的文件或文件夹，选择“文件”菜单或“组织”下拉菜单或其快捷菜单中的“重命名”命令，然后输入新文件或文件夹名称。
- 选中要重命名的文件或文件夹，再单击文件或文件夹名进入文件名的编辑状态，然后输入新文件或文件夹名称。

5. 文件或文件夹的移动和复制

（1）移动文件或文件夹

移动文件或文件夹主要有两种操作方式。

方法一：利用剪贴板，使用“剪切”和“粘贴”命令。具体操作过程如下：

① 在“资源管理器”窗口中，打开源文件夹，选择需要移动的文件或文件夹。

② 选择“编辑”菜单或“组织”下拉菜单中的“剪切”命令。

③ 打开目标文件夹，选择“编辑”菜单或“组织”下拉菜单中的“粘贴”命令。

方法二：利用鼠标操作。具体操作过程如下：

① 在“资源管理器”窗口中，打开源文件夹，选择需要移动的文件或文件夹。

② 鼠标指向被选中的任一个文件或文件夹上，按住鼠标左键不放，直接拖动鼠标移至左窗格的目标文件夹上。

说 明

如果源文件夹和目标文件夹不在同一个驱动器上，拖动时必须按住【Shift】键（直接拖动是复制操作）；也可以不按住【Shift】键，用右键拖动鼠标移至左窗格的目标文件夹上，然后在弹出的快捷菜单中选择“移动到当前位置”命令。

（2）复制文件或文件夹

复制文件或文件夹的操作类似于移动操作。利用剪贴板进行复制时，只要将“剪切”命令改为“复制”命令即可。而利用鼠标操作时，左键拖动时只需按住【Ctrl】键即可。右键拖动到目标位置时在弹出的快捷菜单中选择“复制到当前位置”命令。

说 明

如果要将文件或文件夹复制到不同的驱动器上，也可直接拖动。

6. 文件或文件夹的删除

删除文件或文件夹是将文件或文件夹放入回收站。操作方法主要有以下三种。

- 选择需要删除的文件或文件夹，用鼠标左键将其拖到回收站图标上。
- 选择需要删除的文件或文件夹，选择“文件”菜单或“组织”下拉菜单或其快捷菜单中的“删除”命令。
- 选择需要删除的文件或文件夹，按【Delete】键。

说 明

以上删除方法都是将删除的文件放入回收站，若要将删除的文件或文件夹真正删除，可以在使用以上方法的同时，按住【Shift】键；对于移动硬盘上的文件或文件夹，删除时将不放入回收站，而是直接彻底删除。

7. 设置文件或文件夹属性

在 Windows 7 中，设置文件属性的方法有两种。一种是通过详细信息窗格进行通用属性的查看或设置；另一种是通过文件属性对话框进行详细信息的设置。

（1）利用详细信息窗格进行设置

利用详细信息窗格设置文件属性的操作过程如下：

① 打开要设置属性的文件所在的位置，单击选中要设置属性的文件。

② 在详细信息窗格中单击相应的属性，使其属性处于可编辑状态，如图 2-19 所示。

③ 输入相应的内容，单击“保存”按钮保存更改的属性。

（2）利用文件属性对话框进行设置

利用文件对话框设置文件属性的操作过程如下：

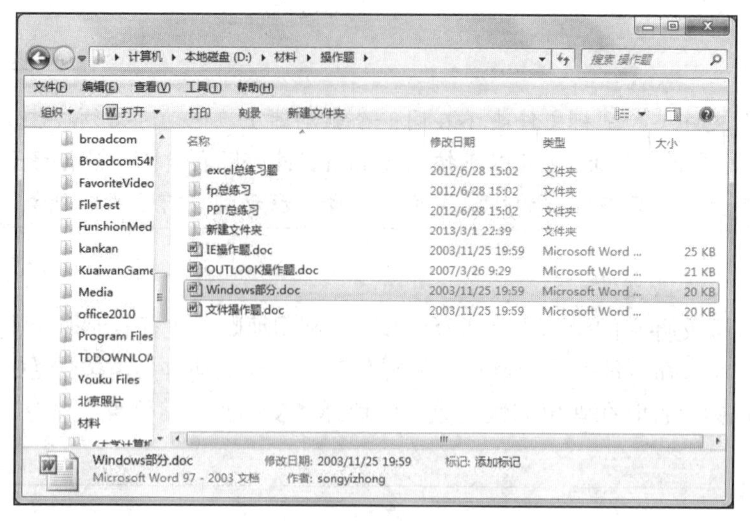

图 2-19 详细信息窗格修改属性界面

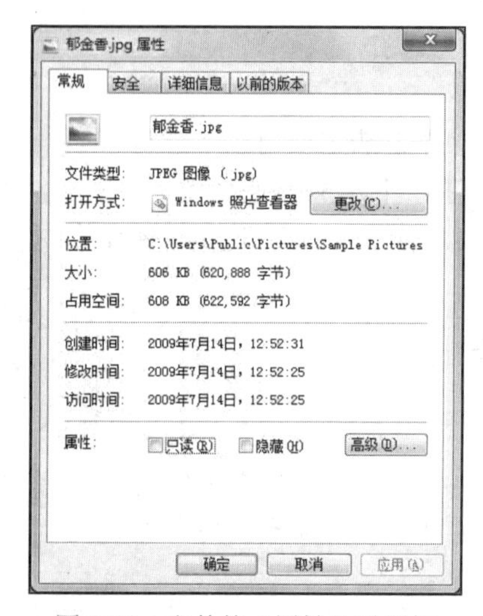

图 2-20 文件的“属性”对话框

① 右击需要设置属性的文件，在弹出的快捷菜单中选择“属性”命令，弹出该文件的属性对话框（见图 2-20）。本例中选用的是“郁金香”图片文件。

② 在“常规”选项卡中设置文件的“只读”或“隐藏”属性。

③ 在“安全”选项卡中单击“编辑”按钮，弹出“权限”对话框，设置用户权限。如读取、写入、修改等。

④ 在“详细信息”选项卡中设置文件的详细信息。如作者、拍摄日期等。

⑤ 设置结束后单击“确定”按钮。

五、课堂练习

1）将桌面上的应用程序图标、快捷方式图标及文档图标按名称重新排列。

2）将桌面上的图标以小图标的方式显示。

3）设置“任务栏”的属性，使任务栏外观“使用小图标”，并且任务栏上的按钮“当任务栏被占满时合并”。

4）设置任务栏上通知区域的显示方式，使得 Windows 的操作中心设置为 “隐藏图标和通知”。

5）设置桌面图标，桌面上显示“计算机”“回收站”“网络”图标，而不显示“用户的文件”“控制面板”图标，并把“网络”图标改为图标。

6）清空“回收站”，设置“回收站”属性：使得每次删除文件或文件夹时不显示删除确认对话框。删除桌面上的某个快捷方式进行验证，并查看“回收站”图标。

7）打开“回收站”，将刚才移至回收站的快捷方式还原，然后查看“回收站”中有什么变化？

8）在“开始”菜单上添加“画笔”应用程序“Mspaint.exe”。

9）设置“开始”菜单属性，使得在“开始”菜单中不显示“游戏”超链接，并把“文档”超链接改为“显示为菜单”。

10）选择“开始”｜“所有程序”｜“Microsoft Office”｜“Microsoft Word 2010”命令，打开 Word 应用程序，先对窗口进行最小化、最大化（还原）操作，然后对窗口进行缩放、移动操作，最后关闭窗口。

11）打开“计算机”应用程序和上一题所提及的 Word 应用程序，切换窗口使“计算机”应用程序窗口作为当前活动窗口，按【Alt+Print Screen】组合键并在 Word 应用程序所创建的“文档 1”中执行“粘贴”操作；然后最小化 Word 应用程序窗口，按【Print Screen】键，再在 Word 应用程序的“文档 1”中执行“粘贴”操作。请仔细观察两个图形，请说说【Alt+Print Screen】组合键和【Print Screen】键的功能。

12）将以上打开的两个应用程序窗口以“层叠”“堆叠”“并排”方式显示，最后关闭这两个应用程序窗口。

13）在桌面上创建“Mspaint.exe”快捷方式图标，其名称为“画图程序”。

14）在“开始”菜单的“所有程序”项中建立“Notepad.exe”快捷方式，命名为“我的记事本”。

15）利用“计算机”应用程序，在 E 盘创建一个学生文件夹（用自己的学号命名），然后在学生文件夹下创建三个子文件夹，名称分别为“文档文件”“文本文件”“图像文件”。

16）利用窗口菜单或快捷菜单在上一题中创建的“文档文件”文件夹中建立两个“Word 文档”文件和一个“BMP 图像”文件，文件名分别为“FileA.docx”“FileB.docx”“FileC.bmp”；在“文本文件”文件夹中新建两个文本文件，文件名分别为“File1.txt”“File2.txt”。

17）移动上一题建立的“FileC.bmp”文件到“E:\图像文件”中，并将其重命名为“BMPFile1.bmp”。

18）利用系统提供的“搜索”功能在 C 盘上搜索图像文件（*.jpg），在搜索到的文件列表中选择两个文件把它们复制到“E:\图像文件”中，并重新命名为“JPGFile1.jpg”和“JPGFile2.jpg”。

19）打开“E:\文档文件”文件夹，给“FileA.docx”添加标题，内容为“***的毕业设计论文”。

20）设置“E:\图像文件”中的“BMPFile1.bmp”文件属性为“只读”；“JPGFile2.bmp”文件属性为“隐藏”。

21）设置文件夹选项，使系统不显示隐藏的文件和文件夹。

六、思考题

1）如何搜索指定创建日期的文件或文件夹？

2）如何利用“资源管理器”窗口查看文件创建的时间和作者？

3）在 Windows 7 中，菜单中的一些符号代表什么含义？

4）利用“任务栏”可以实现哪些功能？

5）利用鼠标操作移动或复制文件或文件夹时应该注意哪些事项？

6）在 Windows 7 中，能否给文件夹创建快捷方式？能否给某一磁盘驱动器创建快捷方式？

7）默认状态下文本文件利用什么应用程序打开？能否利用 Microsoft Word 2010 打开？如何打开？

实验三　Windows 7 磁盘管理与系统设置

一、实验目的

- ✧ 掌握磁盘的格式化、磁盘清理和磁盘碎片的整理等操作。
- ✧ 掌握系统的个性化设置。
- ✧ 掌握日期与时间、区域和语言等应用程序的使用与设置。
- ✧ 掌握打印机的添加和删除，了解有关参数的设置。
- ✧ 掌握用户账户的管理。
- ✧ 掌握“添加/删除程序”的使用，学会添加/删除 Windows 组件。

二、预备知识

磁盘的一些相关知识和 Windows 7 的一些系统工具；“控制面板”的启动方法；“控制面板”中一些常用应用程序的功能。

三、实验课时

建议课内 2 课时，课外 2 课时。

四、实验内容与操作过程

（一）磁盘管理

磁盘管理主要包括磁盘格式化、磁盘信息查看、磁盘清理和磁盘碎片整理等操作。

1．磁盘格式化

【实验 3-1】对移动存储设备 U 盘进行格式化。

通常情况下，磁盘在第一次使用之前必须进行格式化操作。另外，磁盘使用一段时间以后，特别是一些移动存储设备（如移动硬盘、U 盘等），有些磁道可能已损坏，因此也需要进行格式化操作。磁盘格式化的主要作用是对磁盘进行磁道和扇区划分、检查坏块、建立文件系统等，为磁盘存储数据做好准备工作。

对 U 盘进行格式化的操作过程如下：

① 将移动存储设备 U 盘连接到计算机系统中。

② 在“资源管理器”窗口中右击该存储设备的超链接。

③ 在弹出的快捷菜单中选择“格式化”命令，弹出图 3-1 所示的“格式化可移动磁盘”对话框。

④ 选择文件系统、输入卷标（可不输入），并确定是否进行“快速格式化”，然后

单击“开始”按钮进行格式化。

⑤ 在“格式化确认”对话框中，单击“确定”按钮，系统对 U 盘进行格式化。图 3-2 所示为系统正在格式化 U 盘的过程。

⑥ 格式化完成后，如果不是快速格式化，则启动磁盘扫描程序检查磁盘。

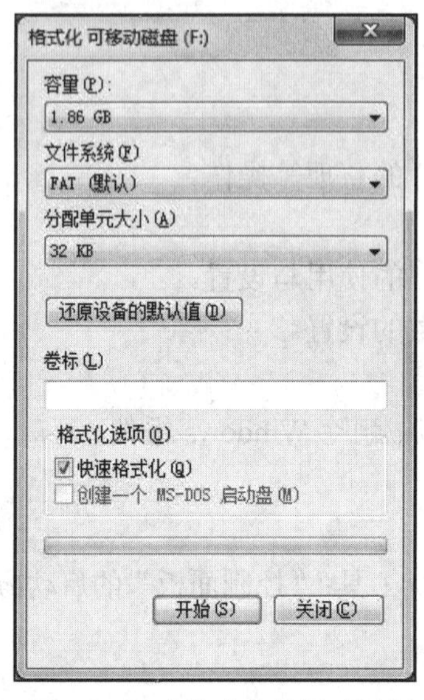

图 3-1 U 盘格式化设置对话框

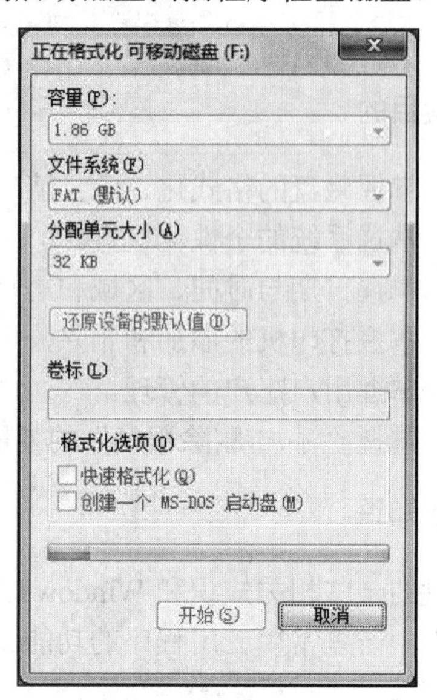

图 3-2 U 盘正在格式化对话框

说 明

磁盘的格式化操作将删除磁盘上的全部数据，因此，在格式化磁盘之前一定要做好备份工作，将有用的文件备份到其他存储设备。

2. 磁盘信息的查看

【实验 3-2】查看本地磁盘 D:盘上的信息。

具体操作过程如下：

① 选中相应的存储分区，并右击该设备的超链接。

② 在弹出的快捷菜单中选择“属性”命令，弹出图 3-3 所示的“本地磁盘 D:属性”对话框。

③ 查看属性，如卷标、文件系统、可用空间、已用空间、允许的使用权限等。

④ 查看结束后，单击“关闭”按钮关闭对话框。

3. 磁盘清理

【实验 3-3】清理本地磁盘 C:盘上的垃圾文件。

在使用计算机时，用户经常会安装一些常用的软件或游戏，而使用一段时间以后由于某种原因需将某些软件或游戏卸载。在安装与卸载过程中，往往会在计算机中遗留一些垃圾文件，时间久了势必会占用相当大的磁盘空间。因此，应该定期对计算机中的垃圾文件进行清理。

清理磁盘垃圾文件的操作过程如下：

① 选择“开始”｜“所有程序”｜“附件”｜“系统工具”｜“磁盘清理”命令，弹出“磁盘清理：驱动器选择”对话框，选择要清理的磁盘分区 C:盘，然后单击“确定”按钮。

② 打开“磁盘清理”对话框，系统对所选择的磁盘分区进行扫描，并统计已占用的磁盘空间。

③ 扫描完成后自动弹出图 3-4 所示的“磁盘清理”对话框，用户在列表中选择要清理的文件或文件类型，然后单击“确定”按钮。

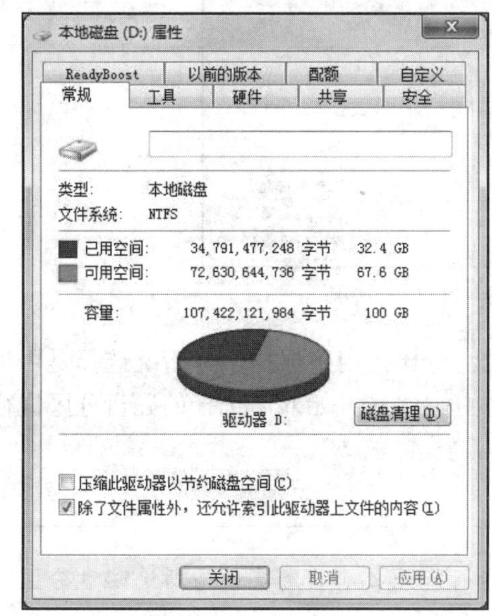

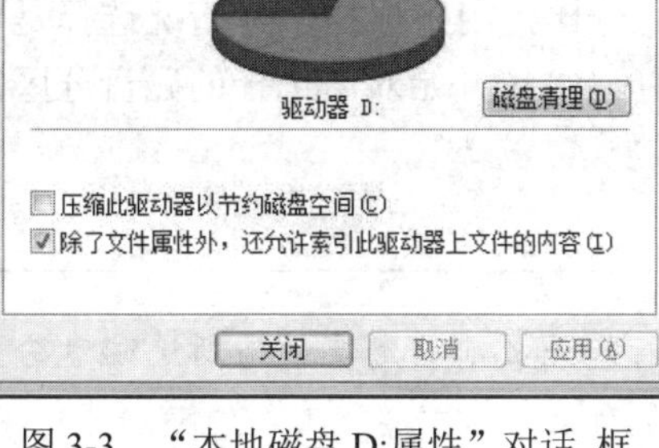

图 3-3 “本地磁盘 D:属性”对话 框

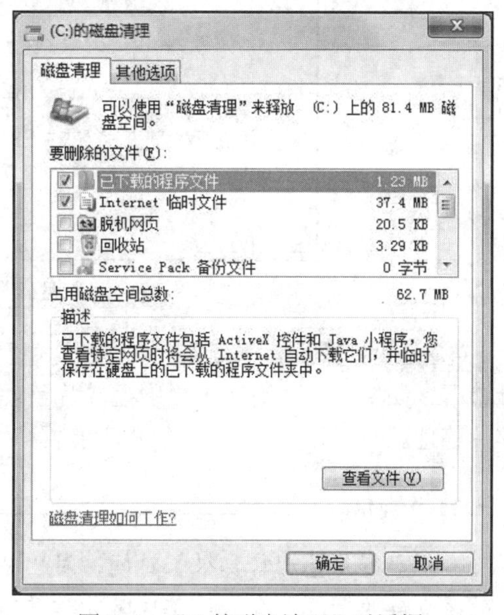

图 3-4 “C:的磁盘清理”对话框

④ 弹出删除文件确认对话框，单击“删除文件”按钮，系统将开始对选择的文件进行清理。

4. 磁盘的碎片整理

计算机在日常使用过程中，经常添加和删除各种软件，而且会频繁地复制、移动和删除不同类型的文件。长时间操作后会在磁盘中产生大量的磁盘碎片，不仅浪费磁盘的可用空间，还会影响系统的运行速度。为了改善磁盘的运行环境，定期对磁盘进行碎片整理非常必要。

【实验 3-4】对本地磁盘 D:盘进行碎片整理。

磁盘碎片整理的操作过程如下：

① 选择“开始”｜“所有程序”｜“附件”｜“系统工具”“磁盘碎片整理程序”命令，弹出“磁盘碎片整理程序”对话框。

② 在该对话框的驱动器列表中选择要整理的磁盘分区，然后单击“分析磁盘”按钮，系统开始分析所选磁盘分区的磁盘碎片情况，如图 3-5 所示。

图 3-5 “磁盘碎片整理程序”对话框

③ 分析结束后，系统显示磁盘碎片容量的百分比，用户根据实际情况选择是否进行整理。如要整理，则单击“磁盘碎片整理”按钮，系统开始对所选择的磁盘分区进行碎片整理。

说　明

磁盘碎片整理需要很长时间，因此，在进行整理之前一定要分析所选磁盘分区的磁盘碎片情况，有必要整理时才作整理工作。

（二）“控制面板”的启动与退出

在使用 Windows 7 操作系统时，用户可以根据自己的喜好对外观进行个性化设置，例如桌面背景、窗口颜色、主题、个性化“开始”菜单等。另外，还可以设置键盘、鼠标、计算机系统时间及更改显示语言等。在安装时，系统会自动检测计算机中的硬件设备和已安装的各种软件，然后将系统调整到比较理想的使用状态。系统安装好后，用来调整和配置系统的应用程序就集中在控制面板中。

1. “控制面板”的启动

选择“开始”｜“控制面板”命令，启动“控制面板”应用程序。“控制面板”窗口如图 3-6 所示。

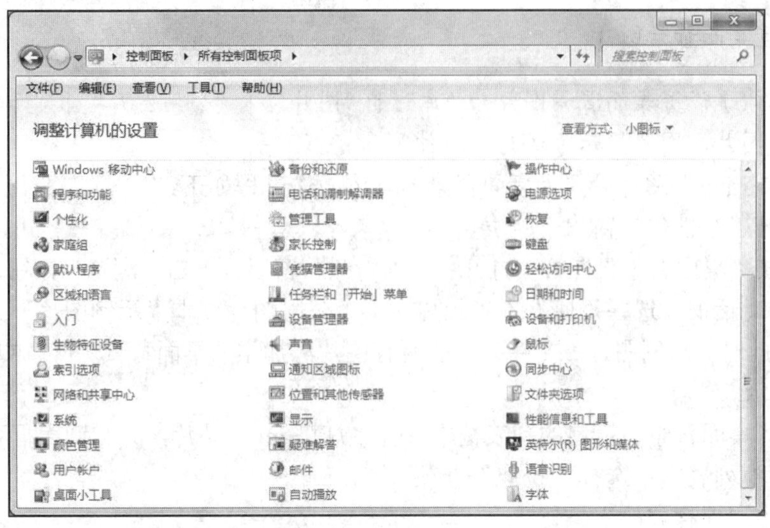

图 3-6 “控制面板”窗口

2. “控制面板”的退出

“控制面板”的退出与其他应用程序的退出相同，在此不再赘述。

(三) 系统个性化设置

使用 Windows 7 操作系统前，最好根据个人爱好与需求对系统进行设置，以增加实用性，同时还可以美化系统，如设置桌面背景图片、窗口颜色、屏幕保护程序、主题等。对外观与主题进行合理设置，可以让 Windows 7 的桌面更加美观。打开个性化设置窗口的操作如下：单击“控制面板”窗口中的“个性化”超链接，或右击桌面空白处，在弹出的快捷菜单中选择“个性化”命令，打开“个性化”窗口，如图 3-7 所示。

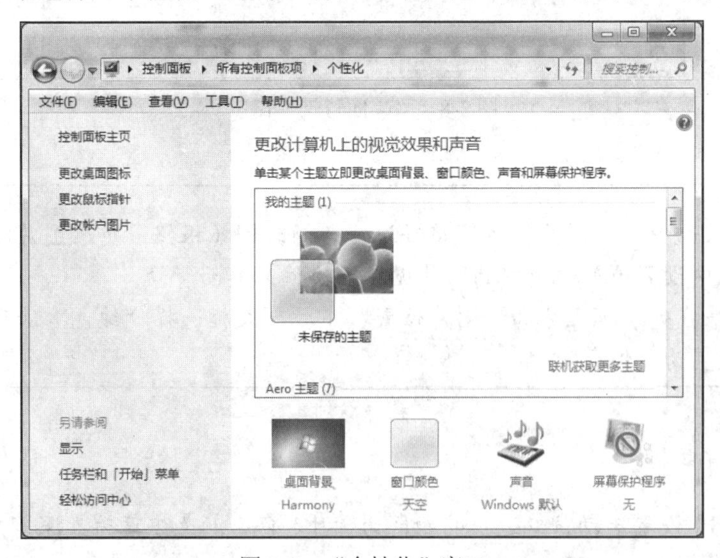

图 3-7 “个性化”窗口

1. 设置桌面背景图片

【实验 3-5】设置桌面背景图片为“库”｜“图片”｜“公用图片”｜“示例图片”｜“灯塔.jpg”图片，图片显示方式为“拉伸”。

将“灯塔.jpg”图片设置为桌面背景的具体操作过程如下：

① 打开“个性化”窗口。

② 单击“桌面背景”图标，打开“桌面背景”窗口，单击“浏览”按钮，弹出“浏览文件夹”对话框，选择“库”｜“图片”｜“公用图片”｜“示例图片”并单击“确定”按钮，此时“示例图片”文件夹中的所有图片添加至“桌面背景”窗口的列表框中，如图 3-8 所示。

③ 在“桌面背景”窗口的列表框中选择“灯塔.jpg”图片，并在列表框下方的“图片位置”下拉列表框中选择“拉伸”选项。

④ 单击“保存修改”按钮。

图 3-8 “桌面背景”窗口

说　明

① 如果选中多幅图片，系统将每过一定的时间（根据“更改图片时间间隔”下拉列表框中设置值）把选中的图片循环切换作为桌面背景。

② 如果在列表框上方的“图片位置”下拉列表框选择“纯色”选项，可以将桌面背景设置为“纯色”。

2. 设置窗口颜色

【实验 3-6】设置活动窗口边框的颜色为“叶”色，颜色浓度为最深，并“启用透明效果”。

设置窗口颜色的操作过程如下：

① 单击“个性化”窗口下方的“窗口颜色”图标，打开“窗口颜色和外观”窗口，如图3-9所示。

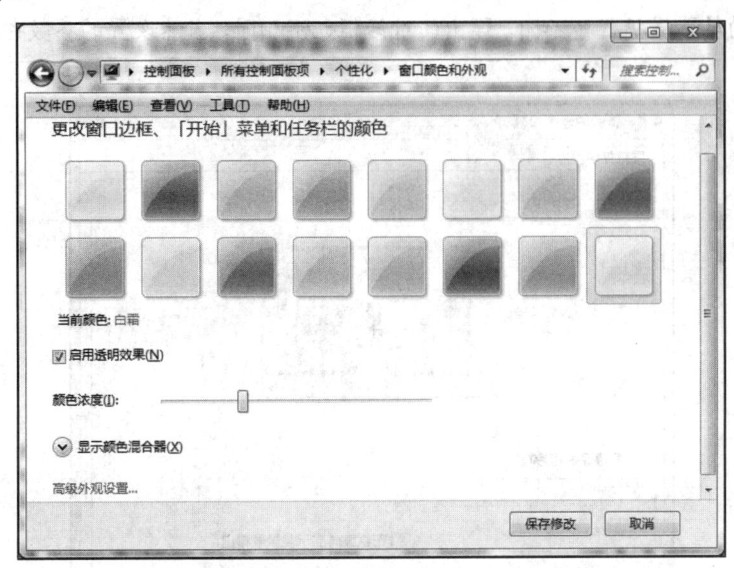

图3-9　“窗口颜色和外观”窗口

② 选择16种颜色列表中的“叶”色，鼠标拖动“颜色浓度”滑块至最右端，调节透明效果。

③ 单击“高级外观设置”超链接，弹出“窗口颜色和外观”对话框，在“项目”下拉列表框中选择“活动窗口边框”选项。

④ 设置完成后单击“确定”按钮完成设置，单击“窗口颜色和外观”窗口中的“保存修改”按钮应用颜色设置。

3. 设置屏幕保护程序

不使用计算机时，如果显示器长时间保持不变，就会对屏幕造成一定的损害而缩短显示器的寿命。使用屏幕保护程序，不但可以保护计算机的屏幕，有些屏幕保护程序还具有节能功效。Windows 7操作系统中内置了许多屏幕保护程序，用户可以根据自己的喜好选择设置。

【实验3-7】设置屏幕保护程序为“照片”，幻灯片播放速度为“中速”，采用“无序播放图片”，等待时间为5分钟，并要求“在恢复时显示登录屏幕”。

具体操作过程如下：

① 单击“个性化”窗口下方的“屏幕保护程序”图标，弹出“屏幕保护程序设置”对话框，如图3-10所示。

② 在“屏幕保护程序”下拉列表框中选择“照片”选项。

③ 单击“屏幕保护程序”下拉列表框右侧的“设置”按钮，弹出“照片屏幕保护程序设置”对话框，设置“幻灯片放映速度”为“中速”，选中“无序播放图片”复选

框。完成后单击“确定”按钮。

说　明

选择的屏幕保护程序不同，弹出的对话框也不相同，当然设置的参数也不尽相同。

图 3-10　“屏幕保护程序设置”对话框

④ 单击“等待”微调按钮或直接输入数字“5”，设置屏幕保护程序等待时间。

⑤ 选中“在恢复时显示登录屏幕”复选框，则在恢复屏幕保护程序时，系统显示登录屏幕。设置完成后单击“确定”按钮即可。

4. 设置声音方案

Windows 7 操作系统中包含了许多自带的声音方案。如 Windows 默认、传统、风景等，用户可以根据自己的喜好选择一种声音方案，Windows 7 操作系统中也可以自定义系统的声音方案。

【实验 3-8】设置系统声音方案为“节日”，并把“关闭程序”的声音设置为“Windows 鸣钟.wav”。

具体操作过程如下：

① 单击“个性化”窗口下方的“声音”图标，弹出“声音”对话框，如图 3-11 所示。

② 在“声音方案”下拉列表框中选择“节日”选项。

③ 单击“应用”按钮即可将此声音方案设置为当前系统的声音方案。

④ 单击“程序事件”列表框中的“关闭程序”事件，在“声音”下拉列表框中选择“Windows 鸣钟.wav”选项。

⑤ 单击“另存为”按钮，弹出“另存为”对话框，输入要保存的声音方案名称，并单击“确定”按钮，保存所设置的声音方案。

⑥ 设置完成后单击“声音”对话框中的“确定”按钮。

5. 使用不同的主题

Windows 7 操作系统自带了许多主题，主要包括 Aero 主题与基本和高对比度主题两大类，在这两大类中包括了许多不同的主题，如 Windows 7、建筑、Windows 经典等。不同的主题包含了不同的设置，如桌面背景、窗口颜色、图标、字体等。用户可以根据自己的喜好选择不同的主题，也可以自定义主题，以符合自己的视觉效果。设置主题的操作过程如下：在“个性化”窗口中，在“单击某个主题立即更改桌面背景、窗口颜色、声音和屏幕保护程序”列表框中选择一个主题，系统立即更改为选中的主题。

如果用户要保存自定的主题，单击主题列表框中的“保存主题”超链接，弹出“将主题另存为”对话框，输入要保存的主题名称，单击“保存”按钮保存主题并返回到“个性化”窗口。

（四）更改日期与时间

单击“控制面板”窗口中的“日期和时间”超链接，或单击任务栏中的“日期和时间”显示区域，在弹出的列表框中单击“更改日期和时间设置”超链接，弹出“日期和时间”对话框，如图 3-12 所示。

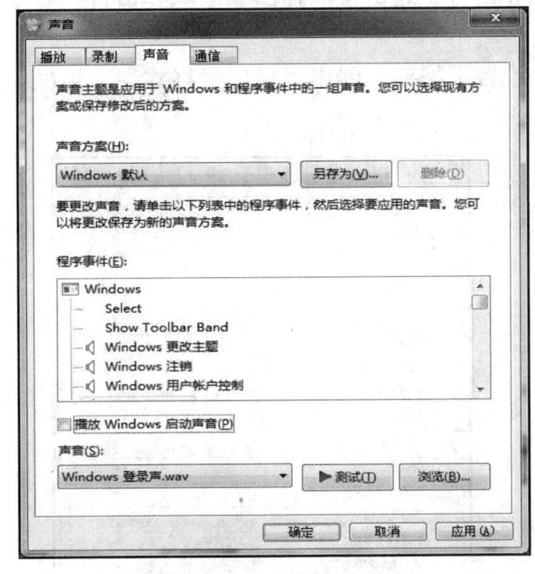

图 3-11　“声音”对话框

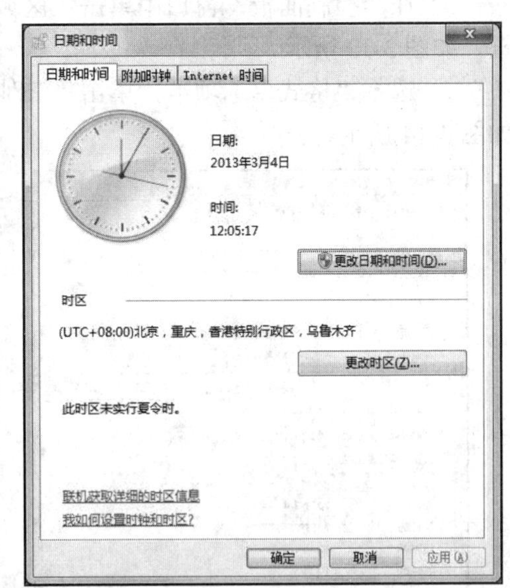

图 3-12　“日期和时间”对话框

1. 更改日期与时间

① 选择“日期和时间”选项卡，单击“更改日期和时间”按钮，弹出“日期和时间设置”对话框，单击“年份和月份”左右三角按钮可修改月份，在“日期”列表框中单击所需的日期。

② 在时钟下面的文本框中选择时、分、秒的具体内容，再单击右侧的微调按钮调节时间值（也可直接输入进行修改）。

③ 修改结束后单击“确定”按钮。

2. 更改时区

在“日期和时间”选项卡中单击“更改时区”按钮，弹出“时区设置”对话框，在“时区”下拉列表框中选择所需要时区，单击“确定”按钮。

（五）区域和语言设置

1. 格式设置

【实验 3-9】设置系统的长时间样式为“tt hh:mm:ss”，上午符号为“AM”，下午符号为“PM”；设置系统数字格式：小数点后位数为“3”，数字分组为“12,34,56,789”；设置系统货币格式：货币符号为“$”，货币正数格式为“1.1$”，货币负数格式为“-1.1$”，小数点后位数为“3”。

具体操作过程如下：

① 在“控制面板”窗口中单击“区域和语言”超链接，弹出“区域和语言”对话框，如图 3-13 所示。

② 选择“格式”选项卡，单击“其他设置”按钮，弹出“自定义格式”对话框，如图 3-14 所示。

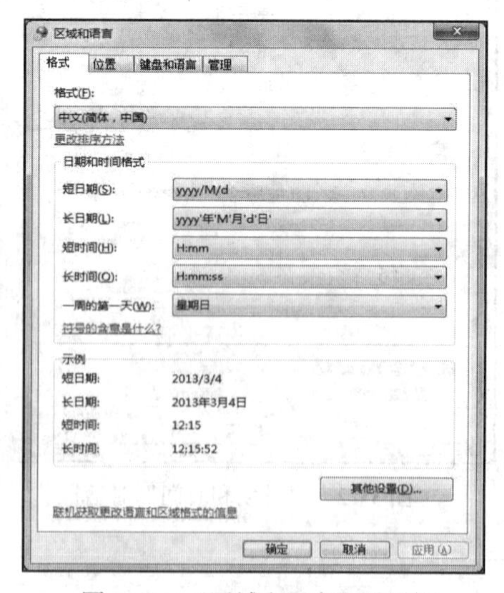

图 3-13 “区域和语言”对话框

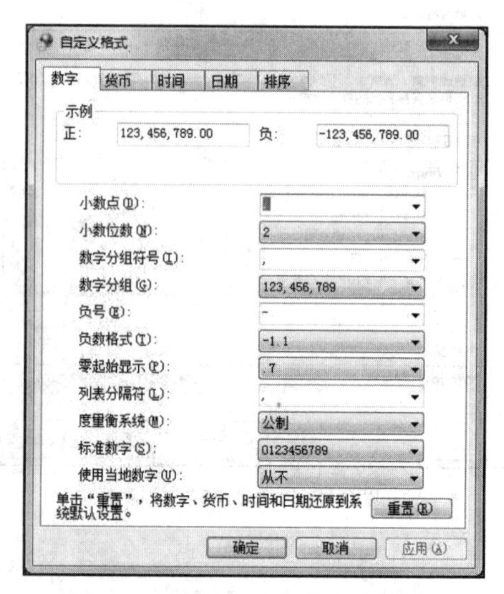

图 3-14 “自定义格式”对话框

③ 选择“数字”选项卡，在“小数点”下拉列表框中选择“3”，在“数字分组”下拉列表框中选择“12,34,56,789”。

④ 选择“货币”选项卡，在“货币符号”下拉列表框中选择“$”，并单击对话框底部的“应用”按钮；在“货币正数格式”下拉列表框中选择“1.1$”；在“货币负数格式”下拉列表框中选择“-1.1$”；在“小数点”下拉列表框中选择“3”。

⑤ 选择“时间”选项卡，在“长时间”下拉列表框中选择“tt hh:mm:ss”；在“上午”下拉列表框中选择“AM”；在“下午”下拉列表框中选择“PM”。

⑥ 设置结束，单击“确定”按钮返回“区域和语言”对话框，单击“确定”按钮完成设置。

2. 键盘和语言设置

【实验 3-10】 将微软拼音 ABC 输入法设置为词频调整，并将“语言栏”停靠于任务栏。

在“区域和语言”对话框中选择“键盘和语言”选项卡，查看和设置“键盘和其他输入语言”及“安装/卸载语言”。

具体操作过程如下：

① 在“区域和语言”对话框中选择“键盘和语言”选项卡，单击“更改键盘”按钮，弹出“文本服务和输入语言”对话框，如图 3-15 所示。

② 查看或设置默认的输入语言，在“已安装的服务”列表框中选择“微软拼音 ABC 输入风格”，单击列表框右侧的“属性”按钮，弹出“微软拼音 ABC 输入风格选项设置”对话框，选中“词频调整”复选框，单击“确定”按钮。

③ 在“文本服务和输入语言”对话框中选择“语言栏”选项卡，在“语言栏”选项组中选中“停靠于任务栏”单选按钮，如图 3-16 所示，单击“确定”按钮。

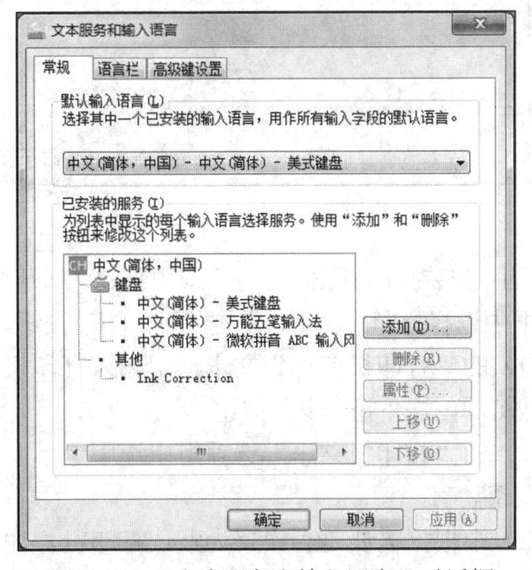

图 3-15　“文本服务和输入语言”对话框

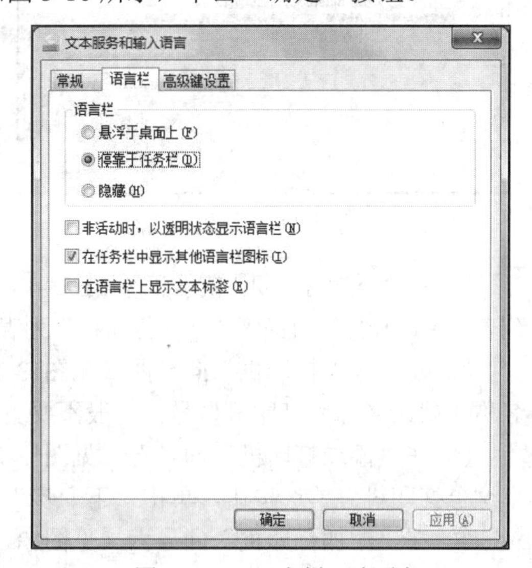

图 3-16　“语言栏”选项卡

（六）打印机的添加及参数的设置

1. 安装打印机

【实验 3-11】 安装 Epson LQ-1600K 打印机驱动程序。

安装打印机时，先将打印机正确连接到计算机的硬件端口上，然后安装打印机的驱动程序，之后才能正常使用。Windows 7 附带了大多数打印机的驱动程序，安装完成后，打印机图标将显示在“打印机”窗口中。如果打印测试成功，则说明已经正确地在系统中安装了打印机。

安装打印机驱动程序的操作过程如下：

① 打开“控制面板”窗口，单击“设备和打印机”超链接，打开“设备和打印机”窗口。

② 单击“设备和打印机”窗口中的“添加打印机”超链接，或选择“文件”|“添加打印机”命令，启动添加打印机向导，进入“添加打印机”向导一（见图 3-17），在“要安装什么类型的打印机？”选项组中单击“添加本地打印机”超链接。

③ 在“添加打印机”向导二（见图 3-18）的“选择打印机端口”选项组中选中“使用现有的端口”单选按钮，并选择打印机端口（如 LPT1 或 LPT2 等），单击“下一步”按钮。

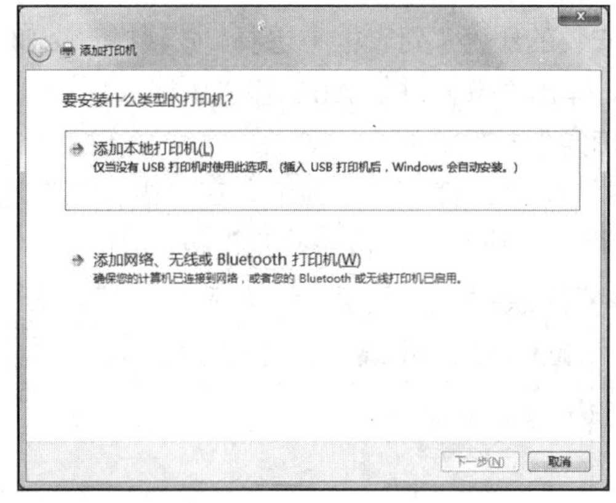

图 3-17 选择安装打印机类型对话框

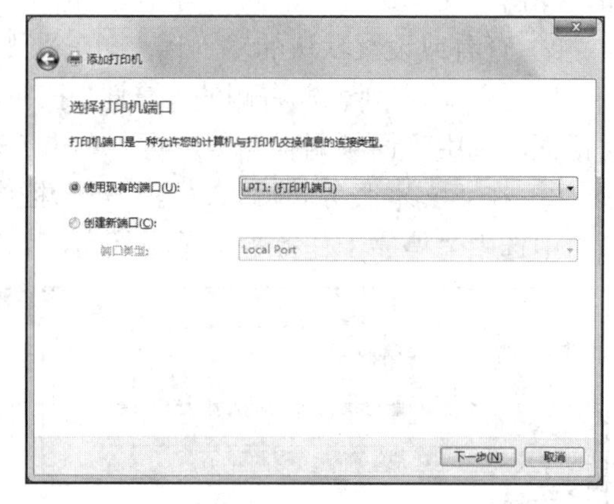

图 3-18 选择打印机端口对话框

④ 在“添加打印机”向导三（见图 3-19）的“安装打印机驱动程序”选项组的“厂商”列表框中选择打印机品牌，在“打印机”列表框中选择打印机类型，单击“下一步”按钮。

⑤ 在“添加打印机”向导四（见图 3-20）的“打印机名称”文本框中输入打印机名称（默认名称为打印机型号，一般不要更改），单击“下一步”按钮。

⑥ 在“添加打印机”向导五（见图 3-21）的“打印机共享”选项组中选中“不共享这台打印机”单选按钮，单击“下一步”按钮。

⑦ 在“添加打印机”向导六（见图 3-22）中根据需要是否设置为默认打印机，如需测试打印机，单击“打印测试页”按钮。最后单击“完成”按钮。至此，打印机驱动程序添加完成。

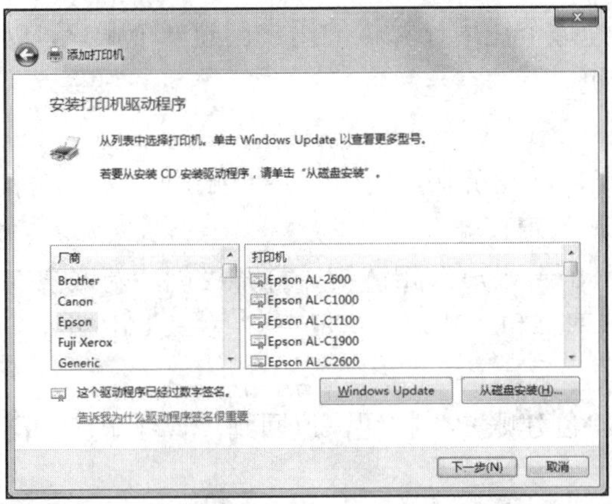

图 3-19 选择打印驱动程序对话框

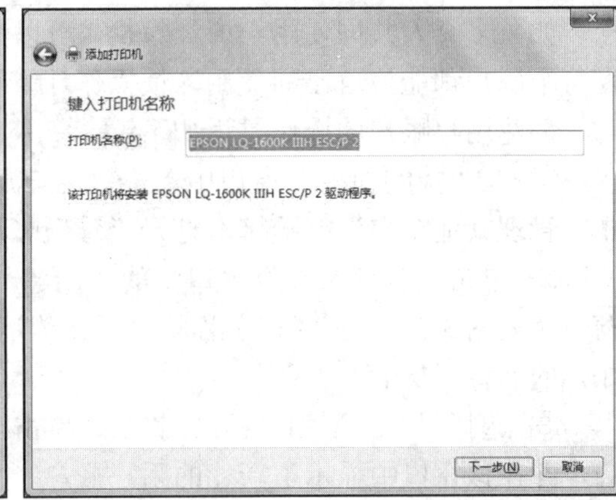

图 3-20 键入打印机名称对话框

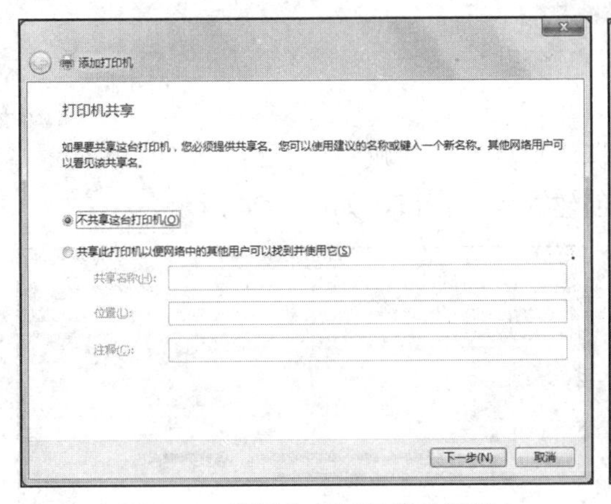

图 3-21 设置共享打印机对话框

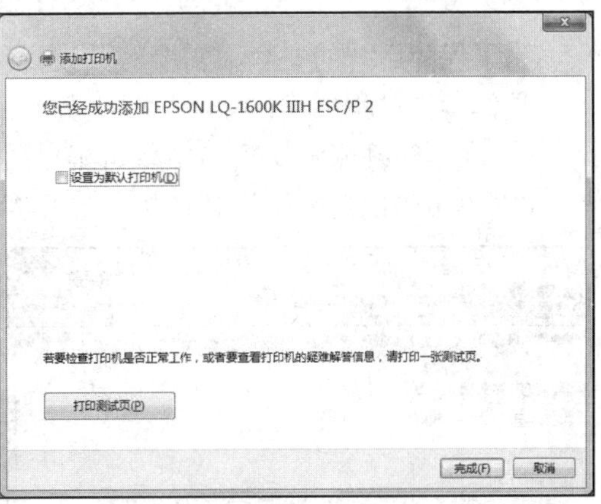

图 3-22 设置默认打印机对话框

2. 默认打印机的设置

若在“设备和打印机”窗口中添加了两台以上打印机，默认打印机是指当用户发出打印信号以后，不选择打印机，系统就能对信息进行打印的那台打印机。默认打印机图标的左下角显示一个✔图标。

如果一个系统中安装有多个打印机驱动程序，默认打印机的设置方法有以下几种。

- 右击要设置的打印机图标，在弹出的快捷菜单中选择“设置为默认打印机”命令。
- 选择要设置的打印机图标，选择“文件”｜“设置为默认打印机”命令。
- 双击要设置的打印机图标，在打开的有关这台打印机的窗口中选择“打印机”｜“设置为默认打印机”命令。

（七）用户账户管理

1. 创建用户账户

【实验 3-12】新建一个用户账户，名称为“Jack”，标准用户，用户密码为“123456”。

如果多个人共同使用一台计算机，可以为每个使用计算机的用户创建一个账户，以便每个用户都能按自己的使用习惯操作计算机。

创建用户账户的操作过程如下：

① 在“控制面板”窗口中单击“用户账户”超链接，打开“用户账户”窗口，单击“管理其他账户”超链接，打开“管理账户”窗口。

② 单击“管理账户”窗口中的“创建一个新账户”超链接，打开“创建新账户”窗口（见图 3-23），在“该名称将显示在欢迎屏幕和「开始」菜单上。”文本框中输入新账户的名称“Jack”。

③ 选择用户类型为“标准用户”，单击“创建账户”按钮，返回到“管理账户”窗口，并在该窗口中显示了新建的用户账户。

2. 设置密码

为了保障用户的安全，需要对其设置用户密码。

具体操作过程如下：

① 在“管理账户”窗口中单击账户图标，打开“更改账户”窗口。

② 单击“创建密码”超链接，打开“创建密码”窗口，如图 3-24 所示。

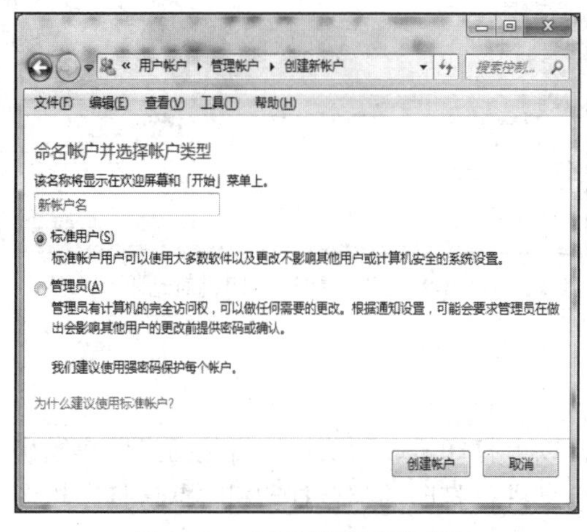

图 3-23 “创建新账户”窗口

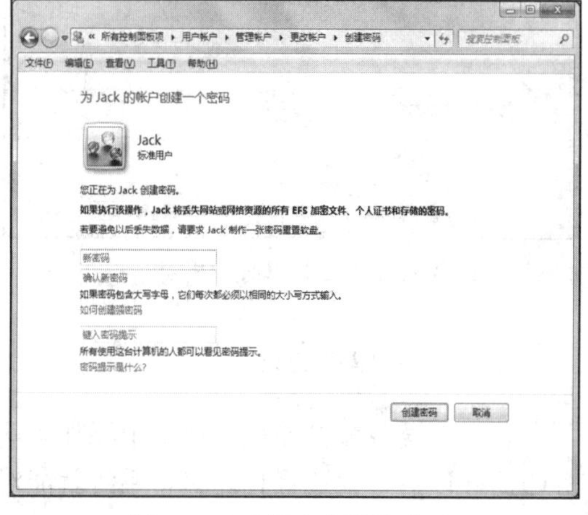

图 3-24 “创建密码”窗口

③ 在“新密码”“确认新密码”文本框中输入具体的密码文本“123456”。

④ 单击“创建密码”按钮，完成操作。

五、课堂练习

1）清理硬盘上的垃圾文件。

2）查看 D 盘信息，包括卷标、已使用空间、剩余空间以及磁盘的使用权限。

3）分析硬盘，查看是否需要进行碎片整理。

4）设置屏幕保护程序为“三维文字”，文字内容为“学无止境”，文字格式为：字体“隶书”、大小“初号”，旋转类型为“滚动”，等待时间为 2 分钟。

5）设置桌面背景为“风景（6）”图片，显示方式为“居中”，更改图片时间间隔为5分钟。

6）设置窗口的颜色为“大海色”，并“启用透明效果”。

7）设置 Windows 的货币符号为“$”，货币正数格式为“$ 1.1”，货币负数格式为“$ -1.1”。

8）设置 Windows 的时间样式为“HH:mm:ss”，上午符号为“AM”，下午符号为“PM”。

9）设置 Windows 的数字格式为：小数位数为“3”，数字的分组符号为“；”，其余采用默认值。

10）设置长日期格式为：“dddd yyyy'年'M'月'd'日'”。

11）设置“语言栏”悬浮于桌面上。

12）删除微软全拼输入法。

13）在本地计算机上安装 Epson FX-2170 打印机，端口为 LPT1。

14）删除系统中的微软全拼输入法。

15）新建一个用户账户，名称为“Alice”，管理员用户，密码为“GLY123456”。

六、思考题

1）什么情况下设置的背景颜色无效？

2）设置“屏幕保护程序”以后，若选中密码保护，请问其密码是什么？

3）在哪个应用程序中修改当前计算机的日期与时间，在哪个应用程序中修改日期与时间的显示格式？

4）如何添加 Windows 7 系统外挂的汉字输入法？

5）若任务栏上没有输入法指示器如何进行添加？

实验四　Windows 7 中实用工具的使用

一、实验目的

- ✧　掌握文档的建立、保存与打开操作。
- ✧　掌握附件中“记事本”程序的使用。
- ✧　掌握附件中“画图”程序的使用。
- ✧　掌握附件中“计算器”程序的使用。

二、预备知识

常用的 Windows 7 实用工具；文档文件、文本文件的概念。

三、实验课时

建议课内 2 课时，课外 2 课时。

四、实验内容与操作过程

（一）利用写字板应用程序创建、保存和打开文档

利用各种应用程序创建、保存和打开文档的操作基本相同。此处从“写字板”应用程序为例来介绍文档文件的创建、保存与打开操作。

【实验 4-1】利用 Windows 7 系统自带的“写字板”应用程序创建一个文档文件，文档的具体内容如下。

Microsoft Word 2010 是运行于 Windows 环境下的文字处理软件，它不仅可以进行文字处理，还可以将文本、图像、图形、表格、图表混排于同一文件中，创建出一个简捷直观、符合用户需求的文稿。

文本输入结束后，将其保存在 D:盘的“文档”文件夹中，文件名为“Word 简介”，扩展名默认。

打开该文档文件，在“符合用户需求的文稿”前插入“图文并茂”文本，并另存到“Word 简介 1”文档文件中。

1. 创建文档文件

创建一个写字板文档文件的操作过程如下：

① 选择“开始”|“所有程序”|“附件”|“写字板”命令，打开“写字板”应用程序。此时，系统将自动新建一个空白的文档，如图 4-1 所示。

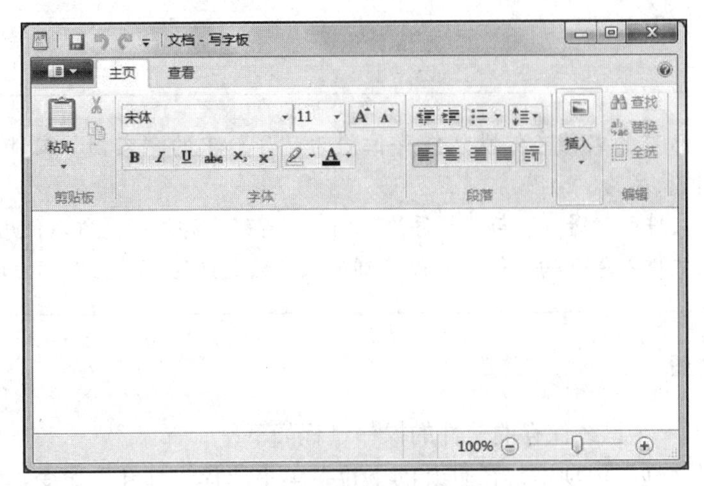

图 4-1 写字板应用程序界面

② 利用某种汉字输入法输入实例 4-1 中所提供的文本。

如果“写字板”应用程序已打开，若想新建一个文档，可单击窗口上的“文件”选项卡[按钮图标]，在打开的下拉菜单中选择“新建”命令，系统将新建一个空白的文档。

2. 保存文档

保存文档的操作过程如下：

① 单击“文件”选项卡，在打开的下拉菜单中选择“保存”命令，弹出“保存为”对话框，如图 4-2 所示。

图 4-2 “保存为”对话框

② 在“保存为”对话框左窗格中选择 D:盘，单击“新建文件夹”超链接新建一个文件夹，输入文件夹的名称“文档”。

③ 打开刚建好的文件夹，在对话框的“文件名”文本框中输入“Word 简介”，并

单击“确定”按钮。

说 明

① 用户新建的文档文件默认保存位置为“库”中的“文档”文件夹，写字板文档默认的扩展名为“.rtf”。

② 新建文件的“保存”与“另存为”相同。曾经保存过的文件，使用“保存”命令，系统将把文件以原来的文件名称保存到原来存放文件的位置上而不出现任何提示。

3. 打开文档

编辑、修改一个已经保存的文件的操作过程如下：

① 单击“文件”选项卡，在打开的下拉菜单中选择“打开”命令，弹出“打开”对话框，如图 4-3 所示。用户选择 D:盘中的“文档”文件夹，选中“Word 简介”文档文件，单击“打开”按钮即可在写字板中打开该文件。

② 将光标移到“符合用户需求的文稿”的前面，输入“图文并茂”文本。

③ 单击“文件”选项卡，在打开的下拉菜单中选择“另存为”命令，弹出“保存为”对话框，在“文件名”文本框中输入“Word 简介 1”，并单击“保存”按钮。

图 4-3 “打开”对话框

（二）“记事本”应用程序的使用

“记事本”应用程序是用来编辑文本文件的，其编辑的文本文件中不包含任何格式符、控制符和图形，只存放字符本身的 ASCII 码或汉字内码。记事本文件的扩展名为“.txt”，即“文本文件”。

1. 启动“记事本”应用程序

选择“开始”|“所有程序”|“附件”|“记事本”命令，打开“记事本”应用

程序，如图 4-4 所示。

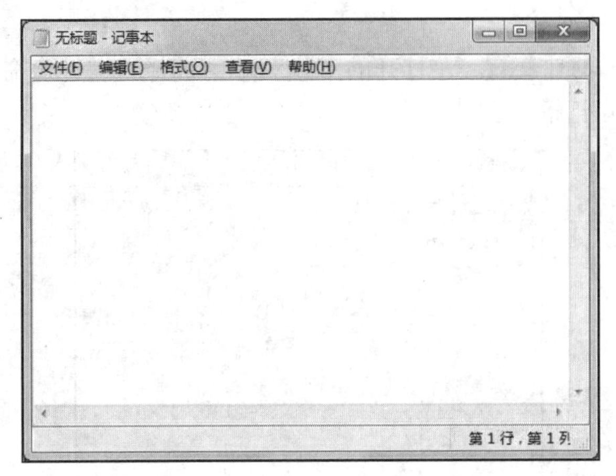

图 4-4　“记事本”应用程序界面

2. 记事本文件的保存和打开

记事本文件的保存和打开操作与写字板文件的操作相同，此处不再赘述。

（三）“画图”应用程序的使用

1. “画图”应用程序的启动

选择“开始”|“所有程序”|“附件”|“画图”命令，打开“画图”应用程序，如图 4-5 所示。

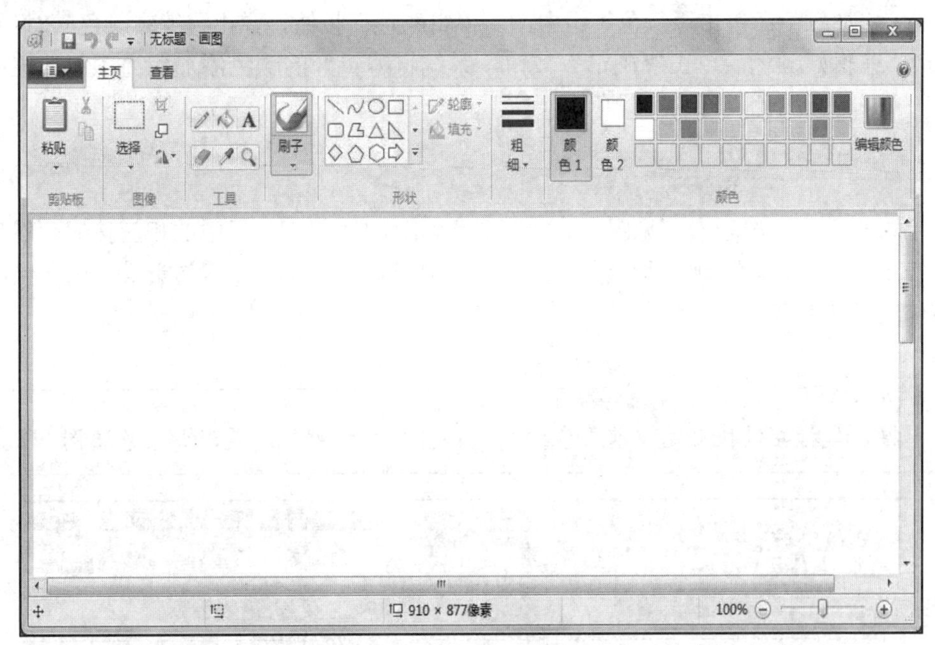

图 4-5　“画图”应用程序界面

2. 改变绘图区域尺寸

单击“画图”选项卡，在打开的下拉菜单中选择“属性”命令，弹出图 4-6 所示的“映像属性”对话框，在其中设置图像的宽度与高度。

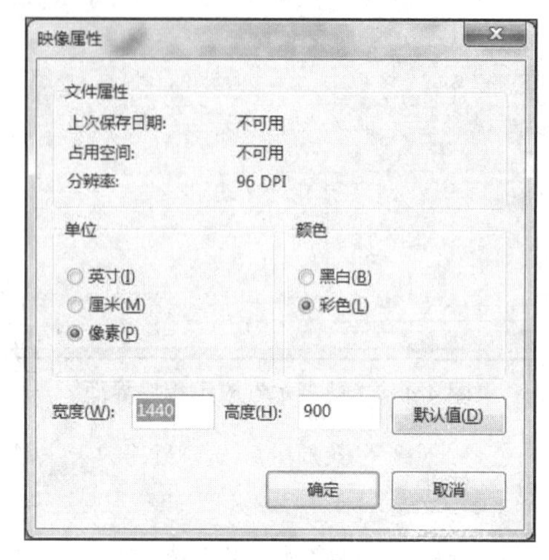

图 4-6 “映像属性”对话框

3. 颜色选择

在窗口“主页”选项卡的“颜色”组中进行颜色选择。

- 选择前景色：单击“颜色”组中的相应颜色，放至“颜色 1”中。
- 选择背景色：按住【Shift】键，单击“颜色”组中的相应颜色，放至“颜色 2”中。
- 增加颜色：单击“颜色”组中的“编辑颜色”按钮，弹出“编辑颜色”对话框，编辑好颜色后单击“确定”按钮，系统将编辑好的颜色添加到“颜色”组中，并将此颜色设置为前景色。

4. 绘图

单击“主页”选项卡（见图 4-7）“工具”“形状”“粗细”组中的相应按钮，然后用鼠标在工作区中拖动实现图形绘制。如果要绘制圆、正方形、正多边形等，则在绘制前先按住【Shift】键。

说　明

按住鼠标左键拖动是以前景色绘图，按住鼠标右键拖动是以背景色绘图。

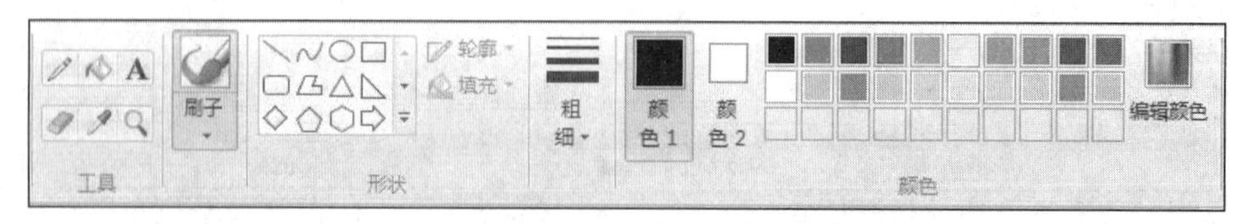

图 4-7 “主页”选项卡

5. 输入文本

单击“主页”选项卡“工具”组中的“文本”按钮**A**，在工作区拖动绘制一个用于输入文本的矩形区域，然后在区域内输入文字。

6. 图形选择

单击“主页”选项卡“图像”组中的“选择”按钮，在下拉列表中选择“矩形选择”或“自由图形选择”选项，然后按住鼠标左键拖动进行选择。

7. 移动与复制

与文本移动和复制基本相同，也可以通过菜单或拖动完成。直接拖动选中的图形是移动，先按住【Ctrl】键，再拖动选中的图形则是复制。

8. 翻转、旋转、拉伸、扭曲图形

先选择图形，然后单击“主页”选项卡“图像”组中的“旋转”按钮，在下拉列表中选择具体的旋转角度与翻转；单击“重新调整大小”按钮，弹出“调整大小和扭曲”对话框，设置参数对图像进行拉伸或扭曲。

9. 删除图形

选中相应的图形区域，按【Delete】键实现删除。也可以用“橡皮擦”实现擦除。

10. 保存图形文件

画图文件的保存、另存、打开等操作与记事本相应操作相同，其文件的默认扩展名为“.bmp”。“画图”应用程序的关闭也与“记事本”应用程序的关闭相同，此处不再赘述。

（四）“计算器”应用程序的使用

计算器可以执行基本的算术运算，如加法和减法运算，也可以通过科学计算器中的函数功能，完成函数计算。

（1）启动“计算器”应用程序

选择“开始”｜“所有程序”｜“附件”｜“计算器”命令，打开“计算器”应用程序。

（2）“计算器”视图

“计算器”有两种视图，即“标准型”（见图 4-8）和“科学型”。用户可以利用“查看”菜单选择所需要的视图。

在“科学型”计算器视图（见图 4-9）中，除可以完成常用的算术运算以外，还可以进行数制转换、角度与弧度间的转换以及使用一些常用的函数。

图 4-8 “标准型”视图

图 4-9 “科学型”视图

五、课堂练习

1）利用“Microsoft Word 2010”新建一个文档，输入以下文本内容：

Word 是 Office 组件中使用最为广泛的软件之一，主要用于创建和编辑各种类型的文档，是一款文字处理软件。Word 2010 是 Word 2007 的升级版本，它拥有强大的文字处理能力。利用 Word 2010 可以创建纯文本、图表文本、表格文本等各种类型的文档，还可以使用字体、段落、版式等格式功能进行高级排版。

将这个文档保存到“E:\实验四\2006061101”中的“Word 简介.docx”文件中，同时关闭“Microsoft Word 2010”。

2）打开“E:\实验四\2006061101”中的“Word 简介.docx”文件，在文档的上方加上一个标题，内容为“文字处理软件 Word 2010”，然后另存到“E:\实验四\2006061102”中的“Word 简介 Bak.docx”文件中。

3）启动“附件”中的“记事本”应用程序，在“记事本”应用程序窗口中输入以下字符和文本：

体育能出人头地吗?

自社会发展部在去年 4 月 1 日正式改名为社会发展及体育部后，政府已明确地定下目标，更积极地推动新加坡的体育发展，决心要把新加坡发展成为体育国家。

Since the Ministry of Community Development Was renamed the Ministry of Community Development and Sports on April 1 last year, the government has set clear goals tk promote the development of sports to make Singapore a sporting nation.

然后将以上内容保存在“学生目录\Text”中，文件名为 T1.txt。

4）启动“附件”中的“写字板”应用程序，在“写字板”应用程序窗口中输入以下文本，并在最后一段文字前插入“库”｜“图片”｜“示例图片”｜“公共图片”｜“郁金香.jpg”图片。

“写字板”的使用

“写字板”应用程序用来编辑带有格式控制的较小的文档文件，其编辑的文档文件中可以对某些文字设置字体、文字大小、文本对齐方式，也可以插入图片。但其功能要比 Word 文字处理软件弱一些。

启动“写字板”应用程序：选择“开始”|“所有程序”|“附件”|“写字板”命令，打开“写字板”应用程序。

5）设置以上输入文档的标题：“黑体”、加粗、三号字；设置正文字体为“楷体”、常规、四号字。然后将以上内容保存到“学生目录\Write”中，文件名为 w1.rtf。

6）启动“附件”中的“画笔”应用程序，在“画笔”应用程序窗口中绘制图 4-10 所示的图像。然后将此图像保存在“学生目录\ pbrush”中，文件名为 B1.bmp

图 4-10 练习样图

7）对表 4-1 中所给的各个数据利用计算器进行数制转换。

表 4-1 不同进制的数据转换

二进制	八进制	十进制	十六进制
01010110			
		173	
	165		
			B3

六、思考题

1）“记事本”“写字板”“Word 2010”三个应用程序有什么相同点和不同点？

2）简述 Windows 7 操作系统中各种文档的默认存储位置。

3）简述“记事本”“写字板”“画图”三个应用程序在 Windows 7 操作系统中所存放的位置和文件名。

实验五　Word 2010 格式化操作、引用与页面设置

一、实验目的

- ✧ 熟悉 Word 的启动与退出操作。
- ✧ 了解 Word 窗口的组成及各部分的使用。
- ✧ 熟练掌握在 Word 中新建、打开和保存文档。
- ✧ 掌握 Word 中文本的录入、选定和编辑操作。
- ✧ 掌握文档审阅状态下的修订操作。
- ✧ 熟练掌握文本的查找、替换操作。
- ✧ 熟练掌握字符的格式化操作。
- ✧ 熟练掌握段落的格式化操作。
- ✧ 熟练掌握项目符号与编号的使用。
- ✧ 掌握使用“格式刷”进行快速排版。
- ✧ 掌握样式的概念，能够熟练地创建样式、使用样式。
- ✧ 掌握脚注、尾注、题注、交叉引用和目录等操作。
- ✧ 掌握页眉、页脚的插入与编辑操作。

二、预备知识

Word 的启动与退出操作；Word 窗口的组成与视图方式；文档的创建、打开与保存操作；文本的选择、移动、复制、删除等操作；文本的查找、替换命令的使用；字符、段落的格式化操作；项目符号与编号的使用；“格式刷”的使用；样式的新建与应用；脚注、尾注、题注、交叉引用和目录的插入及更新操作；页眉、页脚的插入。

三、实验课时

建议课内 4 课时。

四、实验内容与操作过程

【实验 5-1】新建空白文档，将其命名为“天堂湿地”，输入以下内容，并保存到 E:盘根目录下。

天堂湿地

西溪国家湿地公园总面积约为 10.08 平方千米。现在向游客开放的一期保护工程约为 3.46 平方千米，主要包括生态保护区 1.71 平方千米，占一期工程面积的 49.4%；生态恢复区 1.54 平方千米，占一期工程面积的 44.6%；历史遗存保护 0.074 平方千米，占

一期工程面积的2.1%；服务设施区0.136平方千米，占一期工程面积的3.9%。“西溪之胜，独在于水”。湿地内河港、池塘、湖漾、沼泽等水域面积约占70%，其中大小滩地20处；河流总长110多千米，其中一期范围内约38千米；大小鱼塘2773个，其中一期工程内就有383个。“芦锥几顷界为田，一曲溪流一曲烟”，大自然的鬼斧神工与上千年来人类的生活劳作构筑了水在村中、村在水中、人水交映、变幻无穷的西溪水乡风情。湿地内主要有6条纵横交错的河流围合汇聚，其间水道如巷、河汊如网、鱼塘栉比、诸岛棋布，形成了“河渚芦花”“柿林夕阳”“蒹葭泛月”“西溪探梅”“烟水渔庄”“朝天暮漾”等一批情趣各异的水乡景观。

操作要求：

1）打开“天堂湿地”，进行字体效果设置，要求：“天堂湿地”居中显示、华文行楷、小二号、粗体、绿色、加宽2磅、“堂”和“湿”提升5磅；正文格式为隶书、小四、紫色。

2）从“‘西溪之胜，独在于水’。……”处将正文分成两段，设置第一段为首行缩进2字符，段前0.4cm，行间距为1.3倍行距。将文档中第二段的段落格式设置成与第一段相同（要求使用格式刷操作）。

3）将该文档中的所有“西溪”二字都设置为黑体、红色、加粗。

4）将该文档中的所有数字都设置为蓝色加粗并加着重号。

5）为文档“天堂湿地”中的“芦锥几顷界为田，一曲溪流一曲烟”设置30%的黄色底纹，底纹填充色设置为浅绿色，并添加一个带阴影的线宽为1.5磅的深蓝边框。

6）新建样式，样式名为abc，设置其文字为深蓝色四号，行间距为1.5倍行距，并将此样式应用于第一段。

7）设置文字对齐字符网格，每行38个字符数。

8）以修订方式执行操作：删除文中“、诸岛棋布”字符。

（一）文档的新建、保存打开与重命名

文档的新建、保存、打开与重命名等操作与前面章节中文件的相关操作类似，这里不多做讲解。

（二）文档基本编辑

文档的基本编辑主要包括文本的选定、修改、删除、移动和复制等操作，这里不展开讲解。

（三）文本格式化

文本的格式化是对文本的字体、字形、字号、颜色及显示效果等格式的设置。具体的设置，可以直接通过“开始”选项卡“字体”组中的各个功能按钮来完成，也可以通过“字体”对话框来设置，如图5-1所示。

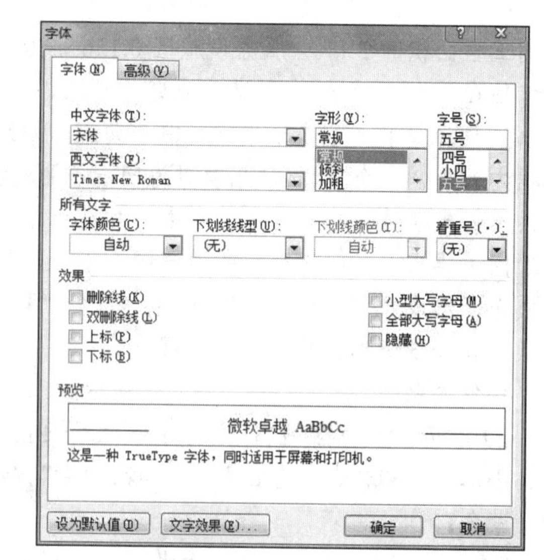
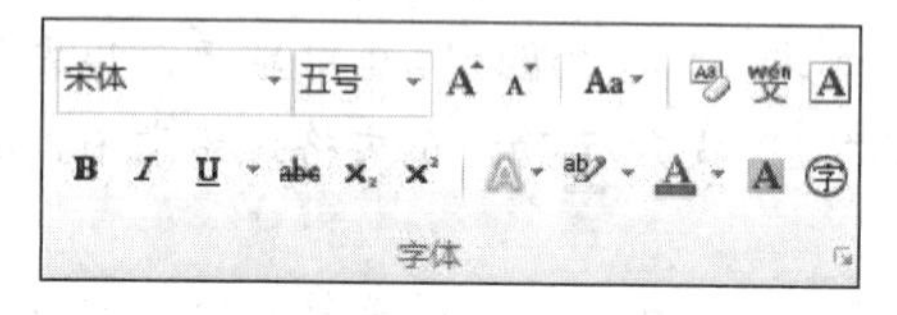

图 5-1 “字体”组及“字体”对话框

实验 5-1 要求 1）操作步骤如下：

① 选中“天堂湿地”四字，单击“开始”选项卡“段落”组中的“居中”按钮☰。

② 单击“字体”组中的对话框启动器按钮，弹出“字体”对话框，设置中文字体为华文行楷、字形为加粗、字号为小二号、字体颜色为绿色，选择“高级”选项卡，选择“间距”为加宽，值为 2 磅，单击“确定”按钮。

③ 选中“堂”和“湿”两个字，在“字体”对话框中选择“高级”选项卡，选择“位置”为提升，值为 5 磅，单击“确定”按钮。

④ 选中全部正文，直接在“字体”组中设置字体为隶书、字号为小四、字体颜色为紫色。

（四）段落格式化

段落格式化包括段落对齐、段落缩进及段落间距的设置等。段落格式设置与字符格式的设置有所不同，除了可以选定段落进行设置外，还可以直接将光标插入到要设置格式的段落中，然后进行操作即可。

对段落进行格式化，可以单击“开始”选项卡“段落”组中的对话框启动器按钮，或右击文本区，在弹出的快捷菜单中选择“段落”命令，弹出“段落”对话框，对段落的各种格式进行设置，如图 5-2 所示。

文本和段落的格式化操作也可以使用格式刷。在 Word 中，格式同文字一样，也是可以复制的。格式刷复制的对象主要是文本和段落标记。

格式刷的使用方法是：选择要复制的对象 A，单击“开始”选项卡“剪贴板”组中的“格式刷”按钮，这时鼠标指针将带有一个刷子，用鼠标拖动另一对象 B。这样，使对象 B 具有与对象 A 相同的格式。

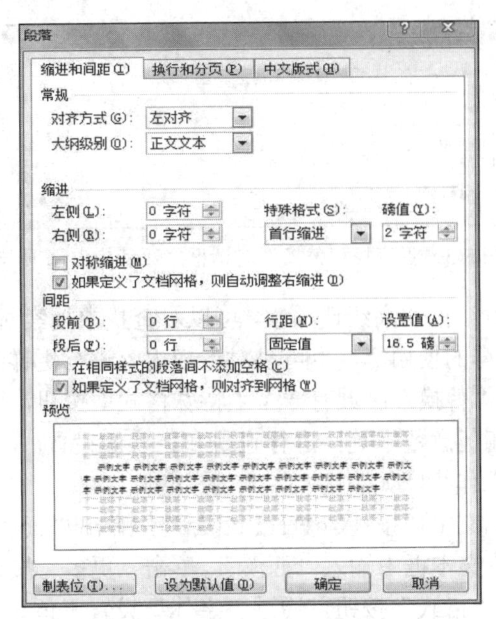

图 5-2 “段落”对话框

实验 5-1 要求 2）操作步骤如下：

① 从“‘西溪之胜，独在于水’。……”处将正文分成两段，设置第一段为首行缩进 2 字符，段前 0.4cm，行间距 1.3 倍行距。将文档中第二段的段落格式设置成与第一段相同（要求使用格式刷操作）。

② 将光标定位到“西溪之胜……”前，按【Enter】键分段。

③ 将光标定位到正文第一段，单击“开始”选项卡“段落”组中的对话框启动器按钮，弹出“段落”对话框。

④ 在“特殊格式”中选择“首行缩进”，值为 2 字符；在“段前”文本框中直接输入“0.4 厘米”；在“行距”中选择“多倍行距”，“设置值”中输入 1.3。

⑤ 选择第一段的段落标记，双击“剪贴板”组中的“格式刷”按钮，单击第二段中的任意位置完成。

（五）查找与替换

在编辑文本时，有些工作可以让计算机自动来完成，这样既快捷又准确。

1. 查找

单击“开始”选项卡“编辑”组中的“查找”下拉按钮，在下拉菜单中选择“高级查找”命令，弹出“查找和替换”对话框，单击“更多”按钮，以显示更多的查找选项。

2. 替换

替换操作用于搜索并替换指定的文字或格式，单击“编辑”组中的“替换”按钮或按【Ctrl+H】组合键，弹出“查找和替换”对话框，如图 5-3 所示。

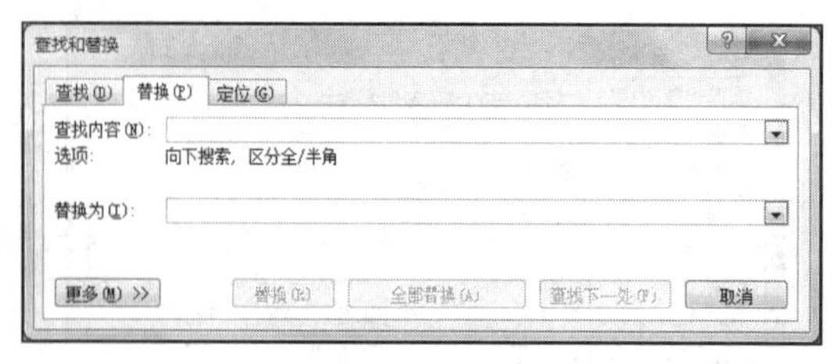

图 5-3 “查找和替换”对话框之“替换”选项卡

在“查找和替换”对话框的高级选项中，可以对查找中搜索对象进行更详细的设置，如大小写的区分、通配符的使用等，也可以对替换内容进行更详细的设置，如字体的格式、段落的格式等。在“替换”区域有一个“特殊格式”按钮，可以对一些不常用符号（如段落标记、制表符和任意数字等）进行查找和替换的设置。

实验 5-1 要求 3）操作步骤如下：

① 将光标定位到正文中，按【Ctrl+H】组合键，弹出“查找和替换”对话框。

② 在“查找内容”文本框中输入“西溪”；单击“更多”按钮，将光标定位到“替换为”文本框中，单击“格式”按钮，通过“字体”设置黑体、红色、加粗。

③ 单击“全部替换”按钮，完成操作。

实验 5-1 要求 4）操作步骤如下：

① 在“查找和替换”对话框中单击“更多”按钮切换到高级查找和替换。

② 将光标定位到“查找内容”文本框内，单击“特殊格式”按钮，在下拉菜单中选择“任意数字”命令。

③ 将光标定位到“替换为”文本框内，单击“不限定格式”按钮，删除前次操作的格式设置，单击“格式”按钮，通过“字体”设置蓝色加着重号。

④ 单击“全部替换”按钮，完成操作。

（六）设置边框与底纹

Word 可以对选定的文字、段落、页、表格单元格设置边框和底纹。单击“开始”选项卡“段落”组中的“边框和底纹”按钮，弹出“边框和底纹”对话框，如图 5-4 所示。也可以通过单击“页面布局”选项卡“页面背景”组中的“边框和底纹”按钮打开“边框和底纹”对话框。

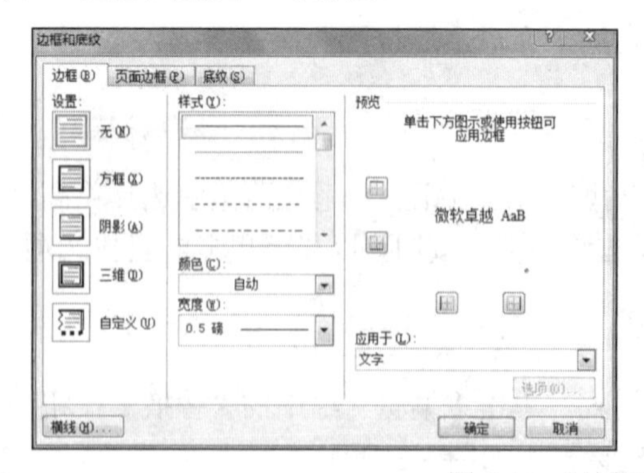

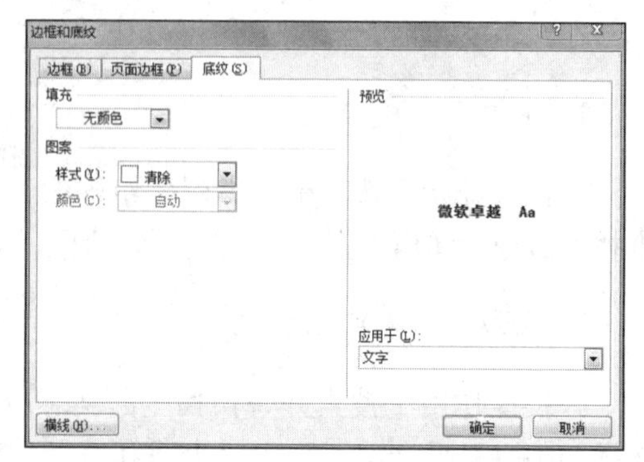

图 5-4 “边框和底纹”对话框

实验 5-1 要求 5）操作步骤如下：

① 选择“芦锥几顷界为田，一曲溪流一曲烟”，单击“页面布局”选项卡“页面背景”组中的“页面边框”按钮，弹出“边框和底纹”对话框。

② 在“底纹”选项卡的“图案”区域选择式样为“30%”，选择颜色为“黄色”，在“填充”区域选择颜色为“浅绿色”。

③ 在“边框”选项卡中选择边框类型为“阴影”，选择颜色为“深蓝”，选择宽度为“1.5 磅”。

④ 单击“确定”按钮完成。

（七）样式的新建与应用

样式是一套预先设置好的一系列格式的组合，可以是段落格式、字符格式、表格格式和列表格式等。单击“开始”选项卡“样式”组中的对话框启动器按钮，弹出“样式”窗格。在“样式”窗格中单击“新建样式”按钮，弹出“根据格式设置创建新样式”对话框，如图 5-5 所示。

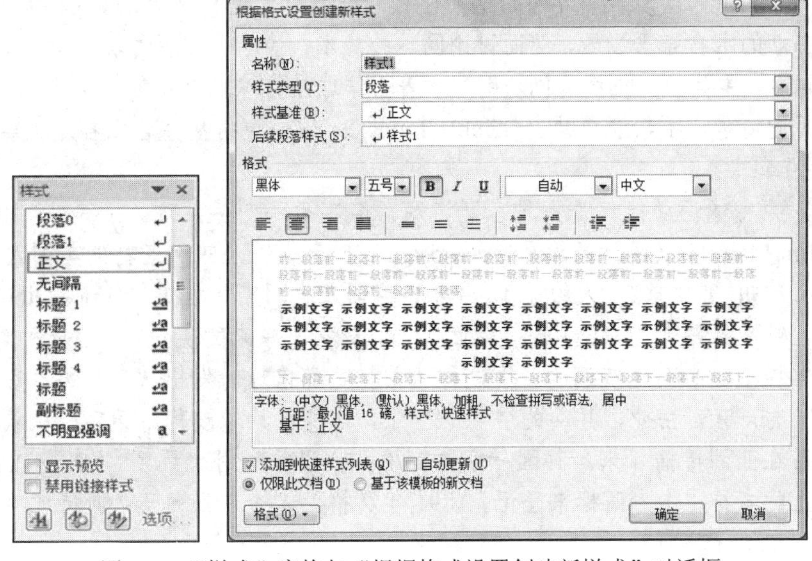

图 5-5 “样式”窗格与“根据格式设置创建新样式”对话框

实验 5-1 要求 6）操作步骤如下：

① 将光标定位到正文中，单击“开始”选项卡“样式”组中的对话框启动器按钮，弹出“样式”窗格。

② 单击“新建样式”按钮，弹出“根据格式设置创建新样式”对话框。

③ 在“名称”文本框中输入“abc”；单击“格式”按钮，在“字体”中设置颜色为“深蓝色”，字号为“四号”；在“段落”中设置行距为“1.5 倍行距”。

④ 将光标定位到文章第一段，单击“样式”组中的样式“abc”完成设置。

实验 5-1 要求 7）操作步骤如下：

① 将光标定位到正文中，单击“页面布局”选项卡“页面设置”组中的对话框启

动器按钮，弹出“页面设置”对话框。

② 单击“文档网格”选项卡，在“网格”中选择“文字对齐字符网格”单选按钮，在“字符数”中输入“38”，单击“确定”按钮完成。

实验 5-1 要求 8）操作步骤如下：

① 单击“审阅”选项卡“修订”组中的“修订”按钮，将状态转至修订状态。

② 选中“、诸岛棋布”并删除，完成操作。

【实验 5-2】新建空白文档，将其命名为“乒乓球”，输入以下内容，并保存到 E:盘根目录下。

第一章　乒乓球的起源、沿革

乒乓球运动属于隔网对抗的技能类体育项目，比赛是按规则将球击中对方桌面迫使对手回球出界、落网或犯规。

1.1　起源

乒乓球运动的起源有很多种说法，而最为流行的说法是：乒乓球运动于 19 世纪末起源于英国，是由网球运动派生而来的。据说在 19 世纪末的一天，伦敦遇到少有的闷热。两个英国上流社会贵族青年看过温布尔顿网球赛后，到一家上等饭馆的单间去吃饭。先是用雪茄烟的木盒盖当扇子，继而讨论网球技战术，捡起香槟酒的软木酒瓶塞当球，以大餐桌当球台，中间拉一细绳为网，用烟盒盖当作球拍打球。侍者在一旁喝彩，闻声赶来的女店主见此情景，不禁脱口喊出“Table Tennis”，这一声将乒乓球命名为“桌上网球”。

1.2　沿革

最初，乒乓球运动仅仅是一种宫廷游戏，名字也不叫乒乓球，而是叫“佛利姆-佛拉姆”（Flim-Flam），又称“高希马”（Goossime）。后来一名叫海亚特的美国人发明了一种玩具空心球叫“赛璐珞”。大约在 1890 年，英国人吉姆斯·吉布（James Gibb）去美国旅行时，见到了赛璐珞制的玩具球，带回英国，取代了原来的实心球。当时的球拍柄长、两面贴着羊皮纸、中间是空洞的，用这种球拍打赛璐珞球时发出“乒”的声音、落台时发出“乓”的声音，由此，乒乓的名字诞生了。这种玩具球被称为乒乓。从欧洲、美国开始，然后在亚洲传播开来。英国一家体育用品公司首先用“乒乓”（Ping-Pong）一词作了广告上的名称，作为商标来登记。1891 年英格兰人查尔斯·巴克斯特把乒乓球作为商业专利权申请了许可证。

国际乒乓球联合会是由参加国际乒联的乒乓球组织（简称为协会）组成的联合体。国际乒联目前的协会成员已经超过 200 个，使乒乓球成为世界上参与人数最多的三个体育运动项目之一，其简称为：国际乒联，英文为：International Table Tennis Federation，缩写为：ITTF。国际乒联于 1926 年 12 月在英国伦敦成立，总部原设在英国东苏塞克斯郡的黑斯廷斯，2000 年迁至瑞士洛桑，如下图所示。

1926 年 12 月 12 日在英国伦敦伊沃·蒙塔古的母亲斯韦思林女士的图书馆里，举行了第一次具有历史性的国际乒乓球联合会代表大会。在会议上，正式通过了国际乒联章程和竞赛规则。由于发现“乒乓”（Ping-Pong）一词是商业注册名称，于是将国际乒联重新命名为“桌上网球”（Table Tennis）协会，这个名字一直沿用至今。20 世纪 20 年代以前，乒乓球运动一直停留在游戏阶段。20 世纪 20 年代以后开始举行邀请赛。

国际乒联总部图

1926年12月6日至11日在伦敦弗灵顿街麦摩澳大厅举行了第1届世界乒乓球锦标赛。比赛设男子团体、男子单打、女子单打、男子双打和男女混合双打5个项目比赛。此外，还有男子单打安慰赛。由于参赛的女运动员总共才16名，所以没有进行女子团体和女子双打的比赛。第1届世界锦标赛结束了乒乓球作为娱乐的历史阶段，使之成为一项体育运动项目而发展起来。

第二章 乒乓球的发展

2.1 世界乒乓球的发展

1. 握法及球拍

乒乓球运动兴起之时，使用的是横握球拍。1902年传入日本之后，出现了直握球拍方法。有人推断这是东西方进餐时握刀叉和拿筷子的区别而带来的早期握拍法的不同。

球拍从两面贴着羊皮纸、中间是空洞的长柄球拍开始，演变到柄是短的光木拍和贴着软木或砂纸的球拍，然后又陆续发明了胶皮拍、海绵拍、正贴海绵拍和反贴海绵拍、长胶粒球拍、防弧圈海绵胶皮拍及“弹性胶水”。现在选手们使用的是特制的附有齿粒的橡胶胶皮，朝上或朝下覆盖在海绵表面并粘贴在木制或者碳素的球拍上。

2. 记分制及规格

计分方法由早期的10、20、50、100分一局等逐渐变为一局21分制；2003年的第47届世乒赛正式开始使用一局11分制。早期的乒乓球球台小、球网高，规格也不统一。1936年左右，改为现在的规格。

3. 乒乓球赛事

世界乒乓球的重大赛事主要有四项：奥运会乒乓球比赛、世界乒乓球锦标赛、世界杯乒乓球赛、国际乒联职业巡回赛。

世界乒乓球锦标赛是世界四大乒乓球赛事中规模最大、水平最高、参赛人数最多、唯一的含有全部七项锦标的比赛。目前，逢双年举行团体比赛，逢单年举行五个单项比赛，至今已举办了48届。每一个项目都设有专门奖杯，奖杯来自许多国家，各项奖杯都是以捐赠者的姓名或国名命名的。奖杯如下图所示。

比赛奖杯图

现在的乒乓球运动已经发展成为高科技、高速度和强旋转相结合的一种竞技体育项目，全世界有近4000万人从事这项运动。

2.2　乒乓球运动在中国

中国乒乓球运动被世界公认为是中国的“国球”。中国乒乓球运动是从日本引进来的。20世纪初叶，日本明治维新之后不久，日本许多工商业纷纷到中国沿海城市设立商业机构，把大量的商品推销到中国市场。于是乒乓球运动也随着商业的交往以及日本工商业的频繁往来传入中国。

1. 乒乓球在中国的发展历史

1904年，上海四马路一家文具店的经理，从日本买来10套乒乓球器材（球台、球网、球和带洞眼的球拍），摆设在店中，并亲自表演打乒乓球，介绍在日本看到的打乒乓球的情况。从此，我国开始有了乒乓球运动。

1916年，上海基督教青年会童子部添设了乒乓球房和球台，在学生中开展乒乓球运动。以后在北京、天津、广州几个大城市也开展了该项运动。

1925年，中日两国开始了乒乓球运动的交往。

1927年，中国队赴日本进行访问比赛。同年8月，参加了在上海举行的第8届远东运动会中日乒乓球表演赛。

1935年，国际乒联来电邀请我国加入国际乒联并参加第9届世界乒乓球锦标赛，由于经费没有落实而未能实现。

1952年，在北京大学举行了第一次全国比赛。赛后，国家乒乓球队开始集中训练。同年，中华全国体育总会乒乓球部加入了国际乒联，后改称为中国乒乓球协会。

1959年4月5日，在第25届世界乒乓球锦标赛中，容国团为我国夺取了第一个男子单打世界冠军。

1961年4月，中国乒乓球协会在北京承办了中国历史上第一个世界锦标赛——第26届世界乒乓球锦标赛。

自容国团1959年赢得第一个世界冠军至今，中国乒乓球队近50年来在世界三大赛中共为祖国夺取了100多个世界冠军，并且囊括了4次世锦赛、2次奥运会的全部金牌，创造了世界体坛罕见的长盛不衰的历史。

1988年，在第24届汉城奥运会上，中国队勇夺女子单打（陈静）和男子双打（陈龙灿/韦晴光）两项冠军，与东道主韩国平分秋色，并在整个中国代表团的金牌榜中占据了2/5的席位。最近几届奥运会冠军获奖情况如下表所示。

24～29届冠军获得者表

	男单	女单	男双	女双
第 24 届	刘南奎	陈静	陈龙灿/韦晴光	玄静和/梁英子
第 25 届	瓦尔德内尔	邓亚萍	王涛/吕林	邓亚萍/乔红
第 26 届	刘国梁	邓亚萍	孔令辉/刘国梁	邓亚萍/乔红
第 27 届	孔令辉	王楠	王励勤/阎森	王楠/李菊
第 28 届	柳承敏	张怡宁	陈杞/马琳	张怡宁/王楠
第 29 届	马琳	张怡宁	马琳/王浩/王励勤（团体）	张怡宁/王楠/郭跃（团体）

自从 1988 年汉城奥运会乒乓球首次成为正式比赛项目以来，中国几乎完全垄断了这一项目的金牌。其中在已产生的 10 枚女子项目金牌中独揽 9 枚，10 枚男子项目金牌中独揽 7 枚。乒乓球成为中国体育代表团的优势项目。奥运会乒乓球图标如下图所示。

奥运会乒乓球图标图

2. 乒乓球在中国的现状

乒乓球运动在我国已形成普及—提高—再普及—再提高的良性循环。据统计，目前我国经常打乒乓球的人口有 1000 多万。在改革开放的今天，为了提高全民族的身体素质水平，进一步振奋民族精神，在积极推行全民健身计划的浪潮中，乒乓球活动在我国变得更加时尚起来，越来越多的人在课余、工余、休息日参加乒乓球运动。

第三章 乒乓球项目比赛场地设施

3.1 比赛区域

包括可容纳 4 张或 8 张球台（视竞赛方法而定）的标准尺寸（8m 宽、16m 长）的正式比赛场地、比赛区域还应包括比赛球台旁的通道、电子显示器、运动员与教练员座席、竞赛官员区域（技术代表、裁判长、仲裁等）、摄影记者区域 、电视摄像区域以及颁奖区域等所需要的面积。

3.2 灯光

奥运会为了保证电视转播影像清晰，要求照明度为 1500～2500lx，所有球台的照明度是一样的。如果因电视转播等原因需要增加临时光源，该光源从天花板上方照下来的角度应大于 75°。比赛区域其他地方的照明度不得低于比赛台面照明度的 1/2，光源距离地面不得少于 5m。场地四周一般应为深颜色，观众席上的照明度应明显低于比赛区域的照明度，要避免耀眼光源和未遮蔽的窗户的自然光。

3.3 地面

地面应为木制或经国际乒联批准的品牌和种类的可移动塑胶地板。地板具有弹性，没有其他体育项目的标线和标识。地板的颜色不能太浅或反光强烈，可为红色或深红色；不能过量使用油或蜡，以避免打滑。

3.4 温度

馆内比赛区域的空气流速控制在0.2～0.3m/s，温度为20～25℃，或低于室外温度5℃。

第四章 乒乓球项目竞赛规则

奥运会乒乓球比赛的规则使用国际乒联最新的竞赛规则。奥运会乒乓球比赛的竞赛方法是根据国际乒联奥林匹克委员会（国际乒联奥林匹克小组）制定的并经国际乒联理事会批准后实施的。

4.1 发球和击球

1. 发球

1）发球开始时，球自然地置于不持拍手的手掌上，手掌张开，保持静止。

2）发球时，发球员须用手将球几乎垂直地向上抛起，不得使球旋转，并使球在离开不执拍手的手掌之后上升不少于16cm，球下降到被击出前不能碰到任何物体。

3）当球从抛起的最高点下降时，发球员方可击球，使球首先触及本方台区，然后越过或绕过球网装置，再触及接发球员的台区。双打中，球应先后触及发球员和接发球员的右半区。

4）从发球开始，到球被击出，球要始终在台面以上和发球员的端线以外，而且不能被发球员或其双打同伴的身体或衣服的任何部分挡住。

5）在运动员发球时，球与球拍接触的一瞬间，球与网柱连线所形成的虚拟三角形之内和一定高度的上方不能有任何遮挡物，并且其中一名裁判员要能看清运动员的击球点。

乒乓球常见的两种打法，如下表所示。

常见打法表

	击球种类	重心移动	挥拍方向	挥拍路线	板型	击球点	触拍点
正手	上旋球	右—左	右—左前	直线	前倾	中上	中上
	下旋球	右—左稍上	右—左前	直线	垂直稍前倾	中间	中间
弧圈球	上旋球	右—左	右后稍下	低凸曲线	前倾	中上	中下
	下旋球	右—左稍上	右后下左上	高凸曲线	垂直或稍前倾	中间稍上	中下

2. 击球

对方发球或还击后，本方运动员必须击球，使球直接越过或绕过球网装置，或触及球网装置后，再触及对方台区。

4.2 失分

1）未能合法发球。

2）未能合法还击。

3）击球后，该球没有触及对方台区而越过对方端线。

4）阻挡。

5）连击。

6）用不符合规则条款的拍面击球。

7）运动员或运动员穿戴的任何物件使球台移动。

8）运动员或运动员穿戴的任何物件触及球网装置。

9）不执拍手触及比赛台面。

10）双打运动员击球次序错误。

11）执行轮换发球法时，发球一方被接发球一方或其双打同伴，包括接发球一击，完成了13次合法还击。

4.3 比赛、次序和间歇

1. 一局比赛

在一局比赛中，先得11分的一方为胜方；10平后，先多得2分的一方为胜方。一场比赛单打的淘汰赛采用七局四胜制，团体赛中的一场单打或双打采用五局三胜制。

2. 次序和方位

1）在获得2分后，接发球方变为发球方，依此类推，直到该局比赛结束，或直至双方比分为10平，或采用轮换发球法时，发球和接发球次序不变，但每人只轮发1分球。

2）在双打中，每次换发球时，前面的接发球员应成为发球员，前面的发球员的同伴应成为接发球员。

3）在一局比赛中首先发球的一方，在该场比赛的下一局中应首先接发球，在双打比赛的决胜局中，当一方先得5分后，接发球一方必须交换接发球次序。

4）一局中，在某一方位比赛的一方，在该场比赛的下一局应换到另一方位。在决胜局中，一方先得5分时，双方应交换方位。

3. 间歇

1）在局与局之间，有不超过1min的休息。

2）在一场比赛中，双方各有一次不超过1min的暂停。

3）每局比赛中，每得6分球后，或决胜局交换方位时，有短暂的时间擦汗。

4.4 竞赛方法

1. 往届竞赛方法

已经举办过的5届奥运会乒乓球比赛，竞赛方法大同小异，但均不完全相同，主要是采用分组预选和单淘汰加附加赛或排名淘汰赛加附加赛的方式。

2. 第29届奥运会乒乓球竞赛方法

团体赛——第一阶段，将男女各16支队伍分为4个小组进行单循环赛。第二阶段，获小组第一名的队通过半决赛和决赛，产生团体赛的金牌和银牌。获小组第二名的队只能争夺铜牌。通过小组第二名之间的对抗，获胜的两个队和半决赛失利的两个队进行铜牌的半决赛和决赛，产生团体赛的铜牌。

团体赛的形式是：

1）五场三胜制。一、二、四、五场为单打，第三场为双打。

2）一个队由三名运动员组成，每名运动员出场2次。

3）比赛顺序是：

主队←→客队

第一场　A——X

第二场　B——Y

第三场　C+A 或 B——Z+X 或 Y

第四场　A 或 B——Z

第五场　C——X 或 Y

4）在打完前两场比赛后再确定双打运动员的出场名单。

5）A 或 B 及 X 或 Y 如果参加了双打比赛，就不能参加后面的单打比赛；不参加双打比赛的运动员才可以参加后面的单打比赛。单打比赛——采用与第 28 届奥运会相同形式的排名淘汰赛加铜牌附加赛。如果团体赛的名额用不完再分配给单打，使男女单打人数超过 64 人，将增加一轮预选赛。

操作要求：

1）对正文进行排版，其中：章名使用样式“标题 1”，并居中；编号格式为：第 X 章，其中 X 为自动排序。小节名使用样式“标题 2”，左对齐；编号格式为：多级符号，X.Y。X 为章数字序号，Y 为节数字序号（如 1.1）。

2）对出现“1.”“2.”……处，进行自动编号，编号格式不变；对出现“1）”“2）”……处，进行自动编号，编号格式不变。

3）对正文中的图添加题注“图”，位于图下方，居中。

a. 编号为“章序号”-“图在章中的序号”，（例如第 1 章中的第 2 幅图，题注编号为 1-2 ）。

b. 图的说明使用图下一行的文字，格式同标号。

c. 图居中。

4）对正文中出现“如下图所示”的“下图”，使用交叉引用，改为“如图 X-Y 所示”，其中“X-Y”为图题注的编号。

5）对正文中的表添加题注“表”，位于表上方，居中。

a. 编号为“章序号”-“表在章中的序号”，（例如第 1 章中第 1 张表，题注编号为 1-1）。

b. 表的说明使用表上一行的文字，格式同标号。

c. 表居中。

6）对正文中出现“如下表所示”的“下表”，使用交叉引用，改为“如表 X-Y 所示”，其中“X-Y”为表题注的编号。

7）为正文文字（不包括标题）中首次出现“乒乓球”的地方插入脚注，添加文字“乒乓球起源于宫廷游戏，并发展成全民运动”。

8）在正文前按序插入节，使用“引用”中的目录功能，生成如下内容：

① 第 1 节：目录。其中：

a. “目录”使用样式“标题 1”，并居中。

b. “目录”下为目录项。

② 第2节：图索引。其中：

a. “图索引”使用样式“标题1”，并居中。

b. “图索引”下为图索引项。

③ 第3节：表索引。其中：

a. “表索引”使用样式“标题1”，并居中。

b. “表索引”下为表索引项。

9）对正文做分节处理，每章为单独一节。

10）添加页脚。使用域，在页脚中插入页码，居中显示。其中：

① 正文前的节，页码采用“i，ii，iii…”格式，页码连续。

② 正文中的节，页码采用“1，2，3…”格式，页码连续。

③ 更新目录、图索引和表索引。

11）添加正文的页眉。使用域，按以下要求添加内容，居中显示。其中：

① 对于奇数页，页眉中的文字为“章序号”+“章名”。

② 对于偶数页，页眉中的文字为“节序号”+“节名”。

12）对文中的第一张图片设置锐化50%，图片样式：简单框架，白色。

（八）添加项目符号与编号

项目符号与编号用于对一些重要条目进行标注或编号。添加项目符号与编号的方法主要有两种：选中文本后直接单击“开始”选项卡“段落”组中的“项目符号”按钮☰、“编号”按钮☰或者“多级列表”按钮☰；右击选中文本，在弹出的快捷菜单中选择“项目符号”或“编号”命令。

实验5-2要求1）操作步骤如下：

① 将光标定位到“第一章　乒乓球的起源、沿革”中，单击“开始”选项卡“段落”组中的“多级”列表下拉按钮，在下拉菜单中选择“定义新的多级列表”命令，弹出“定义新多级列表”对话框。

② 在“级别”列表框中选择“1”；在“输入编号的格式”文本框中，在“1”前面输入“第”，后面输入“章”，并添加一个空格。

③ 单击“更多”按钮，在“将级别链接到样式”下拉列表框中选择“标题1”，在“要在库中显示的级别”下拉列表框中选择“级别1”，在“编号对齐方式”下拉列表框中选择“居中”。

④ 单击“确定”按钮应用到第一个章名中。

⑤ 将光标定位到第一个章名中，双击“格式刷”按钮，用格式刷刷其他章名，结束后再次单击“格式刷”或按【Esc】键。

⑥ 要编辑小节名，先将光标定位到第一个小节名中，再次打开“定义新多级列表”对话框。

⑦ 在“级别”列表框中选择“2”。

⑧ 在“将级别链接到样式”下拉列表框中选择“标题2”，在“要在库中显示的级别”下拉列表框中选择“级别2”，在“编号对齐方式”下拉列表框中选择“左对齐”。

⑨ 单击“确定”按钮应用到第一个小节名中。

⑩ 将光标定位到第一个小节名中，双击“格式刷”按钮，用格式刷刷其他小节名，结束后再次单击“格式刷”或按【Esc】键。

⑪ 将章节中多余的字删除。

实验 5-2 要求 2）操作步骤如下：

选择需要进行自动编号的段落，单击“开始”选项卡“段落”组中的“编号”按钮进行自动编号。

自动编号后被选中时可观察到灰色样式且同编号的会同时选中变为灰色。

说　明

需要编号的段落如前后连在一起，可同时选中，单击一次“编号”按钮即可进行自动编号。

（九）添加题注、脚注和尾注

题注就是给图片、表格、图表、公式等项目添加的名称和编号。插入题注时，首先选择要添加题注的项目或者将鼠标定位在将要插入题注的位置，单击“引用”选项卡“题注”组中的“插入题注”按钮，弹出“题注”对话框，在其中进行设置，如图 5-6 所示。

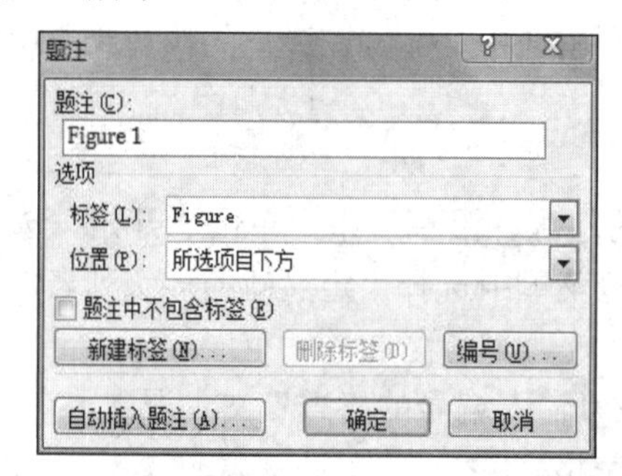

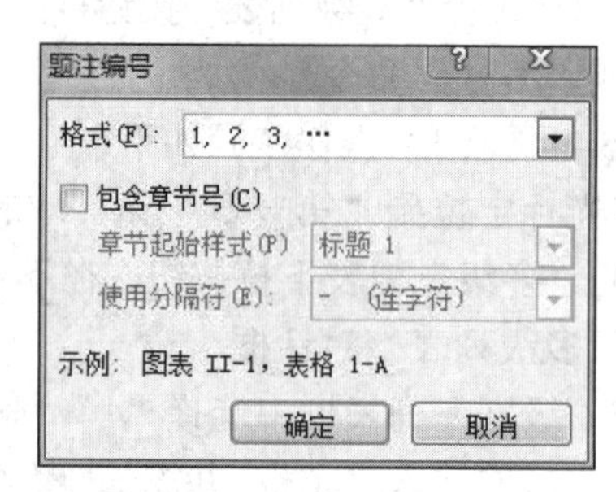

图 5-6　“题注”对话框和“题注编号”对话框

脚注和尾注用于为文档中的文本提供解释、批注以及相关的参考资料。要插入脚注或尾注，首先在页面视图中，选定文档中要插入注释引用标记的尾注；单击“引用”选项卡“脚注”组中的“插入脚注”按钮或“插入尾注”按钮，然后输入注释文本即可。

（十）交叉引用

交叉引用是对文档中其他位置内容的引用，可为标题、脚注、书签和题注等。设置交叉引用，首先把光标定位在文档中需要插入交叉引用的位置，单击“引用”选项卡“题注”组中的“交叉引用”按钮，弹出“交叉引用”对话框，如图 5-7 所示。在对话框中，对引用的项目类型和具体内容等进行选择，单击“插入”按钮完成。

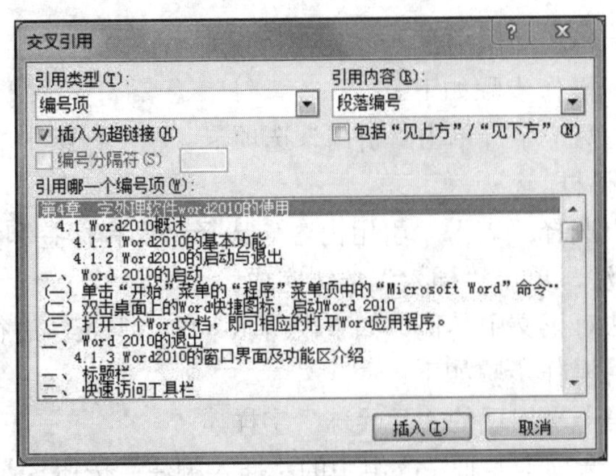

图 5-7 “交叉引用”对话框

实验 5-2 要求 3）操作步骤如下：

① 选中要添加“题注”的图片，单击“引用”选项卡“题注”组中的“插入题注”按钮，弹出“题注”对话框。

② 单击“新建标签”按钮，在弹出对话框的“标签”文本框中输入“图”单击“确定”按钮，返回到“题注”对话框，单击“编号”按钮，弹出“题注编号”对话框，选中“包含章节号”复选框，“章节起始样式”选择“标题 1”，选择使用的分隔符，单击“确定”按钮，返回到“题注”对话框。

③ 在“位置”下拉列表框中选择“所选项目下方”，单击“确定”按钮完成插入。

④ 删除标号后的硬回车符，以使图的说明与标号在同一行，说明文字格式自动与标号统一。若没统一，可使用格式刷。

⑤ 将图片居中，将题注居中。

实验 5-2 要求 4）操作步骤如下：

① 选中“下图”两个字，单击“引用”选项卡“题注”组中的“交叉引用”按钮，弹出“交叉引用”对话框。

②“引用类型”选择“图”，“引用内容”选择“只有标签和编号”，“引用哪一个题注”选择对应的题注，单击“插入”按钮完成。

③ 用同样的方法对正文中其他“如下图所示”的“下图”进行交叉引用。

实验 5-2 要求 5）操作步骤如下：

① 选中要添加题注的表格，单击“引用”选项卡“题注”组中的“插入题注”按钮，弹出“题注”对话框。

② 单击“新建标签”按钮，在弹出对话框的“标签”文本框中输入“表”单击“确定”按钮，返回到“题注”对话框，单击“编号”按钮，弹出“题注编号”对话框，选中“包含章节号”复选框，“章节起始样式”选择“标题 1”，选择使用的分隔符，单击“确定”按钮。

③ 在“位置”下拉列表框中选择“所选项目上方”，单击“确定”按钮完成插入。

④ 删除标号后的硬回车符，以使表的说明与标号在同一行，说明文字格式自动与标号统一。若没统一，可使用格式刷。

⑤ 将表格居中，将题注居中。

实验 5-2 要求 6）操作步骤如下：

① 选中“下表”两个字，单击“引用”选项卡“题注”组中的“交叉引用”按钮，弹出“交叉引用”对话框。

② “引用类型”选择“表”，“引用内容”选择“只有标签和编号”，“引用哪一个题注”选择对应的题注，单击“插入”按钮完成。

③ 用同样的方法对正文中其他“如下表所示”的“下表”进行交叉引用。

实验 5-2 要求 7）操作步骤如下：

① 选中正文中第一次出现的“乒乓球”字样。

② 单击“引用”选项卡“脚注”组中的“插入脚注”按钮 AB¹，光标自动跳转到该页面的尾部。

③ 在光标所在处输入“乒乓球起源于宫廷游戏，并发展成全民运动”。

（十一）目录、图表目录的创建与更新

目录可以用来显示文档信息。要创建目录，首先将光标移动到要插入目录的位置，单击“引用”选项卡“目录”组中的“目录”按钮，在下拉菜单中选择“插入目录”命令，弹出“目录”对话框，如图 5-8 所示。用户可以对目录的格式和显示的级别进行设置。

图表目录也是一种常用的目录，可以在其中列出图片、图表、图形等对象的说明，以及它们出现的页码。要建立图表目录，首先要确保文档中要建立图表目录的图片、表格、图形加有题注，然后将光标移到要插入图表目录的地方，单击“引用”选项卡“题注”组中的“插入表目录”按钮，弹出“图表目录”对话框，如图 5-9 所示，再对图表目录的格式等进行设置。

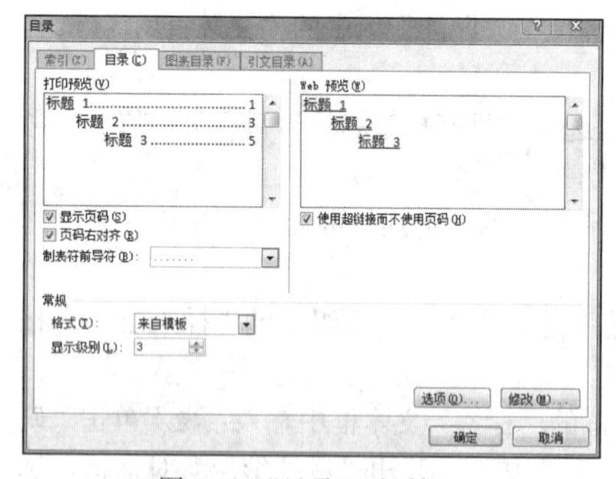

图 5-8 “目录”对话框

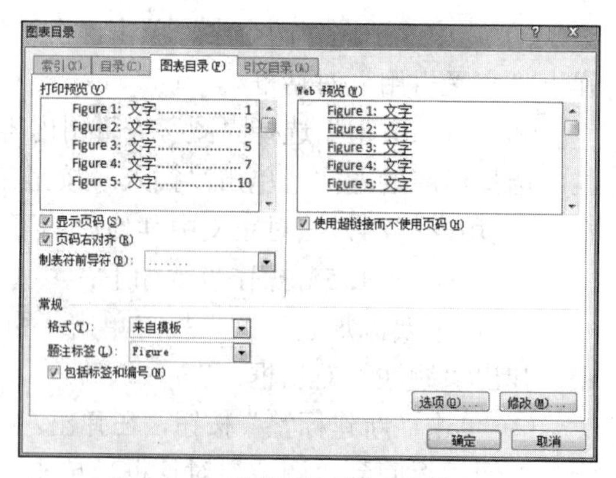

图 5-9 “图表目录”对话框

实验 5-2 要求 8）操作步骤如下：

① 将光标定位到文档最前面，本文指紧靠“第 1 章”后面。

② 单击“页面布局”选项卡“页面设置”组中的“分隔符”按钮，在下拉菜单中选择“分节符-下一页”命令。

③ 将光标定位于刚插入的新节开始位置，输入“目录”两字，此时在“目录”的前面自动出现“第 1 章”字样，并使用标题 1 样式。将光标定位于“目录”的前面，按【Backspace】键删除“第 1 章”(注意：有时删除“第 1 章”字样时下面原有的章编号也消失，此时可尝试单击“撤销”按钮)，再将“目录”两字居中。

④ 将光标定位于“目录”后面，单击“引用”选项卡“目录”组中的“目录”按钮，在下拉菜单中选择“插入目录”命令。

⑤ 在“目录”对话框中，选择“显示级别”为 2，单击“确定”按钮完成。

⑥ 将光标定位到第 1 节最后，再次插入“分节符-下一页”。

⑦ 将光标定位到新节开始位置，输入“图索引”，并居中，参照第③步操作。

⑧ 将光标定位于“图索引”后面，单击“引用”选项卡“题注”组中的“插入表目录”按钮，弹出“图表目录”对话框。

⑨ “题注标签”选择“图”，其余选项默认，单击“确定”按钮完成。

⑩ 将光标定位到第 2 节最后，再次插入“分节符-下一页”。

⑪ 将光标定位到新节开始位置，输入“表索引”，并居中，参照第③步操作。

⑫ 将光标定位于“表索引”后面，单击“引用”选项卡“题注”组中的“插入表目录”按钮，弹出“图表目录”对话框。

⑬ “题注标签”选择“表”，其余选项默认，单击“确定”按钮完成。

实验 5-2 要求 9）操作步骤如下：

光标定位到每一章的开头，单击“页面布局”选项卡“页面设置”组中的“分隔符”按钮，在下拉菜单中选择“分节符-下一页”命令，让每一章都从新的一页开始。

（十二）页眉、页脚的添加与编辑

页眉和页脚通常用于显示文件的附加信息，例如页码、日期、作者名称等。单击“插入”选项卡“页眉和页脚”组中的“页眉”或“页脚”按钮，在下拉菜单中给出几种页眉、页脚的样式供用户选择。

要对页眉或页脚进行编辑，可以双击页眉区域，切换到页眉、页脚编辑模式，对其中的内容、字体等进行设置。

实验 5-2 要求 10）操作步骤如下：

① 将光标定位到第 1 页“目录”页，单击“插入”选项卡“页眉和页脚”组中的“页脚”按钮，在下拉菜单中选择“编辑页脚”命令。

② 将页脚中的光标位置居中，单击“页眉和页脚工具/设计”选项卡“插入”组中的“文档部件”按钮，在下拉菜单中选择“域”命令，弹出“域”对话框。

③ “类别”选择“编号”，“域名”选择“Page”，“格式”选择“i，ii，iii…”，单击“确定”按钮完成。

④ 将光标定位到正文第 1 页，双击页脚位置进行编辑。

⑤ 在“页眉和页脚工具/设计”选项卡“导航”组中取消“链接到前一条页眉”，删除原有编号，在此位置处重新设置编号，参照第③步操作。

⑥ 在编码处右击，在弹出的快捷菜单中选择“设置页码格式”命令，弹出“页码

格式”对话框，设置“起始页码”为1，单击“确定”按钮完成。

⑦ 在目录处右击，在弹出的快捷菜单中选择“更新域”命令，弹出“更新目录”对话框选择“更新整个目录”选项。按照同样的方法更新第2节和第3节的图表目录。

实验5-2要求11）操作步骤如下：

① 将光标定位到正文第1页，单击“插入”选项卡“页眉和页脚”组中的“页眉”按钮，在下拉菜单中选择“编辑页眉”命令。

② 在“页眉和页脚工具/设计”选项卡“导航”组中取消“链接到前一条页眉”，页眉设置居中，勾选“选项”组中的“奇偶页不同”复选框。

③ 单击“插入”选项卡“文本”组中的 “文档部件”按钮，在下拉菜单中选择“域”命令，弹出“域”对话框。

④ “类别”选择“链接和引用”，“域名”选择“StyleRef”，“样式名”选择“标题1”，“域选项”勾选“插入段落编号”，单击“确定”按钮插入章编号。

⑤ 再次单击“文档部件”按钮，在下拉菜单中选择“域”命令，弹出“域”对话框。对话框中的设置参照步骤④，在“域选项”处不勾选任何选项，即代表插入章名。

⑥ 单击“页眉和页脚工具/设计”选项卡“关闭”组中的“关闭页眉和页脚”按钮。

⑦ 将光标定位到正文第2页，单击“插入”选项卡“页眉和页脚”组中的“页眉”按钮，在下拉菜单中选择“编辑页眉”命令。

⑧ 在“页眉和页脚工具/设计”选项卡“导航”组中取消“链接到前一条页眉”，页眉设置居中，勾选“选项”组中的“奇偶页不同”复选框。

⑨ 单击“页眉和页脚工具/设计”选项卡“插入”组中的“文档部件”按钮，在下拉菜单中选择“域”命令，弹出“域”对话框。

⑩ “类别”选择“链接和引用”，“域名”选择“StyleRef”，“样式名”选择“标题2”，“域选项”勾选“插入段落编号”，单击“确定”按钮插入节编号。

⑪ 再次单击“文档部件”按钮，在下拉菜单中选择“域”命令，弹出“域”对话框。设置参照步骤⑩，在“域选项”处不勾选任何选项，即代表插入节名。

⑫ 单击“页眉和页脚工具/设计”选项卡“关闭”组中的“关闭页眉和页脚”按钮。

实验5-2要求12）操作步骤如下：

① 选中文中第一张图片，单击“图片工具/格式”选项卡“调整”组中的“更正”按钮，在下拉菜单中选择“锐化，50%”。

② 选择“图片样式”组中的“简单框架，白色”，完成操作。

五、课堂练习

打开 E:盘根目录下“游在浙江．docx”文档（该文档上课时由任课教师提供），要求完成以下操作。

1）对正文进行排版。

① 章名使用样式“标题1”，并居中；编号格式为：第X章，其中X为自动排序。

② 小节名使用样式“标题2”，左对齐；编号格式为：多级符号，X .Y。X为章数字序号，Y为节数字序号（如1.1）。

2）新建样式，样式名为："样式"+学号。其中：

① 字体：中文字体为"楷体"，西文字体为"Times New Roman"，字号为"小四"。

② 段落：首行缩进 2 字符，段前 0.5 行，段后 0.5 行，行距 1.5 倍。

③ 其余格式，默认设置。

3）对出现"1.""2."……处，进行自动编号，编号格式不变；对出现"1）""2）"……处，进行自动编号，编号格式不变。

4）将第 2 步中新建的样式应用到正文中无编号的文字。注意：不包括章名、小节名、表文字、表和图的题注。

5）对正文中的图添加题注"图"，位于图下方，居中，要求：

① 编号为"章序号"-"图在章中的序号"（例如第 1 章中的第 2 幅图，题注编号为 1-2）。

② 图的说明使用图下一行的文字，格式同编号。

③ 图居中。

6）对正文中出现"如下图所示"的"下图"，使用交叉引用，改为"如图 X-Y 所示"，其中"X-Y"为图题注的编号。

7）对正文中的表添加题注"表"，位于表上方，居中。

① 编号为"章序号"-"表在章中的序号"，（例如第 1 章中的第 1 张表，题注编号为 1-1）。

② 表的说明使用表上一行的文字，格式同编号。

③ 表居中。

8）对正文中出现"如下表所示"的"下表"，使用交叉引用，改为"如表 X-Y 所示"，其中"X-Y"为表题注的编号。

9）为正文文字（不包括标题）中首次出现"西湖龙井"的地方插入脚注，添加文字"西湖龙井茶加工方法独特，有十大手法"。

10）在正文前按序插入节，使用"引用"中的目录功能，生成如下内容：

① 第 1 节：目录。其中：

a．"目录"使用样式"标题 1"，并居中。

b．"目录"下为目录项。

② 第 2 节：图索引。其中：

a．"图索引"使用样式"标题 1"，并居中。

b．"图索引"下为图索引项。

③ 第 3 节：表索引。其中：

a．"表索引"使用样式"标题 1"，并居中。

b．"表索引"下为表索引项。

11）对正文做分节处理，每章为单独一节。

12）添加页脚。使用域，在页脚中插入页码，居中显示。其中：

① 正文前的节，页码采用"i，ii，iii…"格式，页码连续。

② 正文中的节，页码采用"1，2，3…"格式，页码连续。

③ 更新目录、图索引和表索引。

13）添加正文的页眉。使用域，按以下要求添加内容，居中显示。其中：

① 对于奇数页，页眉中的文字为“章序号”+“章名”，

② 对于偶数页，页眉中的文字为“节序号”+“节名”。

六、思考题

1）简述文本文件与文档文件的区别。

2）Word 窗口中的文本选定区在哪儿？在文本选定区中单击、双击和三击的作用有何不同？

3）如何设置“首字下沉”的格式效果？

4）如何将文档中多次出现的某一个英文单词设置成同一种文字格式的文本？

5）如何设置每一节从奇数页开始？

实验六　Word 2010 表格处理与邮件合并

一、实验目的

✧ 熟练掌握表格的创建与修改操作。
✧ 掌握表格格式的设置。
✧ 了解表格和文本之间的转换。
✧ 了解域的应用。
✧ 掌握邮件合并操作。

二、预备知识

建立表格的方法；表格常用的一些操作；邮件合并技术。

三、实验课时

建议课内 2 课时。

四、实验内容与操作过程

【实验 6-1】

1）新建一个 Word 文档，按照表 6-1 的效果在新建的文档中创建一个表格。然后保存该文档至“E:\Word”中的“样表.docx”中。

表6-1　工作进度报告表

<table>
<tr><td colspan="5">工作进度报告表</td></tr>
<tr><td>单位</td><td>工序</td><td>进度</td><td>完成日期</td><td>备注</td></tr>
<tr><td rowspan="3">一车间</td><td>铸模</td><td>100%</td><td>7.10</td><td rowspan="3">废品率 1%</td></tr>
<tr><td>去毛刺</td><td>100%</td><td>7.15</td></tr>
<tr><td>热效处理</td><td>100%</td><td>7.22</td></tr>
<tr><td rowspan="4">五车间</td><td>车处圆</td><td>100%</td><td>7.29</td><td rowspan="4">废品率 1.5%</td></tr>
<tr><td>钻孔</td><td>100%</td><td>8.6</td></tr>
<tr><td>攻螺纹</td><td>100%</td><td>8.10</td></tr>
<tr><td>热处理</td><td>100%</td><td>8.17</td></tr>
<tr><td>三车间</td><td>磨外表面</td><td>100%</td><td>8.25</td><td>废品率 0.7%</td></tr>
</table>

操作要求：此表为一个 10 行 5 列的表格，第一行的单元格全部合并成一个单元格，

第一列的3、4、5行合并成一个单元格，第一列的6至9行合并成一个单元格，第五列的3、4、5行合并成一个单元格，第五列的6至9行合并成一个单元格，第一行表标题文本水平、垂直居中，第二行列标题文本水平居中，第1列文字水平、垂直居中，第3、4列数据水平居中。文本字体为表标题：黑体，加粗，四号字；列标题：楷体，小四号字；其他文本采用默认字体、字形、字号。

2）新建一个Word文档，输入文本后将其命名为“西溪湿地”，保存到“E:\Word”目录下。文本内容如下：

西溪湿地国家公园，位于浙江省杭州市区西部，距西湖不到5千米，是罕见的城中次生湿地。这里生态资源丰富、自然景观质朴、文化积淀深厚，曾与西湖、西泠并称杭州“三西”，是目前国内第一个也是唯一的集城市湿地、农耕湿地、文化湿地于一体的国家湿地公园。2009年11月3日，浙江杭州西溪国家湿地公园被列入国际重要湿地名录。

中文名：西溪国家湿地公园

占地面积：10.08平方千米

地理位置：杭州市区西部，距西湖不到5千米

开放面积：3.46平方千米

操作要求：将第一段文字设置分栏（两栏）；将“中文名：　西溪国家湿地公园”所在行开始的4行内容转换成一个4行2列的表格，并设置无标题行，套用表格样式为“彩色型1”。

（一）表格的建立

Word 2010提供了多种建立表格的方法，单击“插入”选项卡“表格”组中的“表格”按钮，弹出的下拉菜单如图6-1（a）所示。用户可以使用单元格选择板、“插入表格”命令、“绘制表格”命令、Excel电子表格命令、“文本转换成表格”命令、“快速表格”命令创建表格。此处介绍常用的三种方法创建表格。

1. 使用单元格选择板创建表格

使用单元格选择板直接创建表格，只要将鼠标移到“表格”下拉菜单中最上方的单元格选择板中，系统会自动根据当前鼠标位置在文档中创建相应大小的表格。使用该单元格选择板能创建的表格最大为8行10列。

2. 使用“插入表格”命令创建表格

选择“插入表格”命令，弹出“插入表格”对话框，如图6-1（b）所示。在“表格尺寸”选项组相应的文本框中输入需要的列数和行数，在“‘自动调整’操作”选项组中设置表格调整方式和列的宽度，单击“确定”按钮即可。

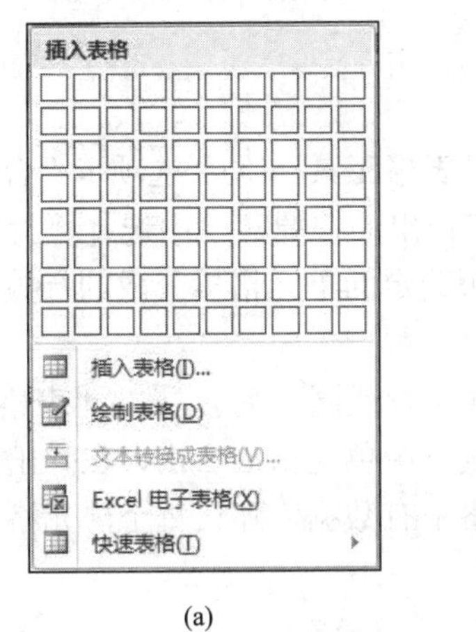

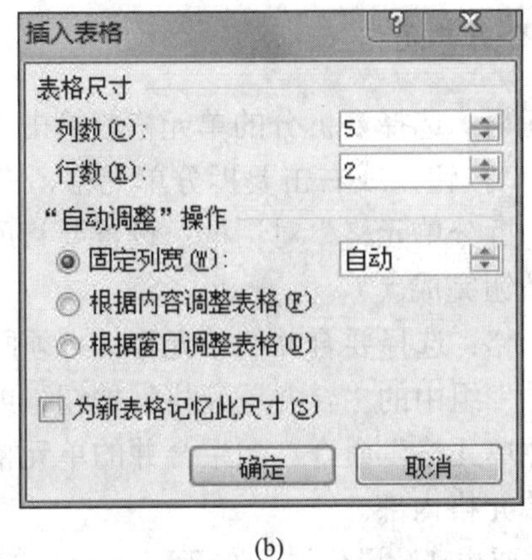

(a) (b)

图 6-1 "表格"下拉菜单和"插入表格"对话框

3. 使用"文本转换成表格"命令创建表格

选择要转换的文本，在准备转换成表格的文本中，用分隔符标记新的列开始的位置；单击"插入"选项卡"表格"组中的"表格"按钮，在下拉菜单中选择"文本转换成表格"命令，弹出"将文字转换成表格"对话框，在"列数"文本框中输入所需的列数，在"文字分隔位置"选项组中选择所需的分隔符，单击"确定"按钮即可。

（二）表格的编辑

1. 表格的选定

表格如同文档一样，在进行操作前要先选取后操作。选定表格的方法很多，常用方法有如下几种。

- 选定一个单元格：把鼠标指针放在要选定单元格左侧边框附近，指针变为斜向右上方的实心箭头时单击，就可以选定相应的单元格。
- 选定一行或多行：移动鼠标指针到表格该行左侧外部，鼠标变为斜向右上方的空心箭头时单击即可选中该行。此时按住鼠标左键上下拖动可以选中多行。
- 选定一列或多列：移动鼠标指针到表格该列顶端外部，鼠标变为竖直向下的实心箭头时单击即可选中该列。此时按住鼠标左键左右拖动鼠标可以选中多列。
- 选中整个表格：将鼠标拖过表格，表格左上角将出现表格移动控点，单击该控点，或者直接按住鼠标左键，将鼠标拖过整张表格，即可选中该表格。

2. 插入行（列）

在表格中选择待插入行（列）的位置，所插入行（列）必须要在所选行（列）的上面或下面（左边或右边）；单击"表格工具/布局"选项卡"行和列"组中的相应按钮进行相应操作，或右击选中行（列），在弹出的快捷菜单中选择相应的命令。

表格中文字的插入、修改、删除等操作与表格外文字的操作相似。

3. 拆分/合并单元格

拆分单元格：选择要拆分的单元格，单击“表格工具/布局”选项卡“合并”组中的“拆分单元格”按钮，或右击要拆分单元格，在弹出的快捷菜单中选择“拆分单元格”命令，弹出“拆分单元格”对话框；设置要将所选定的单元格拆分成的行数或列数，单击“确定”按钮完成。

合并单元格：选择要合并的单元格（必须同一行或同一列），单击“表格工具/布局”选项卡“合并”组中的“合并单元格”按钮，或选中单元格后右击，在弹出的快捷菜单中选择“合并单元格”命令。如果合并的单元格中有数据，那么每个单元格中的数据都会出现在新单元格内部。

实验 6-1 要求 1）操作过程如下：

① 将光标移到需要插入表格的位置，单击“插入”选项卡“表格”组中的“表格”按钮，在下拉菜单中选择“插入表格”命令。

② 在“插入表格”对话框中输入“10”行“5”列，单击“确定”按钮。

③ 选中表格第一行全部单元格，单击“表格工具/布局”选项卡“合并”组中的“合并单元格”按钮，完成合并。同样操作，将表格中的第一列的 3、4、5 行合并成一个单元格，第一列的 6 至 9 行合并成一个单元格，第五列的 3、4、5 行合并成一个单元格，第五列的 6 至 9 行合并成一个单元格。

④ 在表格对应位置，参照表 6-1 输入具体内容。

⑤ 选中整个表格，单击“开始”选项卡“段落”组中的“居中”按钮，设置水平居中；选中第一行并右击，在弹出的快捷菜单中选择“单元格对齐方式”命令，选择第 2 行第 2 列的“水平居中”，即“文字在单元格内水平和垂直都居中”。同样操作，对第一列文字设置水平、垂直居中。

⑥ 选中表标题文字，设置为“黑体、加粗、四号字”；选中列标题文字，设置为“楷体，小四号字”。具体设置参照实验七中的文字格式设置。

实验 6-1 要求 2）操作过程如下：

① 打开“西溪湿地”文档，选中第一段文字，单击“页面布局”选项卡“页面设置”组中的“分栏”按钮，在下拉菜单中选择“两栏”命令。

② 选中“中文名：……3.46 平方千米”内容，单击“插入”选项卡“表格”组中的“表格”按钮，在下拉菜单中选择“文本转换成表格”命令，弹出“将文字转换成表格”对话框，“列数”设置为 2，“行数”设置为 4。

③ 取消选择“表格工具/设计”选项卡“表格样式选项”组中的“标题行”复选框。在“表格样式”组中选择“彩色型 1”，完成操作。

【实验 6-2】 新建一个 Excel 文档，输入图 6-2 所示内容，保存至“E:\Word”的“数据源.xlsx”中。新建一个 Word 文档，撰写一份入学录取通知书模板，如图 6-3 所示，保存至“E:\Word”的“录取通知书.docx”中。

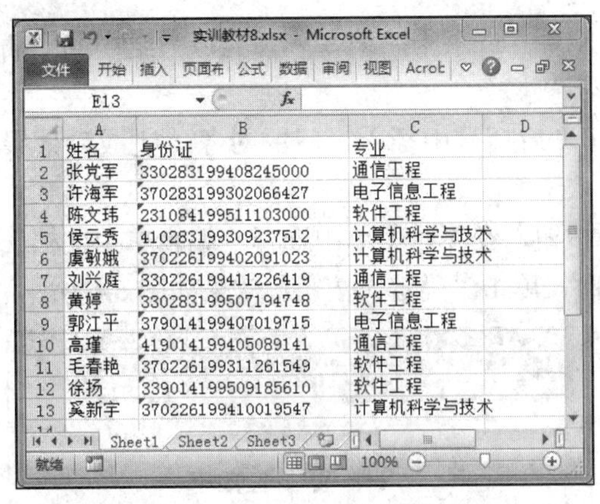

	A	B	C
1	姓名	身份证	专业
2	张党军	330283199408245000	通信工程
3	许海军	370283199302066427	电子信息工程
4	陈文玮	231084199511103000	软件工程
5	侯云秀	410283199309237512	计算机科学与技术
6	虞敏娥	370226199402091023	计算机科学与技术
7	刘兴庭	330226199411226419	通信工程
8	黄婷	330283199507194748	软件工程
9	郭江平	379014199407019715	电子信息工程
10	高瑾	419014199405089141	通信工程
11	毛春艳	370226199311261549	软件工程
12	徐扬	339014199509185610	软件工程
13	奚新宇	370226199410019547	计算机科学与技术

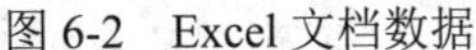
图 6-2 Excel 文档数据

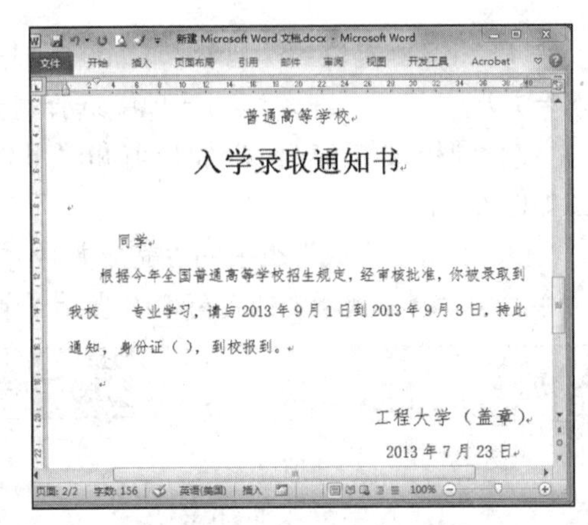

图 6-3 “录取通知书”模板

要求：制作某大学入学录取通知书。对模板的内容进行如下格式设置：

- “普通高等学校”：仿宋、三号、居中对齐；
- “入学录取通知书”：仿宋、一号、加粗、居中对齐；
- 正文：仿宋、四号；
- 工程大学（盖章）：仿宋、小二；
- 时间：仿宋、三号。

通过“邮件合并”功能，对照 Excel 文档数据信息，生成所有学生的录取通知书。

（三）邮件合并

可以通过“邮件合并”功能处理的文件主要内容基本都是相同的，只是具体数据有变化。通过“邮件合并”功能可以生成多分类的文件。

实验 6-2 的操作过程如下：

① 按照图 6-2 在 Excel 文档中录入数据，建立“数据源.xlsx”文档。

② 按照模板制作要求，制作一份入学录取通知书模板“录取通知书.docx”，并进行格式设置。格式设置的具体操作参照实验七。

③ 打开“录取通知书”，单击“邮件”选项卡“开始邮件合并”组中的“选择收件人”按钮，在下拉菜单中选择“使用现有列表”命令，弹出“选取数据源”对话框，选择“数据源.xlsx”并导入，弹出“选择表格”对话框（见图 6-4），确定数据所在表，单击“确定”按钮。

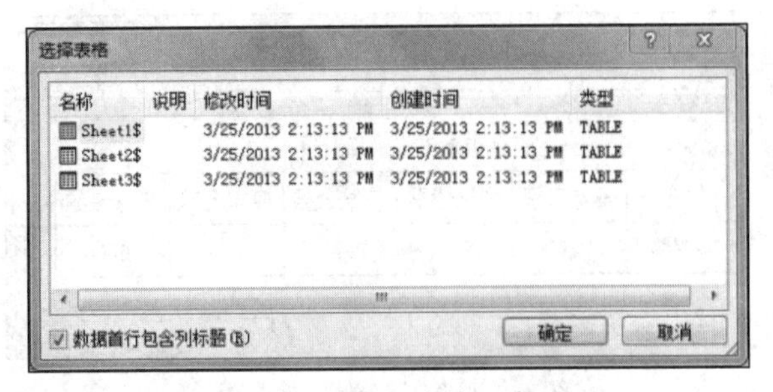

图 6-4 “选择表格”窗口

④ 将光标定位到“同学”前面，单击“邮件”选项卡“编写和插入域”组中的“插入合并域”按钮，在弹出的选项中选择“姓名”。

⑤ 同样操作，在“专业”前和“身份证”后括号中插入对应的对象，完成后效果图如图 6-5 所示。

⑥ 单击“完成”组中的“完成并合并”按钮，在下拉菜单中选择“编辑单个文档”命令，在“合并到新文档”窗口中选择“全部”，单击“确定”按钮，效果如图 6-6 所示。

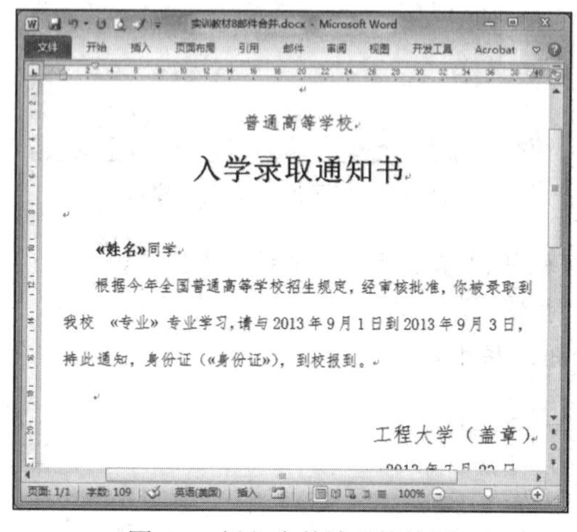

图 6-5 插入合并域后的效果

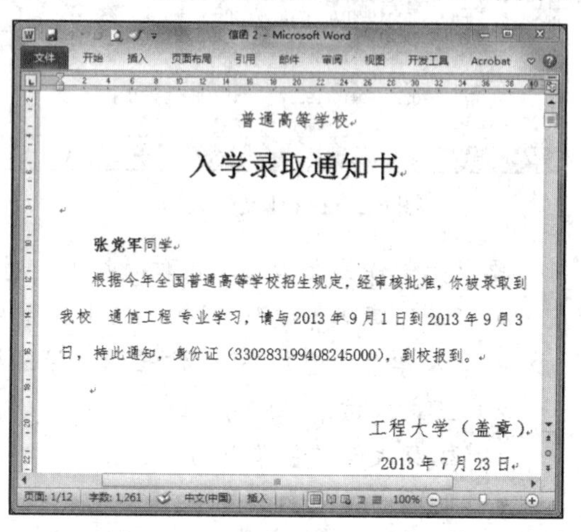

图 6-6 最终的录取通知书效果

五、课堂练习

1）新建一个 Word 文档，按照表 6-2 所示效果在新建的文档中创建一个表格并保存。表内文本要求：宋体、小五号、垂直水平居中；表格要求：根据内容自动调整表格。

表6-2 员工工资发放表 单位：元

姓名	职务	应发工资				应扣款项			实发金额
		基本工资	出勤天数	岗位津贴	小计	缺勤	其他扣款	小计	
郑明军	总经理	7 200	26	12 500	19 700	0	3 200	3 200	16 500
李晓	销售经理	5 000	26	9 000	14 000	0	2 800	2 800	11 200
陈晓明	财务	3 000	26	2 400	5 400	0	1 080	1 080	4 320

根据表 6-2 信息，利用“邮件合并”功能，制作员工工资条，效果如图 6-7 所示。

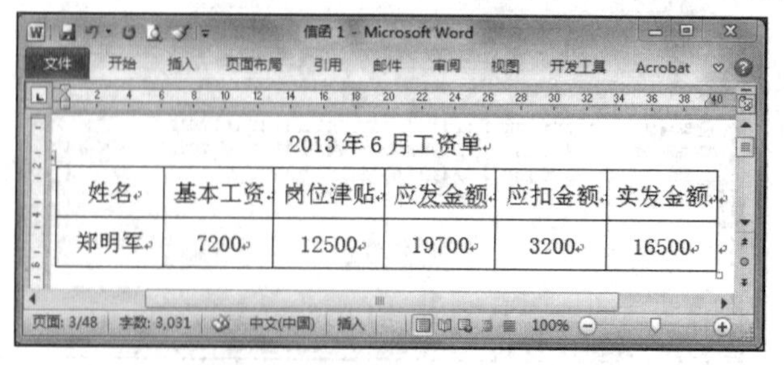

图 6-7 “工资单”效果图

2）新建一个 Word 文档，将其命名为“蛇”，输入以下内容，并保存到 E:盘根目录下。要求将第一段文字设置分栏，要求分两栏。将“中文学名：蛇（Snake）门：脊索动物”所在行开始的 5 行内容转换成一个 4 列的表格，并要求“根据内容调整表格”。将整个表格的外框设置成红色。

蛇是无足的爬行动物的总称，属于爬行纲有鳞目蛇亚目的总称。正如所有爬行类一样，蛇类全身布满鳞片。所有蛇类都是肉食性动物。目前全球共有 3000 多种蛇类。身体细长，四肢退化，无可活动的眼睑，无耳孔，无四肢，无前肢带，身体表面覆盖有鳞。部分有毒，但大多数无毒。另有十二生肖中有蛇。

中文学名：蛇（Snake） 门：脊索动物
拉丁学名：SERPENTES 纲：爬行纲
别称：小龙长虫 目：有鳞目
二名法：Dendroaspis polylepis 亚目：蛇亚目
界：动物界 分布区域：世界各地

六、思考题

1）处理大型表格时，如何使表格的标题能显示在每页上？
2）如何实现 Word 表格中内容的排序？
3）如何实现文字的“双行合一”？
4）如何在 Word 2010 中制作斜线表头？

实验七　Excel 2010 工作簿的建立、计算及格式化操作

一、实验目的

✧　了解 Excel 工作表中单元格、行列、单元格引用、运算符号等基本概念。
✧　熟练掌握 Excel 工作表的建立、删除、重命名等操作。
✧　熟练掌握 Excel 工作表中数据的输入、编辑操作。
✧　熟练掌握 Excel 计算公式与常用函数的使用。
✧　熟练掌握对 Excel 工作表的格式化操作。

二、预备知识

Excel 2010 窗口的组成及相关知识；Excel 工作表的基本操作；计算公式的相关概念、单元格引用；常用函数的格式与功能；Excel 工作表格式化相关知识。

三、实验课时

建议课内 2 课时，课外 2 课时。

四、实验内容与操作过程

【实验 7-1】启动 Excel 2010，新建一个工作簿文件，文件名为“MyBook1.xlsx”，存放于“E:\作业\电子表格”中，操作要求如下。

1）在 Sheet2 前插入一张新工作表，命名为“工资表”。

2）在该表中输入数据，如图 7-1 所示。

	A	B	C	D	E	F	G	H
1	第一车间第五小组（5月份）工资表							
2	编号	姓　名	出生年月	基本工资	岗位津贴	工龄津贴	奖励工资	应扣工资
3	001	张小东	1973/5/23	540	210	68	244	25
4	002	王晓杭	1983/6/17	480	200	64	300	12
5	003	李立扬	1980/1/9	500	230	52	310	0
6	005	程坚强	1981/7/9	515	215	20	280	15
7	006	叶明放	1975/4/3	540	240	16	280	18
8	007	周学军	1970/10/10	550	220	42	180	20
9	008	赵爱军	1982/12/8	520	250	40	246	0
10	009	黄永抗	1979/8/3	540	200	34	380	10
11	010	梁水冉	1984/3/7	500	210	12	220	18

图 7-1　“工资表”的数据清单

3）将标题中的“5 月份”修改为“1 月份”；将编号为 005 的职工“基本工资”修改为 530，岗位津贴修改为 220。将每个职工的工龄津贴增加 2。

4）在 A12 单元格内输入“合计”，在 A13 单元格内输入“平均”，在“合计”行的上方插入一行，其内容依次为 004、王小明、1990/6/20、480、200、12、280、15；在

"应扣工资"列的左侧插入一列，其标题为"应发工资"，在J2单元格输入"实发工资"；删除编号为010的数据行记录。

5）将"工资表"中编号为"004"所对应的数据行移到编号为"005"数据行的上面。

6）计算"工资表"中的"应发工资""实发工资"以及各种工资或津贴的"合计"数与"平均"数。

7）工作表格式设置。

① 将工资表中的各列工资或津贴值保留1位小数，将"实发工资"列设置为货币格式，货币符号为"￥"。

② 设置"工资表"的标题字体为"黑体"、加粗、18号字；各列的列标题字体为"微软雅黑"，14号字。

③ 将"工资表"的第一行设置行高为40，表中的各列设置为"最适合的列宽"。

④ "工资表"的标题与表格居中对齐；将"编号"和"姓名"两列数据设置为水平居中；分别将A12:B12、A13:B13单元格区域合并。

⑤ 给"工资表"加上粗实线外边框，细实线内边框（不包括表格的标题）；给工资表的"编号""姓名""实发工资"三列数据加上"蓝色，淡色80%"背景色，将列标题加上"橙色，淡色80%"背景色。

⑥ 将以上"工资表"设置套用"表样式中等深浅5"样式。

8）将所有实发工资小于1000的数字（不含合计和平均数），用"黄填充色深黄色文本"条件格式显示。

（一）工作表的创建

启动Excel 2010，系统将自动创建一个工作簿（默认名称为Book1）。如果新建工作表，右击工作表标签 Sheet1 Sheet2 Sheet3，在弹出的快捷菜单中选择"插入"命令（见图7-2），弹出"插入"对话框（见图7-3），选择"工作表"图标后单击"确定"按钮即可插入一张工作表。也可单击"开始"选项卡"单元格"组中的"插入"按钮的下三角按钮，在下拉菜单中选择"插入工作表"命令来新建一张工作表。

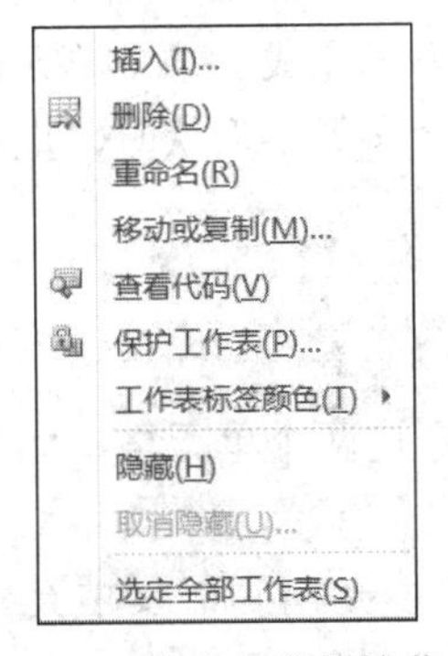

图7-2 工作表标签快捷菜单

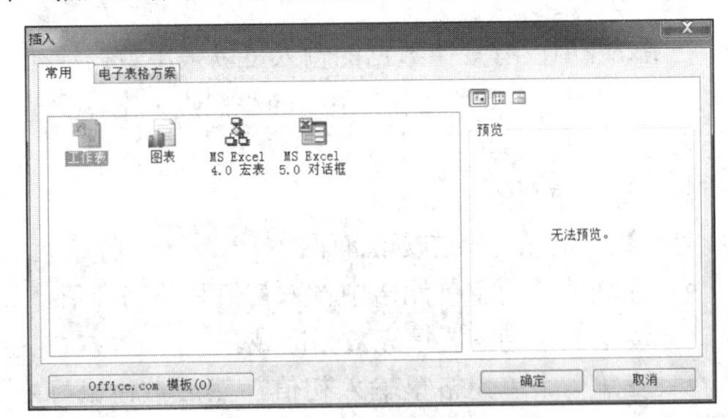

图7-3 "插入"对话框

（二）工作表的重命名

工作表的重命名有如下两种操作方法。

- 右击需要重命名的工作表标签，在弹出的快捷菜单（见图 7-2）中选择“重命名”命令，输入新名称后按【Enter】键完成重名。
- 双击工作表标签，输入新名称后按【Enter】键完成重命名。

实验 7-1 要求 1）操作过程如下：

① 启动 Excel 2010 后，单击“文件”选项上中的“保存”命令，选择路径为“E:\作业\电子表格”，在“文件名”文本框中输入“MyBook1.xlsx”，单击“保存”按钮。

② 右击 Sheet2 工作表标签，在弹出的快捷菜单中选择“插入”命令，弹出“插入”对话框，选择“工作表”图标，单击“确定”按钮，此时增加了 Sheet4 工作表标签。

③ 双击 Sheet4 工作表标签，在反白显示区域输入“工资表”，按【Enter】键。

（三）工作表中输入数据

工作表中输入数据是以单元格为单位，因此，输入数据时，必须将此单元格作为当前活动单元格。用户可以利用鼠标选择当前活动单元格，也可以利用键盘快速移动到下一个单元格。默认情况下，按【Enter】键将当前活动单元格移到同列的下一个单元格；按【Tab】键将当前活动单元格移到同行的下一个单元格。

1. 普通数据的输入

在当前活动单元格中输入汉字、字母、字符和数字，直接输入即可。

> **说　明**
>
> 一个单元格中有多行数据需要输入，按【Alt+Enter】组合键强制换行。

2. 有规律数据的输入

在 Excel 中，有规律数据的输入可以采用数据填充的操作方式完成。选中单元格，将鼠标移到填充柄（单元格右下角的小黑点）上，变成实心的“+”字形状时，拖动鼠标至目标单元格即可。

（1）等差数列的填充

等差数列的填充操作方法有两种。

- 在连续的两个单元格中输入初值和第二个值，然后选定这两个单元格，然后拖动填充柄到需要填充数据区域。
- 在第一个单元格里输入初值，然后按住鼠标右键拖动填充柄到需要填充数据的单元格中，在弹出如图 7-4（a）所示的快捷菜单中选择“序列”命令，弹出图 7-4（b）所示的对话框，选择等差序列和输入步长值，单击“确定”按钮，完成填充操作。

（2）等比数列的填充

等比数列的填充操作同等差数列的填充操作的第二种方法，所不同的是在“序列”对话框中选择等比序列。

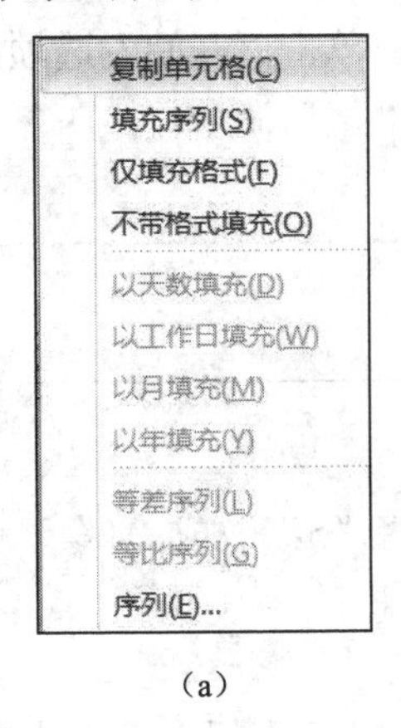

（a）

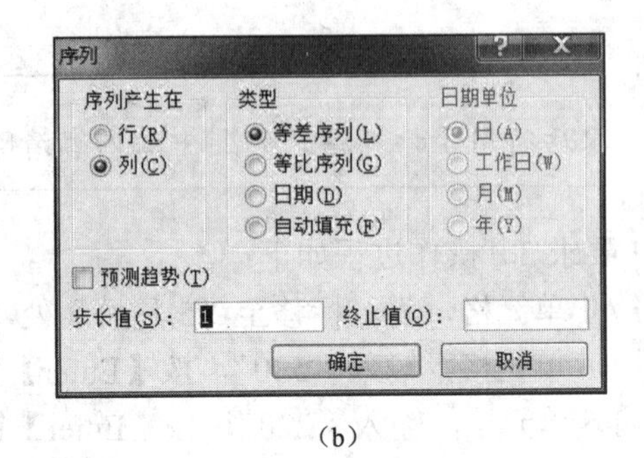

（b）

图 7-4 序列填充对话框

实验 7-1 要求 2）操作过程如下：

① 单击 A1 单元格，输入“第一车间第五小组（5 月份）工资表”，按【Enter】键。

② 单击 A2 单元格，输入“编号”，按【Tab】键，同样的方法在 B2:H2 单元格区域中输入“姓名”“出生年月”“基本工资”“岗位津贴”“工龄津贴”“奖励工资”“应扣工资”。

③ 单击 A3 单元格，输入“’001”，按【Enter】键，鼠标放在 A3 单元格右下角出现黑色十字形状后（即出现填充柄）按住鼠标左键拖放至 A5 单元格；同样的方法，将 A6:A11 单元格区域的编号填充完成。

④ 输入 B3:B11 单元格区域的姓名，如图 7-1 所示。

⑤ 单击 C3 单元格，输入“1973-5-23”，按【Enter】键。同样的方法完成 C4:C11 单元格区域的输入，如图 7-1 所示。

⑥ 完成 D3:H11 单元格区域数据的输入，如图 7-1 所示。

（四）工作表的编辑操作

工作表中数据的修改，包括单元格中部分数据的修改、整个单元格中数据的修改和批量数据的修改。

1. 单元格中部分数据的修改

双击对应的单元格，将光标定位至相应的单元格中，然后移动光标至相应的位置上进行修改操作。

2. 整个单元格中数据的修改

先选中指定的单元格，然后直接输入正确的数据即可。

3. 批量数据的修改

批量数据的修改一般需用计算公式。首先确定一列用来放置计算结果，然后将该列的这些数据进行复制操作后，将光标定位到目标位置，单击“开始”选项卡“剪贴板”组中的“选择性粘贴”按钮，在下拉列表菜单中选择“值”命令。

说　明

操作结束后将用于计算结果的列中的内容清除。

实验 7-1 要求 3）操作过程如下：

① 双击 A1 单元格，将光标移至“5 月份”处，将“5”改成“1”。

② 单击 D6 单元格，输入“530”，按【Enter】键。

③ 单击 E6 单元格，输入“220”，按【Enter】键。

④ 选择 I3:I11 单元格，输入“=f3+2”，按【Ctrl+Enter】组合键完成数据的填充；选择 I3:I11 单元格数据，单击“开始”选项卡“剪贴板”组中的“复制”按钮，将光标定位到 F3 单元格，单击“开始”选项卡“剪贴板”组中的“粘贴”按钮，在下拉菜单中选择“粘贴数值”|“值”命令；选择 I3:I11 单元格数据，按【Delete】键将所有数据清除。

（五）插入、删除行（列）或单元格

1. 插入行（列）或单元格

插入行（列）或单元格，先选中需要插入行（列）所对应行号（列标）或单元格，然后单击“开始”选项卡“单元格”组中的“插入”按钮，在选中的行（列）的上（前）方插入了一空行（列）或单元格。

2. 删除行（列）或单元格

选中需要删除的行号（列标）或单元格，单击“开始”选项卡“单元格”组中的“删除”按钮。

说　明

行删除、列删除、单元格删除操作不能同时进行。

实验 7-1 要求 4）操作过程如下：

① 选择 A12 单元格，输入“合计”，按【Enter】键。

② 选择 A13 单元格，输入“平均”，按【Enter】键。

③ 单击 12 行的行号，单击“开始”选项卡“单元格”组中的“插入”按钮。

④ 在 A12:H12 单元格中，分别输入“’004”“王小明”“1990-6-20”“480”“200”

“12”“280”“15”。

⑤ 选择 H 列标，单击“开始”选项卡“单元格”组中的“插入”按钮。

⑥ 分别在 H2 和 J2 单元格中输入“应发工资”和“实发工资”。

⑦ 选择 11 行号，单击“开始”选项卡“单元格”组中的“删除”按钮。

（六）工作表数据的移动与复制

移动（复制）包括单元格中部分数据的移动（复制）、工作表中数据的移动和工作表中数据的复制。

1. 单元格中部分数据的移动（复制）

选择欲移动（复制）的数据，单击“开始”选项卡“剪贴板”组中的“剪切”（“复制”）按钮，将光标定位到目标位置，单击“开始”选项卡“剪贴板”组中的“粘贴”按钮。

2. 工作表中数据的移动

工作表中数据的移动是指移动一个或多个单元格中的数据，操作方法有如下两种。

- 使用“剪切”和“粘贴”操作。
- 使用鼠标拖动的方法。选择需要移动数据的单元格（一个或多个成矩形区域的单元格），将鼠标指针移到选中的单元格区域的边框，当鼠标指针变成箭头形状时，拖动鼠标到目标的位置。

说 明

移动后，目标位置上单元格原有的数据消失，被移过来的数据所覆盖。如果在移动的同时按住【Shift】键，则选择的这些单元格将插入在目标位置的左侧或上方。

3. 工作表中数据的复制

工作表中数据的复制可以使用剪贴板命令，也可以使用鼠标拖动的方法。使用鼠标拖动的操作与移动操作类似，只是在拖动的同时按住【Ctrl】键。

用鼠标拖动的方法在不同工作表中进行数据的移动或复制时，要单击“视图”选项卡“窗口”组中的“新建窗口”按钮，再单击“视图”选项卡“窗口”组中的“重排窗口”按钮，然后在两个窗口中分别选择相应的工作表标签，再进行鼠标拖动操作。同样要在不同工作簿文件中进行数据的移动或复制，先要分别打开工作簿文件，再单击“视图”选项卡“窗口”组中的“重排窗口”按钮，然后可以在两个窗口的活动工作表中进行鼠标拖动操作。

实验 7-1 要求 5）操作过程如下：

① 选择 11 行号，将鼠标指针移到选中单元格区域的边框，当鼠标指针变成箭头形状时，按住鼠标右键拖动鼠标到第 6 行的位置。

② 在弹出的快捷菜单中选择“移动选定区域，原有区域下移”命令，如图 7-5 所示。

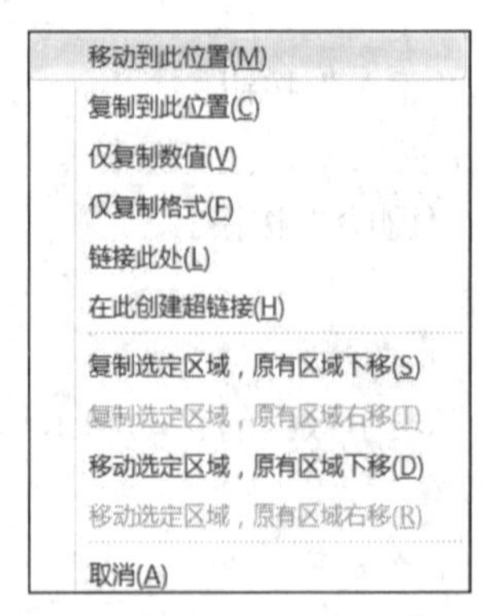

图 7-5 移动（复制）快捷菜单

（七）公式与函数的使用

在 Excel 中，利用公式可以解决大量需要计算的实际问题，而在公式中利用函数可以进行简单或复杂的计算和数据处理。选择需要计算的单元格，输入公式，单击【Ctrl+Enter】组合键即可。

实验 7-1 要求 6）操作过程如下：

① 选择 H3:H11 单元格区域，输入“=SUM(D3:G3)”，按【Ctrl+Enter】组合键。

② 选择 J3 单元格，输入“=H3−I3”，按【Enter】键，双击填充柄可以实现公式的复制。

③ 选择 D12 单元格，按【Alt+=】组合键，拖放填充柄至 J12 单元格。

④ 选择 D13 单元格，单击“公式”选项卡“函数库”组中的“自动求和”按钮，在下拉菜单中选择“平均值”命令，自动跳出 AVERAGE 公式，将公式中的“D12”改成“D11”，即该公式为“=AVERAGE(D3:D11)”，将光标定位到公式最后按【Enter】键，拖动填充柄至 J13 单元格。

工资表通过公式和函数计算后的结果如图 7-6 所示。

	A	B	C	D	E	F	G	H	I	J
1	第一车间第五小组（5月份）工资表									
2	编号	姓名	出生年月	基本工资	岗位津贴	工龄津贴	奖励工资	应发工资	应扣工资	实发工资
3	001	张小东	1973/5/23	540	210	70	244	1064	25	1039
4	002	王晓杭	1983/6/17	480	200	66	300	1046	12	1034
5	003	李立扬	1980/1/9	500	230	54	310	1094	0	1094
6	004	王小明	1990/6/20	480	200	12	280	972	15	957
7	005	程坚强	1981/7/9	515	215	22	280	1032	15	1017
8	006	叶明放	1975/4/3	540	240	18	280	1078	18	1060
9	007	周学军	1970/10/10	550	220	44	180	994	20	974
10	008	赵爱军	1982/12/8	520	250	42	246	1058	0	1058
11	009	黄永抗	1979/8/3	540	200	36	380	1156	10	1146
12	合计			4665	1965	364	2500	9494	115	9379
13	平均			518	218	40	278	1055	13	1042

图 7-6 用公式和函数计算后的“工资表”数据

（八）工作表的格式化操作

1. 单元格的格式设置

单元格的格式设置包括数字的格式化、字体的设置、数据对齐方式、设置边框和底纹。选择需要设置格式的单元格，单击“开始”选项卡“单元格”组中的“格式”按钮，在下拉菜单中选择“设置单元格格式”命令，弹出“设置单元格格式”对话框，如图 7-7 所示，可以对数字、字体、对齐方式、边框和底纹进行设置。

2. 设置列宽与行高

选择需要修改行高（列宽）的行号（列标），单击“开始”选项卡“单元格”组中

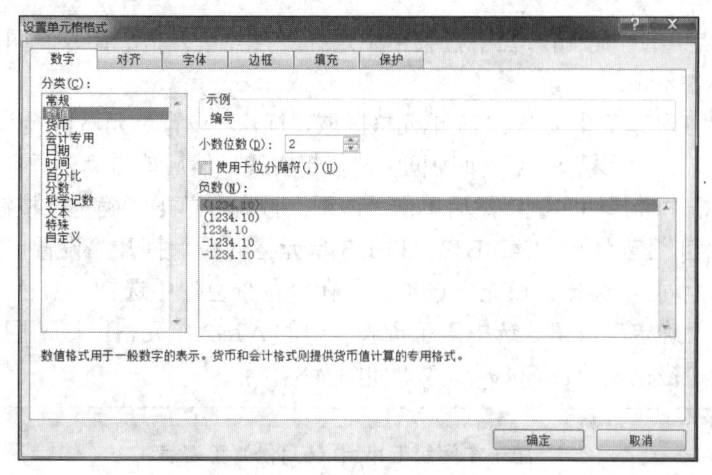

图 7-7 “设置单元格格式”对话框

的“格式”按钮，在下拉菜单中选择“行高”（“列宽”）命令，在弹出的对话框中输入设置的行高（列宽）数字，单击“确定”按钮。

3. 应用表格格式

Excel 2010 为用户提供了浅色、中等深浅与深色 3 种类型共 60 种表格格式。选择需要套用格式的单元格区域，单击“开始”选项卡“样式”组中的“套用表格格式”按钮，在下拉菜单中选择相应的格式，弹出“套用表格式”对话框，选择数据来源即可。

实验 7-1 要求 7）操作过程如下：

① 选中 D3:J13 单元格区域，单击“开始”选项卡“单元格”组中的“格式”按钮，在下拉菜单中选择“设置单元格格式”命令，弹出“设置单元格格式”对话框，选择“数字”选项卡，选择“数值”分类，将“小数位数”设置为 1，单击“确定”按钮。

② 选中 J3:J13 单元格区域，单击“开始”选项卡“单元格”组中的“格式”按钮，在下拉菜单中选择“设置单元格格式”命令，弹出“设置单元格格式”对话框，选择“数字”选项，选择“货币”分类，将货币符号设置为“￥”，单击“确定”按钮。

③ 选中“工资表”中的第 A1 单元格，打开“设置单元格格式”对话框，选择“字体”选项卡，设置字体为“黑体”、加粗、18 号字；选择 A2:J2 单元格区域，打开“设置单元格格式”对话框，选择“字体”选项卡，设置字体为“微软雅黑”，字号为 14。

④ 选中“工资表”的第 1 列，单击“开始”选项卡“单元格”组中的“格式”按钮，在下拉菜单中选择“行高”命令，弹出“行高”对话框，在“行高”文本框中输入 40。

⑤ 选中“工资表”的所有数据区域（除第一行），单击“开始”选项卡“单元格”组中的“格式”按钮，在下拉菜单中选择“自动调整列宽”命令。

⑥ 选中“工资表”中的 A1:J1 单元格区域，单击“开始”选项卡“对齐方式”组中的“合并后居中”按钮。

⑦ 选中“工资表”中的 A2:B11 单元格区域，打开“设置单元格格式”对话框，选择“对齐”选项卡，在“水平对齐”下拉列表框中选择“居中”，单击“确定”按钮。

⑧ 选中“工资表”中的 A12:B12 单元格区域，单击“开始”选项卡“对齐方式”

组中的“合并后居中”按钮，在下拉菜单中选择“合并单元格”命令。同样的方法合并A13:B13单元格区域。

⑨ 选中“工资表”中的A2:J13单元格区域，打开“设置单元格格式”对话框，选择“边框”选项卡，在“线条样式”列表框中选择粗实线，然后单击“外框”按钮；在“线条样式”列表框中选择细实线，然后单击“内框”按钮，单击“确定”按钮。

⑩ 选中“工资表”中的A3:B13、J3:J13单元格区域，打开“设置单元格格式”对话框（方法与上同），选择“填充”选项卡，在“背景色”中选择“蓝色，淡色80%”颜色后，单击“确定”按钮。选中“工资表”中的A2:J2单元格区域，同样的方法，将背景色设置为“橙色，淡色80%”，效果如图7-8所示。

	A	B	C	D	E	F	G	H	I	J
1	第一车间第五小组（5月份）工资表									
2	编号	姓名	出生年月	基本工资	岗位津贴	工龄津贴	奖励工资	应发工资	应扣工资	实发工资
3	001	张小东	1973/5/23	540.0	210.0	70.0	244.0	1064.0	25.0	¥1,039.0
4	002	王晓杭	1983/6/17	480.0	200.0	66.0	300.0	1046.0	12.0	¥1,034.0
5	003	李立扬	1980/1/9	500.0	230.0	54.0	310.0	1094.0	0.0	¥1,094.0
6	004	王小明	1990/6/20	480.0	200.0	12.0	280.0	972.0	15.0	¥957.0
7	005	程坚强	1981/7/9	515.0	215.0	22.0	280.0	1032.0	15.0	¥1,017.0
8	006	叶明放	1975/4/3	540.0	240.0	18.0	280.0	1078.0	18.0	¥1,060.0
9	007	周学军	1970/10/10	550.0	220.0	44.0	180.0	994.0	20.0	¥974.0
10	008	赵爱军	1982/12/8	520.0	250.0	42.0	246.0	1058.0	0.0	¥1,058.0
11	009	黄永抗	1979/8/3	540.0	200.0	36.0	380.0	1156.0	10.0	¥1,146.0
12	合计			4665.0	1965.0	364.0	2500.0	9494.0	115.0	¥9,379.0
13	平均			518.3	218.3	40.4	277.8	1054.9	12.8	¥1,042.1

图7-8 字体、列宽（行高）、对齐方式、边框与底纹设置后的“工资表”

⑪ 选择A2:J13单元格区域，单击“开始”选项卡“样式”组中的“套样表格格式”按钮，在下拉菜单中选择“表样式中等深浅5”命令。

（九）条件格式的设置

为了使一些单元格中的数据突出显示，用户可以对满足一定条件的单元格设置字形、字号、边框、底纹等格式，这种格式称为条件格式。

实验7-1要求8）操作过程如下：

① 选择J3:J11单元格区域，单击“开始”选项卡“样式”组中的“条件格式”按钮，在下拉菜单中选择“突出显示单元格规则”|“小于”命令。

② 在弹出的“小于”对话框中，在“为小于以下值的单元格设置格式”文本框中输入“1000”，在“设置为”栏内选择“黄填充色深黄色文本”，单击“确定”按钮。

【实验7-2】打开MyBook2.xlsx，操作要求如下。

1）利用数据有效性，将明细表中所有的食品按照以下食品类别分类进行归类填充。

- 蜜饯类：乌梅、橄榄、芒果干、山楂、苹果干。
- 饼干类：夹心饼干、蛋卷饼干、曲奇饼干、威化饼干、压缩饼干。
- 肉脯类：猪肉脯、牛肉脯、羊肉脯、烤鱼片。
- 糖果类：软糖、水果糖、椰子糖、奶糖、瑞士糖。

2）将库存量用“三色交通灯（无边框）”标注，小于或等于50用红色，大于或等于400用绿色，库存介于50～400的用黄色标注。

3）在明细表中填写“库存情况”列，若库存等于0，填写“商品脱销”，若库存小于或等于50，填写“库存不足”，若库存大于400，填写“商品滞销”，其他的填写“库存正常”。

4）在明细表中，利用已建立好的利润率表，自动填写食品的利润率。其中蜜饯类为15%、饼干类为10%、肉脯类为20%、糖果类为5%。

5）根据进货单价、利润率和销售数量，使用公式计算销售总额。计算公式为：销售总额=（进货单价+进货单价×利润率）×销售数量。

6）统计每类食品的销售总额，并将结果填入食品类别统计表的相应单元格中。

7）利用RANK函数，对各类食品进行销售排名。

8）统计明细表中“销售数量”大于200的食品种类数。

（十）名称的使用

使用名称可使公式更加容易理解和维护。可为单元格区域、函数、常量或表格定义名称。一旦采用了在工作簿中使用名称的做法，便可轻松地更新、审核和管理这些名称。选择要命名的单元格、单元格区域或非相邻选定区域。单击编辑栏最左侧的“名称”框，输入要使用的名称，按【Enter】键。

用户可以利用名称管理器来删除或编辑所创建的名称。

实验7-2要求1）操作过程如下：

① 选择M3:M6单元格区域，单击“公式”选项卡“定义的名称”组中的“定义名称”按钮，弹出“新建名称”对话框，如图7-9所示，在“名称”文本框中输入“食品类别”，单击“确定”按钮。

② 选择需要类别填充的单元格，即B2:B20单元格区域，单击“数据”选项卡“数据工具”组中的“数据有效性”按钮，弹出“数据有效性”对话框，如图7-10所示，设置有效性条件，在“允许”下拉列表框中选择“序列”，在“来源”数据栏中输入“=食品类别”，单击“确定”按钮。

③ 选择B2单元格，单击右侧的下拉按钮，在下拉菜单中选择“蜜饯类”，单元格填充“蜜饯类”，这样的方法可以避免烦琐的输入，以及输入过程中出现的错误。同样的方法可以将B3:B20单元格区域的内容进行填充。

图7-9 “新建名称”对话框

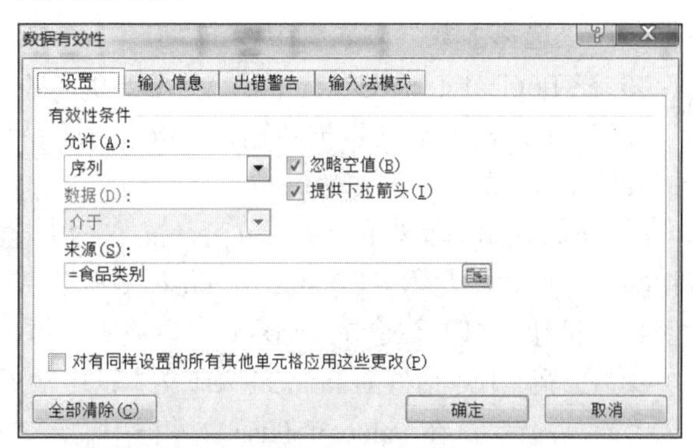

图7-10 “数据有效性”对话框

实验 7-2 要求 2）操作过程如下：

① 选择 D2:D20 单元格区域，单击“开始”选项卡“样式”组中的“条件格式”按钮，在下拉菜单中选择“图标集”｜“形状”｜“三色交通灯（无边框）”。

② 单击“开始”选项卡“样式”组中的“条件格式”按钮，在下拉菜单中选择“管理规则”命令，弹出“条件格式规则管理器”对话框，单击“编辑规则”按钮，弹出“编辑格式规则”对话框，如图 7-11 所示，将在“绿色灯”标注右边的“类型”下拉列表框中选择“数字”，同时在“值”数据栏中输入 400；同样的方法将“黄色灯”标注后的各项分别设置为“大于”“50”“数字”，单击“确定”按钮。

图 7-11 “编辑格式规则”对话框

（十一）函数的使用

Excel 中所提的函数其实是一些预定义的公式，它们使用一些称为参数的特定数值按特定的顺序或结构进行计算。

使用函数首先选定要输入函数的单元格，然后单击“公式”选项卡“函数库”组中的“插入函数”按钮，选择相应的函数实现数据统计。

实验 7-2 要求 3）操作过程如下：

① 选择 E2 单元格，单击编辑栏中的“插入函数”按钮 *fx*，弹出“插入函数”对话框，在“选择函数”列表框中双击“IF”函数名，弹出“函数参数”对话框。

② 在 Logical_test 文本框中输入“D2=0”，在 Value_if_true 文本框中输入“商品脱销”，在 Value_if_false 文本框中输入“if(”，然后单击编辑栏中的“插入函数”按钮，打开嵌套的 IF 函数的参数对话框。

③ 在新弹出对话框的 Logical_test 文本框中输入“D2<=50”，在 Value_if_true 文本框中输入“库存不足”，在 Value_if_false 文本框中输入“if(”，然后单击编辑栏中的“插入函数”按钮，打开嵌套的 IF 函数的参数对话框。

④ 在新弹出对话框的 Logical_test 文本框中输入“D2>400”，在 Value_if_true 文本框中输入“商品滞销”，在 Value_if_false 文本框中输入“库存正常”，单击“确定”按钮即可。

⑤ 双击右下角填充柄，完成公式的复制。

说 明

也可以直接在单元格内输入公式，在 E2 单元格内输入“=IF(D2=0,"商品脱销",IF(D2<=50,"库存不足",IF(D2>400,"商品滞销","库存正常")))”。

实验 7-2 要求 4）操作过程如下：

① 选择 G2 单元格，单击“公式”选项卡“函数库”组中的“查找与引用”按钮，在下拉菜单中选择“HLOOKUP”命令。

② 在弹出的“函数参数”对话框中输入各参数，如图 7-12 所示。或者直接在编辑栏中输入“=HLOOKUP(B2,$P$3:$S$4,2,0)”。

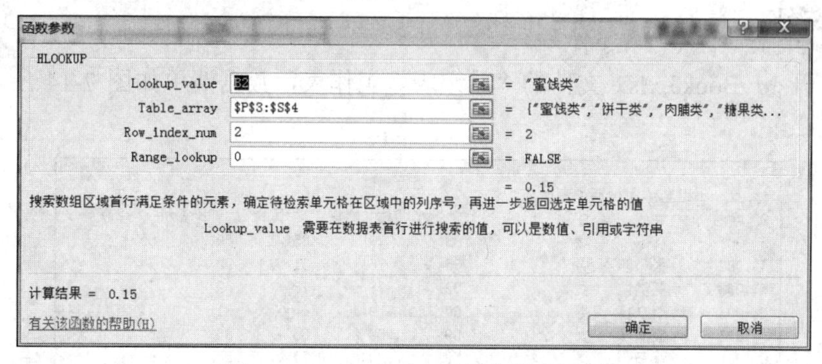

图 7-12 HLOOKUP 函数参数对话框

③ 双击单元格的填充柄。

实验 7-2 要求 5）操作过程如下：

① 选择 I2:I20 单元格区域。

② 在编辑栏中输入“=(F2+F2*G2)*H2”，按【Ctrl+Enter】组合键。

实验 7-2 要求 6）操作过程如下：

① 选择 P8 单元格，单击“公式”选项卡“函数库”组中的“插入函数”按钮，选择 SUMIF 函数，单击“确定”按钮，弹出“函数参数”对话框。

② 在对话框中输入各参数，如图 7-13 所示。或者直接在编辑栏中输入“=SUMIF($B$2:$B$20,O8,$I$2:$I$20)”。

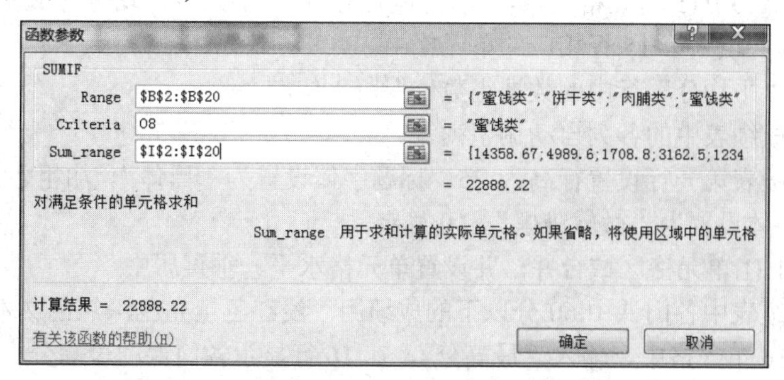

图 7-13 SUMIF 函数参数对话框

③ 双击单元格的填充柄。

实验 7-2 要求 7）操作过程如下：

① 选择 Q8 单元格，在编辑栏中输入“= RANK（P8,$P$8:$P$11,0）”。

② 利用公式复制完成销售排名统计。

实验 7-2 要求 8）操作过程如下：

① 选择 S15 单元格，单击“公式”选项卡“函数库”组中的“插入函数”命令，选择 COUNTIF 函数，单击“确定”按钮，弹出“函数参数”对话框。

② 在对话框的 Range 文本框中输入“H2:H20”，在 Criteria 文本框中输入“>200”，单击“确定”按钮。（也可以直接在 S15 单元格中输入“=COUNTIF(H2:H20,">200")”）

五、课堂练习

1）打开 MyBook3.xlsx 文件的“成绩表”工作表，数据清单如图 7-14 所示，操作要求如下。

	A	B	C	D	E	F	G	H	I
1	第一小组全体同学期中考试成绩表								
2	学号	姓名	性别	高等数学	大学语文	德育	体育	计算机	总分
3	001	杨平	女	83	70	85	60	65	
4	002	张小东	男	85	76	81	92	74	
5	003	王晓杭	女	92	78	78	62	72	
6	004	李立扬	男	80	79	66	81	74	
7	005	钱明明	女	89	69	83	80	64	
8	006	程坚强	男	72	90	77	85	65	
9	007	叶明放	男	63	72	90	70	94	
10	008	周学军	女	75	93	76	76	83	
11	010	黄永杭	男	90	75	95	78	61	
12	011	梁水冉	男	78	79	93	66	94	
13	012	任广品	男	68	77	60	65	65	

图 7-14 “成绩表”数据清单

① 在“德育”列前增加一列，并在相应位置输入以下内容：英语，82，90，77，89，87，89，58，86，93，78，92。

② 在学号为 010 前增加一行，并在相应位置输入以下内容：013，赵爱军，85，82，54，56，74，85，81。

③ 利用求和函数计算总分列。

④ 合并 A15:B15 单元格区域，在合并后的区域中输入“平均分”文本，计算各门课的平均成绩并填入第 15 行相应的单元格中。

⑤ 设置“平均分”行中的数据小数位保留 1 位。

⑥ 设置成绩表中的各列自动调整列宽。

⑦ 将成绩表第一行设置行高为 35，标题字体设置为“黑体”、加粗、20 号字，将所有数据的字体设置为“微软雅黑”，10 号字。

⑧ 将 A1:J1 单元格区域合并，并设置单元格水平、垂直居中。

⑨ 将成绩表中各门课中 60 分以下的成绩用“浅红色填充色深红色文本”显示。

⑩ 在 C16 单元格中，输入“最高分”，在 16 行显示各门课的最高分；在 C17 单元格中输入“最低分”，在 17 行显示各门课的最低分。

⑪ 在 K2 单元格中输入“排名”，在 K 列显示每位同学总分的排名。

⑫ 在 C19 单元格中输入“平均分高于 80 分人数比例”，在 F19 单元格中，利用函数统计所有平均分高于 80 分人数比例，并将数字用百分比显示，保留小数位数 1 位。

⑬ 将 A1:J15 单元格区域数据复制到 Sheet2 中。

⑭ 在 Sheet2 中将所有数据居中显示，并且在数据区域加上“适中”样式，深蓝色双实线外边框，蓝色细实线内边框。

⑮ 在 Sheet2 中数据清单的右侧增加一列，在 K2 单元格中输入“评语”，利用公式在 K 列其他单元格中填入评语，若“高等数学”和“英语”都大于 80 分，在其对应的 K 列单元格中填入“好”，否则填入“须努力”。

2）打开 MyBook6.xlsx，操作要求如下。

① 使用 VLOOKUP 函数对 Sheet1 中的商品单价进行自动填充。

要求：根据“价格表”中的商品单价，利用 VLOOKUP 函数，将其单价自动填充到采购表中的“单价”列中。

② 利用公式，计算 Sheet1 中的“合计金额”。

要求：根据“采购数量”“单价”“折扣”，计算采购的“合计金额”。

③ 使用函数统计各种商品的采购总量和采购总金额，将结果保存在 Sheet1 的“统计表”中。

六、思考题

1）在单元格格式设置中“跨列居中”和“合并及居中”有何不同？

2）练习 Sum()、Average()、Max()、Min()、Count()、If()、Countif()、Sumif()、Rank() 等常用函数的参数含义及其使用。

3）请说明“#####”“DIV/0!”“#VALUE!”“#REF!”等出错信息的含义。

4）在 Excel 中，如何判别单元格中的内容是常量值还公式？

5）在 Excel 中用鼠标拖动的操作移动或复制单元格区域数据时应注意哪些问题？

6）Excel 工作表中有些数据是通过公式计算得到的，如何使这些公式进行隐藏？简述其操作过程。

实验八　Excel 2010 数据清单的使用

一、实验目的

✧　熟练掌握排序、筛选与分类汇总等基本数据管理操作。
✧　熟练掌握数据透视表的建立与编辑。
✧　熟练掌握统计图表的建立和编辑。
✧　掌握工作表的页面设置。

二、预备知识

数据清单的相关概念与使用；数据透视表的概念；统计图表的组成及相关概念；Excel工作表页面设置的相关概念。

三、实验课时

建议课内2课时。

四、实验内容与操作过程

【实验8-1】启动Excel 2010，打开MyBook4.xlsx文件中的工作表“评分表”，操作要求如下。

1）将“评分表”中的数据按照“年龄”字段升序排序，年龄相同时按照“总分”字段降序排序。

2）新建一张工作表，命名为“分类汇总”，将“评分表”中的数据复制到“分类汇总”表中，将“分类汇总”表所有选手按照地区分类汇总，统计每个地区的参赛选手人数。

3）在“评分表”中，筛选总分最高的10位选手，将结果复制到Sheet2中，并将Sheet2工作表重命名为“前十名”；筛选“参赛地区”为“温州市”、“性别”为“女”，“职业”为“学生”的选手，将结果复制到新建的工作表中，新工作表命名为“高级筛选”。

4）根据“评分表”的数据，新建数据透视表，统计各赛区不同职业参赛选手的人数，可以通过选择不同职业查看参赛人数。

5）根据上题建立的数据透视表，创建“分离型饼图”，样式采用“图表样式42”，将图表标题命名为“参赛人数比例”，图例放到图表的底部，并且在图表中显示人数的百分比例。

6）为图表增加“性别”筛选切片器，可以进一步根据性别不同显示不同地区参赛选手的比例。

7）将“评分表”中A1:G127单元格区域打印在A4纸上，要求在A4纸中居中打印，并且每页都有标题行。

（一）数据的排序

用户可以对 Excel 数据清单中的信息按字段值进行排序。排序时如果是数值型数据，则数值按大小顺序排序，对于文本项默认按 ASCII 码或内码进行排序；对于逻辑值，Excel 认为 False 小于 True。

选择数据列表中任一单元格，单击“数据”选项卡“排序和筛选”组中的“排序”按钮实现。也可以单击“数据”选项卡“排序和筛选”组中的“升序”按钮 A↓Z 和“降序”按钮 Z↓A 完成选定区域单元格的排序，用此方法排序只能按所选范围的某一列升序或降序排列。

说 明

对文本排序时，也可以按序列排序，如果是汉字，还可以按笔画多少进行排序。

实验 8-1 要求 1）操作过程如下：

① 选择 A1:G127 单元格区域，单击“数据”选项卡“排序和筛选”组中的“排序”按钮，弹出“排序”对话框。

② 在“排序”对话框中，将主要关键字设置为“年龄”，次序为“升序”，单击“添加条件”按钮，在主要关键字下方出现次要关键字，将次要关键字设置为“总分”，次序为“降序”，如图 8-1 所示。

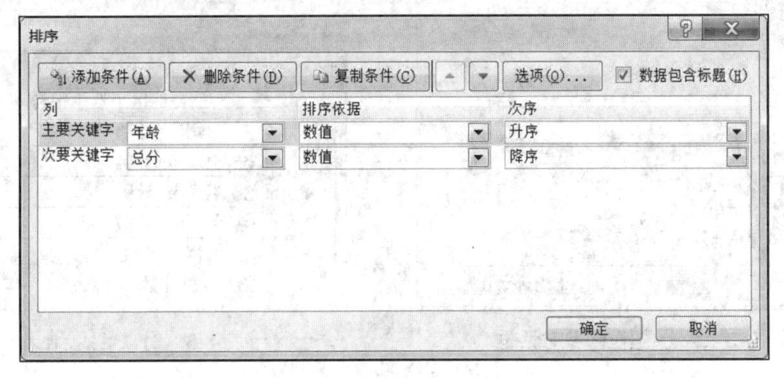

图 8-1 “排序”对话框

③ 单击“确定”按钮。

说 明

若对某个字段的数据进行排序，则不用选择排序数据区域，只需选择数据列中的任一单元格。

（二）分类汇总

在数据列表中，可以对记录按照某一指字段进行分类，把字段值相同的记录分成同一类，然后对同一类记录的数据进行汇总。在进行分类汇总之前，应先对数据列表进行排序，数据列表的第一行必须有字段名。

实验 8-1 要求 2）操作过程如下：

① 单击工作表标签处的“插入工作表”按钮，生成一张 Sheet1 工作表，右击 Sheet1 工作表标签，在弹出的快捷菜单中选择“重命名”命令，输入“分类汇总”，按【Enter】键。

② 选择“评分表”中 A1:G127 单元格区域，按【Ctrl+C】组合键，单击“分类汇总”表中的 A1 单元格，按【Ctrl+V】组合键。

③ 选择“分类汇总”表“参赛地区”列中的任一单元格，单击“数据”选项卡“排序和筛选”组中的“升序”按钮。

④ 单击“数据”选项卡“分级显示”组中的“分类汇总”按钮，弹出“分类汇总”对话框。

⑤ 在“分类汇总”对话框中，设置分类字段为“参赛地区”，汇总方式为“计数”，选定汇总项为“姓名”，如图 8-2 所示。

⑥ 单击“确定”按钮，即可在工作表中看到分类汇总的结果，如图 8-3 所示。

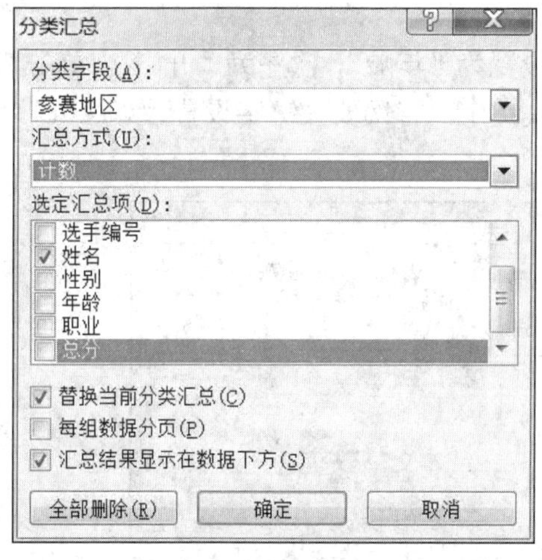

图 8-2 “分类汇总”对话框

1 2 3		A	B	C
	1	参赛地区	选手编号	姓名
+	31	杭州市 计数		29
+	63	宁波市 计数		31
+	86	绍兴市 计数		22
+	106	台州市 计数		19
+	132	温州市 计数		25
−	133	总计数		126

图 8-3 分类汇总结果

若用户还需要使用其他汇总方式和汇总项，可在此分类汇总表中继续进行汇总。

用户可以通过行号左边的分级显示符号，显示和隐藏细节数据，1 2 3 分别表示 3 个级别，其中后一级别为前一级别提供细节数据。

用户如果要显示或隐藏某一级别下的细节行，可以单击级别按钮下的 − 或 + 分级显示符号。

说　明

如果要删除分类汇总，可以选中分类汇总表中的任一单元格，再次单击“分类汇总”按钮，在弹出的对话框中单击“全部删除”按钮，则将复原工作表。

（三）数据筛选

Excel 中的数据筛选功能可以在数据清单中将符合条件的记录行显示出来而隐藏其他行。

1. 自动筛选

选中工作表数据清单中的任一单元格，单击“数据”选项卡“筛选和排序”组中的“筛选”按钮，此时数据清单中的每个列标题后出现“▾”符号，系统进入自动筛选状态。

Excel 中自动筛选可以将工作表中的数据按“文本”“数字”“日期或时间”筛选，利用各个对应的级联菜单进行选择。

2. 高级筛选

“自动筛选”是简单且有效的一种筛选方式，但实际工作中有些筛选操作采用“自动筛选”就力不从心了。当需要涉及多个字段或运算来筛选数据时，就需要使用高级筛选。使用高级筛选需要建立筛选条件，筛选区域中的字段名必须和数据清单中的字段名保持一致。

实验 8-1 要求 3）操作过程如下：

① 选择数据区域中的任一单元格，单击“数据”选项卡“筛选和排序”组中的“筛选”按钮，系统进入自动筛选状态。

② 单击字段名“总分”右边的下拉按钮，在下拉菜单中选择“数字筛选”|“10 个最大的值”命令，弹出“自动筛选前 10 个”对话框，单击“确定”按钮。

③ 选中筛选出来的结果数据区域，按【Ctrl+C】组合键，单击 Sheet2 工作表中的 A1 单元格，按【Ctrl+V】组合键，完成数据的复制操作。

④ 双击 Sheet2 的工作表标签，输入“前十名”，按【Enter】键。

⑤ 单击“评分表”中数据清单的任一单元格，单击“数据”选项卡“筛选和排序”组中的“筛选”按钮，系统退出自动筛选状态。

⑥ 在“评分表”的 J1:L2 单元格区域建立筛选条件，如图 8-4 所示。

⑦ 单击“评分表”数据清单中的任一单元格，单击“数据”选项卡“筛选和排序”组中的“高级”按钮，弹出“高级筛选”对话框，设置列表区域和条件区域，如图 8-5 所示，单击“确定”按钮。

⑧ 选择筛选出来的数据区域，按【Ctrl+C】组合键，单击工作表标签处的“新建工作表”按钮，选择新工作表中的 A1 单元格，按【Ctrl+V】组合键，完成数据的复制。

⑨ 右击新工作表标签名，在弹出的快捷菜单中选择“重命名”命令，输入“高级筛选”，按【Enter】键。

J	K	L
参赛地区	性别	职业
温州市	女	学生

图 8-4　筛选条件

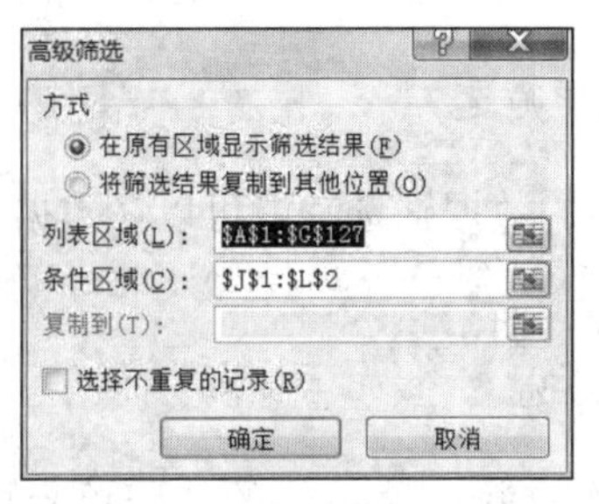

图 8-5　“高级筛选”对话框

说　明

高级筛选还可以将筛选结果复制到其他位置，此时还应该设置“复制到”区域。

（四）数据透视表

分类汇总适合于按照一个字段进行分类，对于一个或多个字段进行汇总。如果用户要求按照多个字段进行分类并汇总，就需要用数据透视表来解决问题。

单击“插入”选项卡“表格”组中的“数据透视表”按钮，弹出“创建数据透视表”对话框，选择数据区域，在“数据透视表字段列表”窗格中，设置各个分类字段以及数值，来创建数据透视表。

实验 8-1 要求 4）操作过程如下：

① 选择“评分表”数据区域中任一单元格，单击“插入”选项卡“表格”组中的“数据透视表”按钮，弹出“创建数据透视表”对话框，选择数据区域，选中“新工作表”单选按钮，如图 8-6 所示，单击“确定”按钮。

② 在“数据透视表字段列表”窗格内，利用鼠标将“参赛地区”字段名拖入“行标签”，将“职业”字段名拖入“报表筛选”，将“姓名”字段名拖入“数值”，如图 8-7 所示，单击“姓名”字段名，选择“值字段设置”命令，在“值字段设置”对话框中，

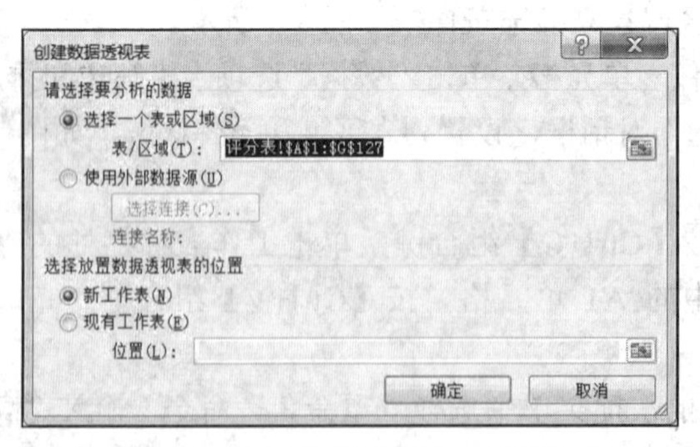

图 8-6　“创建数据透视表”对话框

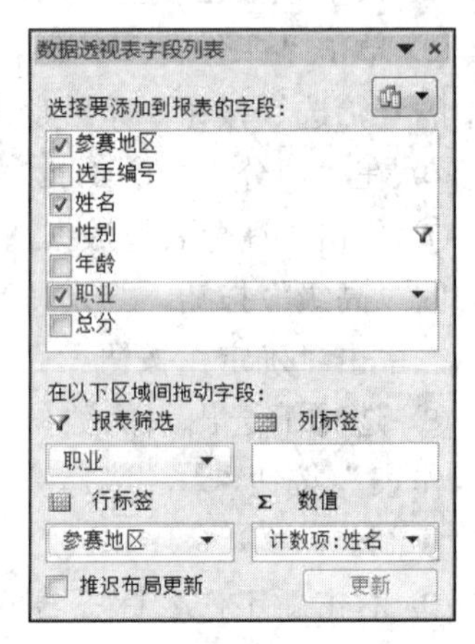

图 8-7　“数据透视表字段列表”窗格

将“值字段汇总方式”设置为“计数”，单击“确定”按钮，结果如图 8-8 所示。

	A	B
1	职业	(全部)
2		
3	行标签	计数项:姓名
4	杭州市	29
5	宁波市	31
6	绍兴市	22
7	台州市	19
8	温州市	25
9	总计	126

图 8-8 新建数据透视表效果图

（五）图表的处理

图表是将表格中的数据用图形来表示的一种结构。使用图表可以非常直观地反映工作表中数据之间的关系，可以方便地对比和分析数据，为使用数据提供便利。Excel 2010 为用户提供了 11 种标准的图表类型。

用户可以通过单击“插入”选项卡“图表”组中的各个图表类型按钮来创建不同的图表。

实验 8-1 要求 5）操作过程如下：

① 接上题，选择新建的数据透视表中任一单元格，单击“插入”选项卡“图表”组中的“饼图”按钮，在下拉菜单中选择“三维饼图”|“分离型三维饼图”命令。

② 单击“数据透视图工具/设计”选项卡“图表样式”组中的“其他”按钮，在下拉菜单中选择“样式 42”。

③ 选中图表标题“汇总”，输入“参赛人数比例”，按【Enter】键。

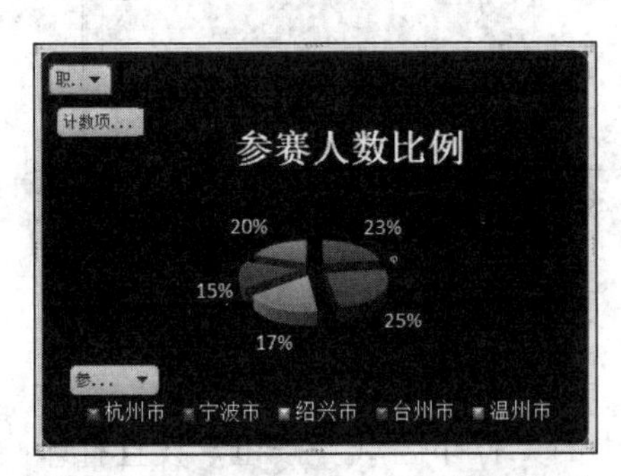

图 8-9 “参赛人数比例”图表效果图

④ 单击“数据透视图工具/布局”选项卡“标签”组中的“图例”按钮，在下拉菜单中选择“在底部显示图例”命令。

⑤ 单击“数据透视图工具/布局”选项卡“标签”组中的“数据标签”按钮，在下拉菜单中选择“其他数据标签选项”命令，弹出“设置数据标签格式”对话框，选择“标签选项”分类，选中“百分比”复选框，去掉“值”复选框，单击“关闭”按钮，图表效果如图 8-9 所示。

说 明

在数据透视表基础上做的图表，在 Excel 2010 中可以直接利用数据透视图来实现，方法与数据透视表基本相同。

（六）切片器

Excel 2010 的切片器可以进行数据透视图的联动分析，让用户能够清晰地看出各类数据的变化情况。

实验 8-1 要求 6）操作过程如下：

① 单击上题创建的图表。

② 单击“数据透视图工具/分析”选项卡“数据”组中的“插入切片器”按钮，选择“性别”，单击“确定”按钮，在原有的图表边上出现一个切片器，效果如图 8-10 所

示，用户可以选择不同性别查看图表的变化。

（七）Excel 工作表的输出

1. 页面设置

单击“页面布局”选项卡“页面设置”组中的对话框启动器按钮，弹出“页面设置”对话框，如图 8-11 所示，在其中可以设置页面的方向、页边距、添加页眉和页脚等项目。

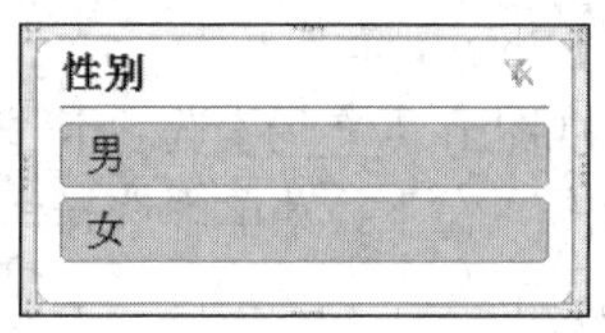

图 8-10 “性别”切片器

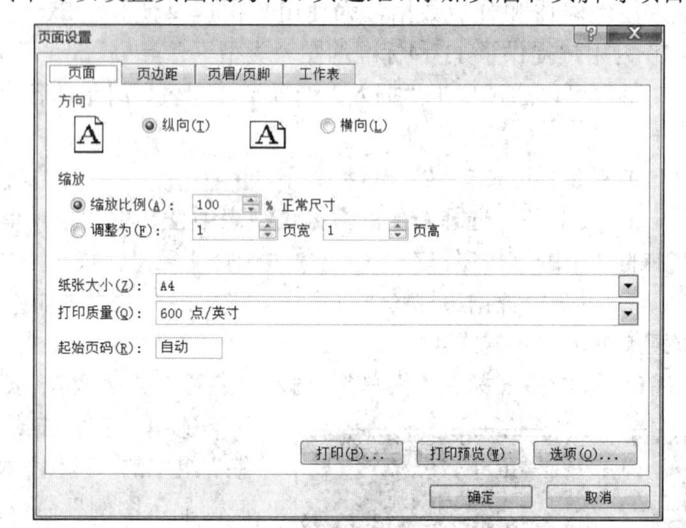

图 8-11 “页面设置”对话框

2. 打印区域设置

设置打印区域的方法有以下两种。

- 单击“页面布局”选项卡“页面设置”组中的“打印区域”按钮，设置打印区域。
- 单击“页面布局”选项卡“页面设置”组中的对话框启动器按钮，弹出“页面设置”对话框，选择“工作表”选项卡，选择要打印的区域，单击“确定”按钮。

实验 8-1 要求 7）操作过程如下：

① 单击“页面布局”选项卡“页面设置”组中的对话框启动器按钮，弹出“页面设置”对话框，选择“页面”选项卡，选择“纸张大小”为“A4”。

② 在“页面设置”对话框中选择“页边距”选项卡，勾选“居中方式”的“水平”和“垂直”复选框。

③ 在“页面设置”对话框中选择“工作表”选项卡，将打印区域设置为“A1:G127”，在“打印标题”选项组中设置顶端标题行为“A1:G1”，单击“确定”按钮。

④ 单击“文件”选项卡中的“打印”命令，单击“打印”按钮，即可在 A4 纸上打印所选择的数据区域内容。

五、课堂练习

打开 MyBook5.xlsx 文件中的工作表“销售记录表”，并完成以下操作内容。

1）计算所有产品的销售金额。

2）在“销售记录表”中按照地区的字母升序排列，地区相同时按照销售金额的降序排列。

3）将“销售记录表”中的数据清单复制到 Sheet2 中，并将 Sheet2 标签重命名为“分类汇总”，在“分类汇总”工作表中，对所有的商品进行分类统计销售总额。

4）将“销售记录表”中销售数量最多的 4 条记录复制到 Sheet3 工作表中。

5）在“销售记录表”中，筛选所有含有“干”字的商品记录，并复制到 Sheet3 工作表中。

6）将“销售记录表”中销售单价小于 30 或者折扣高于 0.09 的记录复制到新工作表 Sheet4 中。

7）在新工作表 Sheet5 中，创建一张统计各个商品的销售总金额的数据表，同时可以查看不同购货商的各个商品销售总金额。

8）在新工作表 Sheet6 中，创建有关各个地区销售总金额的“三维堆积柱形图”，图表采用“样式 40”，图表标题为“各地区销售总金额”，并且在图上显示数据，将图例设置为“在右侧覆盖图例”。为图表添加“商品名称”切片器，可以通过单击不同商品名称，在图表上显示其在各个地区的销售总金额。

9）将 Sheet4 工作表的打印纸张方向设置为“横向”，并打印预览查看。

六、思考题

1）在 Excel 中，如何向图表中添加数据？

2）在工作表中创建数据清单要符合哪些准则？

3）在 Excel 中，汉字排序时默认以内码进行排序，能否以自定义的序列排序？如何进行？

4）在 Excel 中，分类汇总前应该做什么工作？

5）在 Excel 中，分类汇总时能不能进行多种汇总方式？如何进行？

6）自动筛选中采用自定义筛选条件时，能否处理涉及多个字段的“或操作”？

实验九　PowerPoint 2010 演示文稿的制作与放映

一、实验目的

- ✧　掌握制作演示文稿的基本方法。
- ✧　掌握演示文稿的格式化与可视化技术与操作。
- ✧　掌握演示文稿的演示技术与设置。

二、预备知识

利用 PowerPoint 2010 制作演示文稿的方法；PowerPoint 2010 窗口的组成与视图方式；幻灯片的编辑；演示文稿的格式化操作技术；演示文稿的可视化操作技术；演示文稿的演示技术。

三、实验课时

建议课内 2 课时。

四、实验内容与操作过程

【实验 9-1】新建一个演示文稿，该演示文稿中包含 13 张幻灯片，具体内容如表 9-1 所示。把演示文稿保存到“E:\PPT”中，文件名为“Xihu.pptx”，操作要求如下。

1）演示文稿中，除了第一张幻灯片采用“标题”版式，其余都采用“标题和内容”版式，在每张幻灯片中输入文字，如表 9-1 所示。

2）设置标题幻灯片标题文本的字体为“华文彩云”，54 号字；副标题文本的字体为“Impact”，44 号字。设置其他各张幻灯片的标题字体为“黑体”，加粗，44 号字；设置第二张幻灯片中“西湖十景”文本的字体为“隶书”，其他文本的字体效果为“阴影”。设置第三张幻灯片的文本字体大小为 32 号字、字形为粗体，设置第四张至第十三张幻灯片的文本字体大小为 28 号字。其他有关字体的设置默认。

3）设置各张幻灯片标题的对齐方式为居中，第三张幻灯片中的文本设置为居中，其他幻灯片中文本的段落格式为默认。设置第三张幻灯片文本间行距为 1.5 倍行距；其他幻灯片文本间行距为 1.2 倍行距。

4）给第二张幻灯片中的第一段文本添加项目符号“❖”，取消其他各张幻灯片文本中的各种项目符号。

5）将演示文稿设置为“气流”主题。

6）修改“幻灯片母版”，使每张幻灯片页脚区中的各部分内容显示的字体为“隶书”、字形为“粗体”。

7）设置第三张幻灯片的版式为“垂直排列标题与文本”。

8）设置第二张幻灯片的背景填充的渐变颜色为“雨后初晴”，样式为“右下角射线”；设置第三张幻灯片的背景纹理为“白色大理石”。

9）在第四张至第十三张幻灯片中插入图片或“剪贴画”（各景点的标志性图片可到“http://www.aoohz.com/mingsheng/old10.htm”网页中下载）。

10）给各幻灯片（不包括标题幻灯片）添加建立日期（采用自动更新，格式为默认）、幻灯片编号，页脚内容为“西湖十景介绍”。

11）给第 2 张幻灯片中的“西湖十景”创建一个超链接，将其链接到“http://www.aoohz.com/mingsheng/old10.htm”网页；给第 3 张幻灯片西湖十景中的各景点建立超链接，分别链接到相应的幻灯片上。

12）在第四张至第十三张幻灯片合适的位置创建一个动作按钮，并把它链接到第三张幻灯片。

13）设置第二张幻灯片文本的预设动画为“从顶部飞入”；设置第三张幻灯片的文本设置动画为“回旋”，并设置在前一事件后自动启动动画。

14）设置第二张幻灯片的切换效果为“涟漪”；第三张幻灯片的切换效果为“自左侧擦除”；第四至第十三张幻灯片的切换效果为“中央向上下展开”。

15）设置幻灯片高度为 20cm。

16）将演示文稿保存后打包成 CD，并将 CD 命名为“西湖”。

表9-1 幻灯片样张

西湖十景 Welcome to Hangzhou	欲把西湖比西子 淡妆浓抹总相宜 西湖十景 形成于南宋时期，基本围绕西湖分布，有的就位于湖上。西湖十景各有特色，组合在一起又能代表古代西湖胜景精华。
西 湖 十 景 苏堤春晓 曲院风荷 平湖秋月 断桥残雪 柳浪闻莺 花港观鱼 雷峰夕照 双峰插云 南屏晚钟 三潭印月	1. 苏堤春晓 苏堤南起南屏山麓，北到栖霞岭下，全长近 3km，其是北宋大诗人苏东坡任杭州知州时，疏浚西湖，利用挖出的葑泥构筑而成。
2. 曲院风荷 曲院风荷以夏日观荷为主题，承苏堤春晓而居西湖十景第二位。	3. 平湖秋月 平湖秋月景区位于白堤西端，孤山南麓，濒临外西湖。

续表

4. 断桥残雪 断桥今位于白堤东端。在西湖古今诸多大小桥梁中，其名气最大。	5. 柳浪闻莺 以青翠柳色和婉转莺鸣作为公园景观基调，在沿湖长达千米的堤岸上和园路主干道路沿途栽种垂柳、狮柳、醉柳、浣沙柳等特色柳树。
6. 花港观鱼 园中花木扶疏，引水入池，蓄养五色鱼以供观赏怡情，渐成游人杂沓频频光顾之地，时称卢园又以地近花家山而名以花港。	7. 雷峰夕照 位于净慈寺前，濒湖勃然隆重起，林木葱郁。其册虽小巧玲珑，名气在湖上却是数一数二，山巅曾有吴越时建造的雷峰塔，是西湖众多古塔中最为风光也最为风流的一塔。
8. 双峰插云 南高峰与北高峰遥相对峙，迥然高于群峰之上。春秋佳日，岚翠雾白，塔尖入云，时隐时现，远望气势非同一般。	9. 南屏晚钟 山上怪石耸秀，绿树惬眼。晴好日，满山岚翠在蓝天白云的衬托下秀色可餐，遇雨雾天，云烟遮遮掩掩，山峦好像翩然起舞，缥缈空灵，若即若离。
10. 三潭印月 三潭印月岛从空中俯瞰呈现出湖中有岛，岛中有湖，水景称胜的特色在西湖十景中独具一格，为我国江南水上园林的经典之作。三潭印月景观富层次，空间多变化，建筑布局匠心独运。	

（一）PowerPoint 2010 的启动与演示文稿的创建

启动 PowerPoint 2010 后，系统将自动创建一个演示文稿。图 9-1 所示为 PowerPoint 2010 演示文稿窗口。

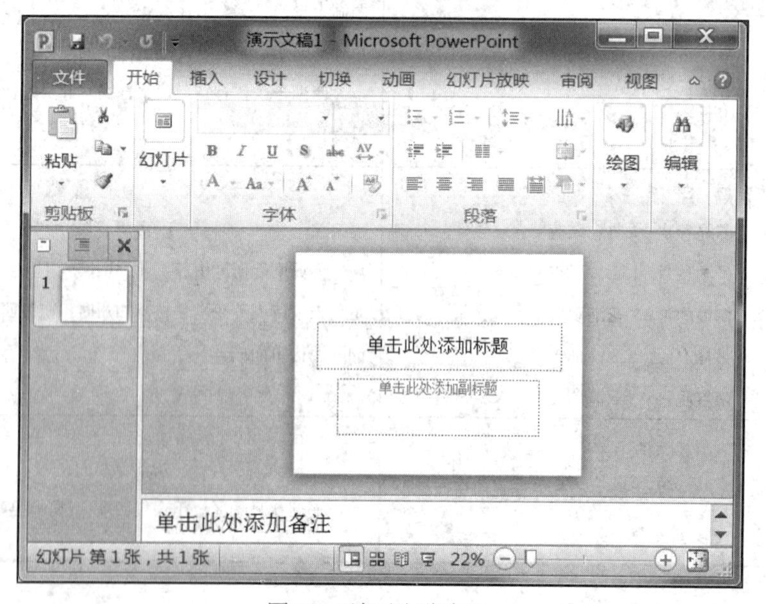

图 9-1　演示文稿窗口

（二）演示文稿的编辑

1. 幻灯片的新建

单击“开始”选项卡“幻灯片”组中的“新建幻灯片”按钮，或者按【Ctrl+M】组合键实现幻灯片的创建。

2. 幻灯片的选择

可以选择一张幻灯片或几张幻灯片。在普通视图的大纲或幻灯片窗格中，单击幻灯片标记，就可以选择一张幻灯片；若要选择几张连续的幻灯片可以先单击第一张幻灯片标记，按住【Shift】键的同时单击最后一张幻灯片标记；若选择不连续的多张幻灯片，则按住【Ctrl】键的同时选择需要的幻灯片标记。

3. 移动和复制幻灯片

移动和复制幻灯片可以使用剪贴板或采用鼠标拖动的方法完成。

4. 编辑文本

可以在普通视图中编辑幻灯片中文本，编辑时可在幻灯片窗格或大纲窗格中进行具体的操作。具体的文本编辑与 Word 中基本类似，此处不再赘述。

实验 9-1 要求 1）操作过程如下：

① 启动 PowerPoint 2010，单击“文件”选项卡中的“保存”命令，弹出“另存为”对话框，设置保存路径为“E:\PPT”，输入文件名为“Xihu.pptx”，单击“确定”按钮。

② 单击“开始”选项卡“幻灯片”组中的“新建幻灯片”按钮，在第一张幻灯片下自动添加了一张“标题和内容”版式的幻灯片。

③ 按【Ctrl+Y】组合键，重复刚才的新建操作，直到第 13 张幻灯片建立好。

④ 参考表 9-1 在每张幻灯片中输入文字。

（三）演示文稿的格式化操作

1. 文字格式化

PowerPoint 中，对某些文字的格式化主要是设置字体、字形、字号、颜色、上标、阴影等效果。其操作方法与 Word 中操作一样，单击“开始”选项卡“字体”组中的各个按钮设置，也可以通过快捷菜单中的“字体”命令，或单击“开始”选项卡“字体”组中的对话框启动器按钮，弹出“字体”对话框，如图 9-2 所示，在其中进行相关设置。

实验 9-1 要求 2）操作过程如下：

① 选中第一张幻灯片，选择标题文本“西湖十景”所在的占位符，在“开始”选项卡“字体”组中设置字体为“华文彩云”，字号为“54”。

② 选择副标题占位符，在“开始”选项卡“字体”组中设置字体为“Impact”，字号为“44”。

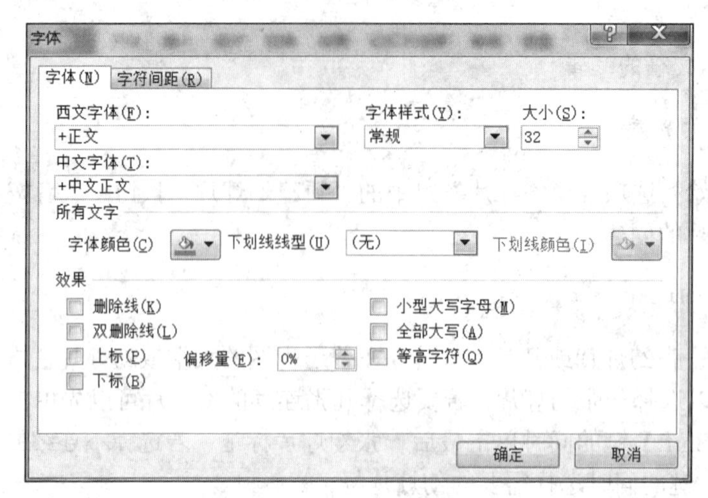

图 9-2 “字体”对话框

③ 同样的方法设置第二张幻灯片的标题都为“黑体”“加粗”“44 号”，选中第二张幻灯片标题，双击“开始”选项卡“剪贴板”组中的“格式刷”按钮，单击剩余的其他幻灯片的标题，即可完成所有标题的格式设置，单击“格式刷”按钮取消格式设置。

④ 单击“幻灯片”选项卡中的第二张幻灯片，选中文本“西湖十景”，利用前面的方法设置字体为“隶书”，选中文本框中剩余的文字，单击“开始”选项卡“字体”组中的“文字阴影”按钮 S 。

⑤ 单击“幻灯片”选项卡中的第三张幻灯片，选中整个文本框，即文本框呈实线边框，利用“开始”选项卡“字体”组中的字号 32 和加粗按钮 B 完成设置。

⑥ 同样的方法，利用格式刷完成第四张至第十三张幻灯片的文本字号的设置。

2. 标题的对齐方式

幻灯片中的文字一般属于不同级别的标题，它相当于 Word 中的段落。用户可以利用“开始”选项卡“段落”组中的按钮进行设置。

3. 行距及段前、段后间距

设置行距及段前、段后间距，可以将光标移至要设置的标题上，或选择要设置的若干个标题，单击“开始”选项卡“段落”组中的“行距”按钮，在下拉菜单中选择行距值，也可以在下拉菜单中选择“行距选项”命令，弹出“段落”对话框，输入行距、段前或段后间距后单击“确定”按钮。

实验 9-1 要求 3）操作过程如下：

① 单击“开始”选项卡“段落”组中的对齐按钮和格式刷按钮，可以将所有幻灯片的标题设置为“居中”。

② 单击“幻灯片”选项卡中的第三张幻灯片，选中文本框，单击“开始”选项卡“段落”组中的“居中”按钮，单击“开始”选项卡“段落”组中的“行距”按钮，在下拉菜单中选择“1.5”。

③ 单击“幻灯片”选项卡中的第四张幻灯片，选中文本框，单击“开始”选项卡“段落”组中的“行距”按钮，在下拉菜单中选择“行距选项”命令，弹出“段落”对话框，设置行距为“多倍行距”，设置值为“1.2”，单击“确定”按钮。双击“格式刷”按钮，单击第五张到第十三张幻灯片的文本框，即可将其余的幻灯片设置完毕。同样的方法，将第二张幻灯片的文本间距设置为1.2。

4. 项目符号与编号

项目符号与编号用于对一些重要条目进行标注或编号，PowerPoint的每个标题行左端往往采用项目符号形式，用户可以为选定的标题添加项目符号或编号。

实验9-1要求4）操作过程如下：

① 选中第二张幻灯片文本框中的第一段文本，单击“开始”选项卡“段落”组中的“项目符号”按钮，在下拉菜单中选择“项目符号和编号”命令，弹出“项目符号和编号”对话框，选择“项目符号”选项卡，单击“自定义”按钮，弹出“符号”对话框，在“字体”下拉列表框中选择“Wingdings”，在图库中找到❖图案，单击“确定”按钮返回“项目符号和编号”对话框，再次单击“确定”按钮。该文本前的项目符号已经修改完毕。

② 单击“幻灯片”选项卡中的第三张幻灯片，选中文本框，单击“开始”选项卡“段落”组中的“项目符号”按钮。

③ 同样的方法可以将其他幻灯片的项目符号取消。

（四）设计外观统一的演示文稿

1. 主题

主题是控制演示文稿统一外观的最有效、快捷的方法。在制作幻灯片的过程中，用户可以根据幻灯片的制作内容及演示效果随时更改幻灯片的主题。PowerPoint为用户提供了24种主题，用户可以自定义主题，即可以在“设计”选项卡“主题”组中自定义主题中的颜色、字体和效果。

实验9-1要求5）操作过程如下：

① 单击“幻灯片”选项卡中的任一张幻灯片。

② 单击“设计”选项卡“主题”组中的“其他”按钮，在下拉菜单中选择“内置”|“气流”主题。

2. 母版

母版是模板的一部分，主要用来定义演示文稿中所有幻灯片的格式，其内容主要包括文本与对象在幻灯片中的位置、文本与对象占位符的大小、文本样式、效果、主题颜色、背景等信息。PowerPoint中的母版有幻灯片母版、讲义母版和备注母版。

单击“视图”选项卡“母版视图”组中的“幻灯片母版”命令，切换到“幻灯片母版”窗格，可以对演示文稿进行占位符格式的更改、文本格式的更改、层次文本项目符号的更改以及页眉和页脚的设置等。

实验 9-1 要求 6）操作过程如下：

① 单击“视图”选项卡“母版视图”组中的“幻灯片母版”命令，“幻灯片”窗格切换成“幻灯片母版”窗格。

② 选择第一张幻灯片，选中幻灯片中页脚区的各个占位符，利用“开始”选项卡“字体”组中的按钮设置字体为“隶书”，字形为“加粗”。

③ 单击“幻灯片母版”选项卡“关闭”组中的“关闭母版视图”按钮。

3. 幻灯片版式

创建新幻灯片时，用户可以从预先设计好的幻灯片版式中进行选择。版式内容包括标题、文本和图表等占位符，可根据需要进行修改。应用新版式后，所有幻灯片中原有内容不会改变，但会被重新排列。用户可移动或重置占位符的大小和格式，使它与幻灯片母版不同。

实验 9-1 要求 7）操作过程如下：

① 单击“幻灯片”选项卡中的第三张幻灯片。

② 单击“开始”选项卡“幻灯片”组中的“版式”按钮，在下拉菜单中选择“垂直排列标题与文本”版式。

4. 背景样式

用户可以更改幻灯片的颜色、阴影、图案或纹理，来改变幻灯片的背景。用户也可以使用图片作为幻灯片背景，不过在一张幻灯片中只能使用一种背景类型。

实验 9-1 要求 8）操作过程如下：

① 单击“幻灯片”选项卡中的第二张幻灯片，单击“设计”选项卡“背景”组中的“背景样式”按钮，在下拉菜单中选择“设置背景格式”命令。

② 在弹出的“设置背景格式”对话框中，选中“填充”分类中的“渐变填充”单选按钮，设置“预设颜色”为“雨后初晴”，设置“类型”为“射线”，设置“方向”为“右下角”，单击“关闭”按钮。

③ 单击“幻灯片”选项卡中的第三张幻灯片，单击“设计”选项卡“背景”组中的“背景样式”按钮，在下拉菜单中选择“设置背景格式”命令。

④ 在弹出的“设置背景格式”对话框中，选中“填充”分类中的“图片或纹理填充”单选按钮，设置“纹理”为“白色大理石”，单击“关闭”按钮。

说 明

若只将背景格式应用于当前幻灯片，则可以单击“关闭”按钮，若要将背景应用于全部幻灯片，则单击“全部应用”按钮。

5. 模板

设计模板包含配色方案、具有一定格式的幻灯片和标题母版以及字体样式，可以用来创建特殊的外观。一般演示文稿的模板都是在新建演示文稿时应用的。

（五）添加可视化项目

用户可以在幻灯片窗格中对显示的幻灯片添加图形、图表、图片、剪贴画、表、公式、页脚等项目。在添加之前，先将要操作的幻灯片显示在当前幻灯片窗格中，方法和操作过程与 Word 中操作一样。

实验 9-1 要求 9）操作过程如下：

① 单击“幻灯片”选项卡中的第四张幻灯片。

② 单击“插入”选项卡“图像”组中的“图片”按钮，选择 images 文件夹下的 stcx.jpg 文件，单击“插入”按钮。

③ 调整图片大小，以适合幻灯片。

④ 同样的方法将剩余的幻灯片都插入相应的图片。

实验 9-1 要求 10）操作过程如下：

① 单击“插入”选项卡“文本”组中的“页眉和页脚”按钮，弹出“页眉和页脚”对话框。

② 在“页眉和页脚”对话框的“幻灯片”选项卡中，选中“日期和时间”复选框，选中“幻灯片编号”复选框，选中“页脚”复选框，并在文本框中输入“西湖十景介绍”，选中“标题幻灯片中不显示”复选框，单击“全部应用”按钮。

（六）创建超链接

1. 超链接

PowerPoint 允许用户在演示文稿中添加超链接，通过该超链接跳转到不同的位置。单击“插入”选项卡“链接”组中的“超链接”按钮创建超链接。

实验 9-1 要求 11）操作过程如下：

① 选中第二张幻灯片中的文字“西湖十景”，单击“插入”选项卡“链接”组中的“超链接”按钮，弹出“插入超链接”对话框。

② 在“插入超链接”对话框的“地址”文本框中输入网址“http://www.aoohz.com/mingsheng/old10.htm”，如图 9-3 所示，单击“确定”按钮。

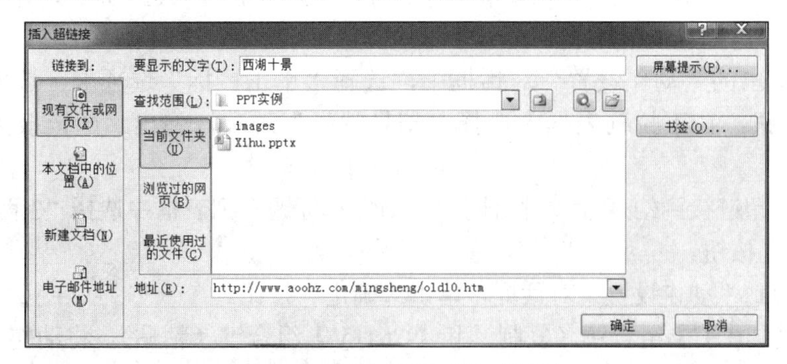

图 9-3 “插入超链接”对话框

③ 选中第三张幻灯片中的文字“南屏晚钟”，单击“插入”选项卡“链接”组中的“超链接”按钮，弹出“插入超链接”对话框。

④ 在“插入超链接”对话框中，选择“链接到”分类为“本文档中的位置”，选择对应的第十二张幻灯片，如图 9-4 所示，单击“确定”按钮。

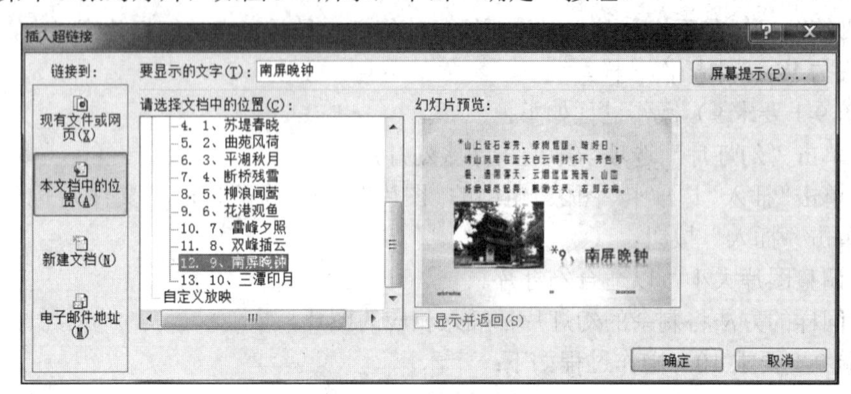

图 9-4　链接到“本文档中的位置”对话框

⑤ 用同样的方法给第三张幻灯片中的各个景点建立超链接。

说　明

超链接可以链接到“原有文件或 Web 页”、链接到“本文档中的某张幻灯片”、链接到“电子邮件地址”等。

2. 动作按钮

PowerPoint 提供了一些动作按钮，单击“开始”选项卡“插图”组中的“形状”按钮，在下拉菜单中选择动作按钮分类中的按钮插入到演示文稿的某些对象中，单击该对象或者鼠标悬浮在该对象上时可以执行操作。

实验 9-1 要求 12）操作过程如下：

① 单击“幻灯片”选项卡中的第四张幻灯片，单击“开始”选项卡“插图”组中的“形状”按钮，在下拉菜单中选择“动作列表”分类中的“上一张”动作按钮，利用鼠标在幻灯片适当位置拖放。

② 在弹出的“动作设置”对话框中，选择“单击鼠标”选项卡，选中“超链接到”单选按钮，在下拉列表框中选择“幻灯片…”选项，弹出“超链接到幻灯片”对话框。

③ 在“超链接到幻灯片”对话框的“幻灯片标题”列表框中选择“3.西湖十景”，单击“确定”按钮。

④ 返回到“动作设置”对话框，单击“确定”按钮。

⑤ 按【Ctrl+C】组合键（复制）和【Ctrl+V】组合键（粘贴），将动作按钮复制到第五张至第十三张幻灯片。

提 示

删除动作按钮的方法十分方便，只要选择动作按钮，按【Delete】键即可。

（七）设置动画效果

动画是可以添加到文本或其他对象（如图表、图片等）的特殊视听效果，用以突出重点或增加演示文稿的趣味性。用户可以利用“动画”选项卡中的按钮实现对幻灯片对象添加动画效果。

实验 9-1 要求 13）操作过程如下：

① 选中第二张幻灯片中的文本框，单击“动画”选项卡“动画”组中的“飞入”按钮，单击“动画”选项卡“动画”组中的“效果选项”按钮，在下拉菜单中选择“自顶部”命令。

② 选中第三张幻灯片中的文本框，单击“动画”选项卡“动画”组中的“其他”按钮，在下拉菜单中选择“更多进入效果...”命令，弹出“更多进入效果”对话框。

③ 在该对话框中选择“温和型”分类中的“回旋”效果，单击“确定”按钮。

④ 单击“动画”选项卡“高级动画”组中的“动画窗格”按钮，在“动画窗格”中右击“内容占位符”，在弹出的快捷菜单中选择“从上一项之后开始”命令。

说 明

在“动画窗格”中，可以对动画的播放顺序、时间、效果等进行设置。

（八）设置幻灯片切换效果

幻灯片切换是将一些特殊效果应用于幻灯片放映时引入的形式，用户可以选择各种不同的切换效果并改变其速度。用户还可以选择幻灯片的切换方式。

实验 9-1 要求 14）操作过程如下：

① 选中幻灯片选项中的第二张幻灯片，单击“切换”选项卡“切换到此幻灯片”组中的“其他”按钮，在下拉菜单中选择“华丽型”分类中的“涟漪”效果。

② 选中幻灯片选项中的第三张幻灯片，单击“切换”选项卡“切换到此幻灯片”组中的“其他”按钮，在下拉菜单中选择“细微型”分类中的“擦除”效果，单击“切换”选项卡“切换到此幻灯片”组中的“效果选项”按钮，在下拉菜单中选择“自左侧”命令。

③ 选中幻灯片选项中的第四张幻灯片，单击“切换”选项卡“切换到此幻灯片”组中的“分割”按钮，单击“切换”选项卡“切换到此幻灯片”组中的“效果选项”按钮，在下拉菜单中选择“中央向上下展开”命令。同样的方法将第五张至第十三张幻灯片切换都设置为相同的效果。

说　明

在幻灯片放映时，若需要不显示某些幻灯片，可以将幻灯片隐藏。在幻灯片选项视图中右击幻灯片，在弹出的快捷菜单中选择“隐藏幻灯片”命令即可。

（九）页面设置

与 Word 和 Excel 一样，页面设置用于为当前正在编辑的文件设置纸张大小、页面方向和打印的起始幻灯片。

实验 9-1 要求 15）操作过程如下：

① 单击“设计”选项卡“页面设置”组中的“页面设置”命令，弹出“页面设置”对话框。

② 在“页面设置”对话框中设置高度为“20”厘米，单击“确定”按钮。

（十）分发演示文稿

用户可以将演示文稿通过 CD、电子邮件、视频等形式共享于同事和朋友。

实验 9-1 要求 16）操作过程如下：

① 单击“文件”选项卡中的“保存并发送”命令。

② 在右侧窗格中单击“将演示文稿打包成 CD”｜“打包成 CD”按钮，弹出“打包成 CD”对话框。

③ 在该对话框的“将 CD 命名为”文本框中输入“西湖”，单击“复制到 CD”按钮。

五、课堂练习

建立一个至少含有 6 张幻灯片的演示文稿文件“家乡.pptx”。要求第一张为标题幻灯片，标题为“我的家乡”，副标题为“——××・××”（例如：浙江・杭州）；第二张幻灯片的标题为第一张幻灯片的副标题，文本为使用项目符号的各项目：“家乡的地理位置”“家乡的人文”“家乡的山水”“家乡的特产”等；第三张以后的幻灯片分别对以上项目内容作介绍。完成后，将演示文稿“家乡.pptx”保存在“E:\作业\PPT”中。并对演示文稿进行以下设置。

1）为各张幻灯片标题、文本设置字体、字形、大小；设置段落的对齐方式；行距设置以及项目符号或编号的设置。使每张幻灯片版面视觉效果美观、得体。

2）为演示文稿设置外观。包括主题、母版、版式与背景。

3）在演示文稿的某些幻灯片中添加一些可视化项目，如图片、剪贴画、自选图形等。

4）在幻灯片中设置一些超链接或动作按钮，通过这些链接能跳转到不同的位置。

5）给幻灯片中的文字或图片设置动画。

6）设置幻灯片放映时的切换效果。

六、思考题

1）在你的学习与生活中，请列举 PowerPoint 的应用场合。

2）PowerPoint 2010 提供了哪些视图方式，各能进行哪些操作？

3）PowerPoint 有多个动作按钮，其默认的链接不完全相同，请列举几个动作按钮的默认链接。

4）如何创建“自定义放映”，如何放映“自定义放映”？

5）简述设置自定义动画的操作步骤。

实验十　计算机网络设置

一、实验目的

✧　了解双绞线的制作方法。
✧　了解网卡的安装过程和步骤。
✧　掌握网络协议的安装方法、TCP/IP 参数的设置。
✧　掌握网络主机的表示方法，学会利用网络主机访问共享资源。

二、预备知识

网络的概念、功能与分类，网络协议及体系结构；网络的硬件、软件组成；IP 地址的概念与域名地址的概念，子网的掩码；主机的标识与资源共享。

三、实验课时

建议课内 1～2 课时。

四、实验内容与操作过程

（一）网线的制作

目前局域网中常用的通信介质是双绞线。双绞线的制作过程如下：

① 用压线钳上的剥线刀在距离双绞线端点 2cm 处绕线割一圈，将绝缘外皮剥下，露出四对双绞线。四对双绞线中的每条芯线都标有特别的颜色，根据 EIA/TIA 568B 标准依次将 8 根线理顺，颜色顺序为“白橙”“橙”“白绿”“蓝”“白蓝”“绿”“白棕”“棕”。

② 将网线剪齐并插入 RJ-45 接头中，注意一定要插到底，再将 RJ-45 接头插入压线钳的压线槽中，把压线钳一压到底即可。

③ 同样制作双绞线的另一端。

（二）网卡及网卡驱动的安装

1. 网卡的安装

① 断开电源，打开机箱。
② 选择主板上合适的插槽，去除插槽后面的挡板。
③ 将网卡插入该插槽中。

说 明

插入网卡时必须注意用力必须均衡。

④ 用螺钉固定好网卡，盖好机箱。

2. 网卡驱动的安装

网卡安装完成后，打开计算机主机电源，系统将自动找到新硬件（网卡），对于当今流行的硬件系统自动查找和安装新硬件的驱动程序，并给予安装成功提示。

网卡驱动程序安装完成后，选择“开始”|“控制面板”命令，打开“控制面板”窗口，单击“设备管理器”超链接，打开“设备管理器”窗口，从中可以找到刚安装好的网卡，如图 10-1 所示。

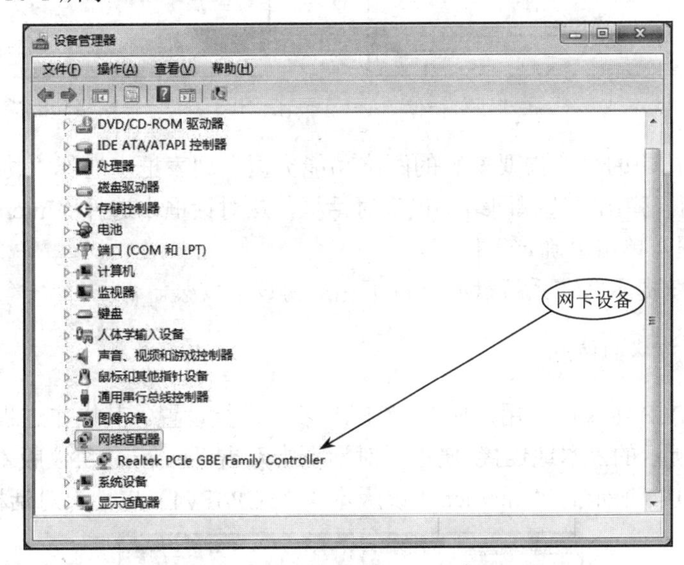

图 10-1 “设备管理器”窗口

（三）TCP/IP 协议的安装与配置

1. TCP/IP 协议的安装

Windows 7 操作系统安装完成后，TCP/IP 协议已自动安装完成。若用户的计算机已删除了 TCP/IP 协议，其安装过程如下：

① 打开“控制面板”窗口，单击“网络和共享中心”超链接，打开“网络和共享中心”窗口，单击“更改适配器设置”超链接，打开“网络连接”窗口。

② 右击“本地连接”图标，在弹出的快捷菜单中选择“属性”命令，弹出“本地连接属性”对话框（在“此连接使用下列项目”列表框中查看是否存在“Internet 协议版本 4（TCP/IP）”协议，如果已经存在说明已经安装完成，否则进入下一步），如图 10-2 所示。

③ 在“本地连接属性”对话框中，单击“安装”按钮，弹出图 10-3 所示的“选择

网络功能类型”对话框。

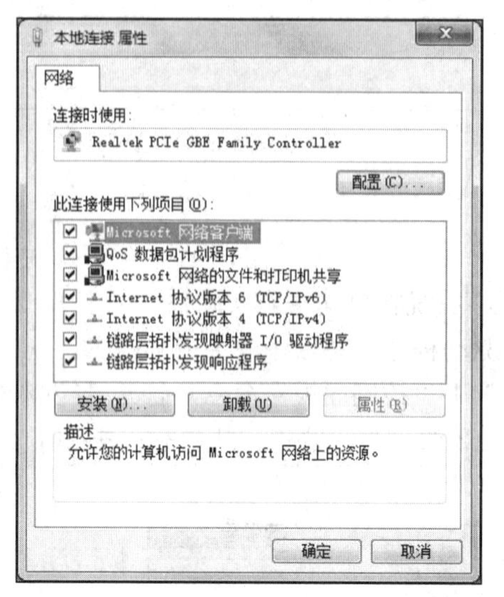

图 10-2 “本地连接 属性”对话框

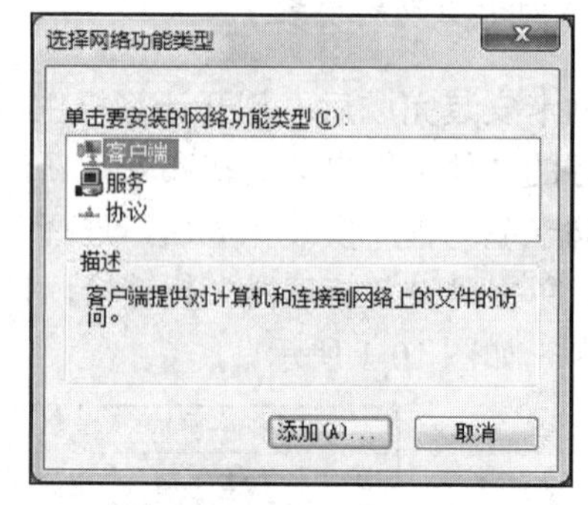

图 10-3 “选择网络功能类型”对话框

④ 在对话框中的“单击要安装的网络功能类型”列表框中选择“协议”选项，单击“添加”按钮，弹出“选择网络协议”对话框，从对话框中选择“Internet 协议版本 4（TCP/IP）”选项，单击“确定”按钮。

⑤ 根据系统提示并在系统盘的支持下完成协议的安装。

2. TCP/IP 协议的设置

安装完 TCP/IP 协议后，用户应对 TCP/IP 参数进行设置。其操作过程如下：

在图 10-2 所示的“本地连接 属性”对话框中双击“Internet 协议版本 4（TCP/IP）”项目，弹出图 10-4 所示的“Internet 协议版本 4（TCP/IPv4）属性”对话框。

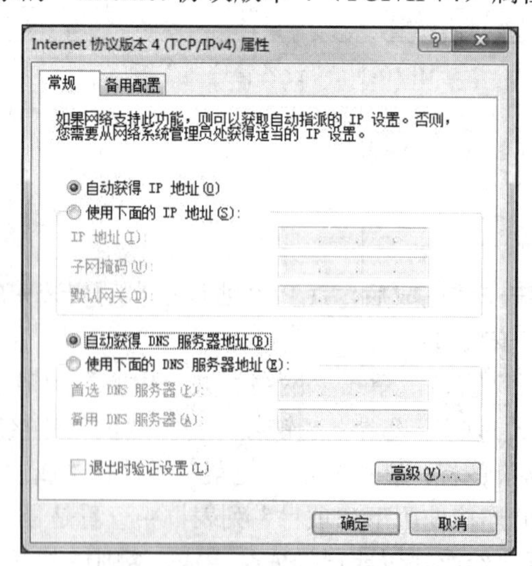

图 10-4 “Internet 协议版本 4（TCP/IPv4）属性”对话框

在局域网中，一般将 IP 地址设置为固定地址，IP 地址为 10.20.k.n（其中 k 为楼层与机房号的组合：73 即为七楼 3 号机房；n 为计算机编号）、子网掩码为 255.255.255.0、默认网关和首选 DNS 服务器的 IP 地址须询问机房管理人员或上课指导教师。

若要为网卡绑定多个 IP 地址，则在图 10-4 中单击“高级”按钮，弹出“高级 TCP/IP 设置”对话框，单击“添加”按钮，依次输入多个 IP 地址即可。

全部设置完成，单击“确定”按钮关闭所有对话框，用户不需重新启动计算机即可使所有的参数设置生效。

(四) 添加网络客户与网络服务

与添加“协议”类似，在“本地连接属性”对话框中单击“安装”按钮，弹出 “选择网络功能类型”对话框，选择需安装的网络功能类型后单击“添加”按钮，即可完成添加“网络服务”“网络客户端”等操作。

常用的客户端为“Microsoft 网络客户端”，常用的服务为“Microsoft 网络的文件和打印机共享”。

(五) 更改计算机标识

更改计算机标识的操作过程如下：

① 在“控制面板”窗口中单击“系统”超链接，打开“系统”窗口，单击“高级系统设置”超链接，弹出“系统属性”对话框，选择“计算机名”选项卡，如图 10-5 所示，用户可以查看计算机名、工作组名等信息。

② 单击“更改”按钮，弹出图 10-6 所示的“计算机名/域更改”对话框，用户可以设置计算机名、隶属域或工作组名。如果想让自己的计算机成为 Windows 网络或用户中的一台工作站，需选择“隶属于域”，然后输入域名；如果只是普通连接网络可以指定工作组的名称。

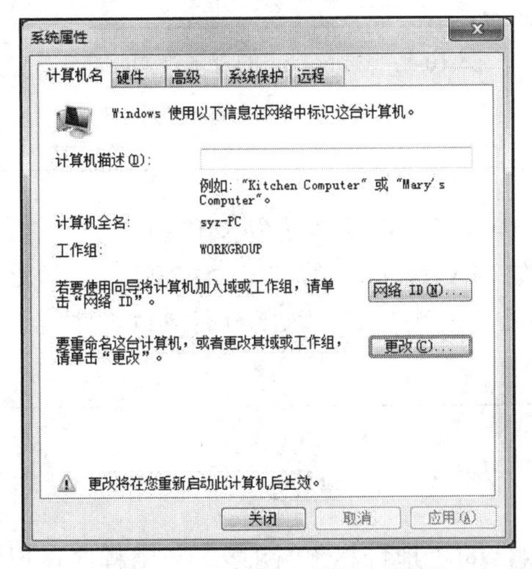

图 10-5 “系统属性”对话框

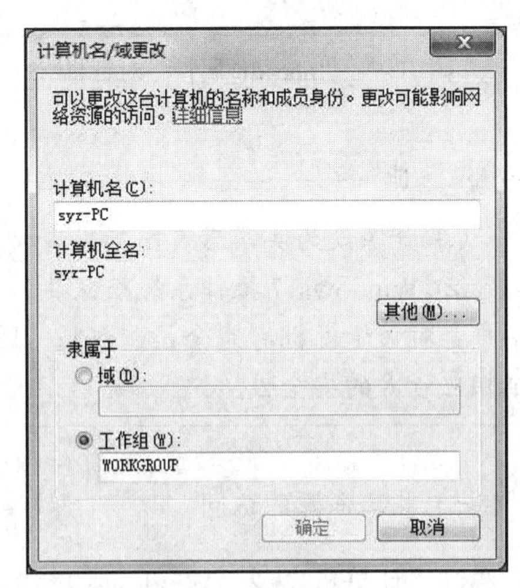

图 10-6 “计算机名/域更改”对话框

（六）设置共享资源

安装并设置好网络组件之后，可以将计算机中的资源设置为共享，供网络中其他计算机用户使用。共享资源可以是磁盘、硬盘分区、文件夹及打印机等，也可以直接使用系统默认的共享资源。设置共享资源的过程如下：

① 打开“计算机”或“Windows 资源管理器”，右击磁盘、硬盘分区、文件夹或打印机（如文件夹“abc_dir”），在弹出的快捷菜单中选择“属性”命令，弹出“abc_dir 属性”对话框，选择“共享”选项卡，如图 10-7 所示。

② 为该共享设置相应的访问控制权限。单击“高级共享”按钮，弹出“高级共享”对话框，单击“权限”按钮，弹出图 10-8 所示的“abc_dir 的权限”对话框，添加允许访问的用户或用户组，根据需要设置访问权限（完全控制、更改及读取），设置完成后单击“确定”按钮返回。

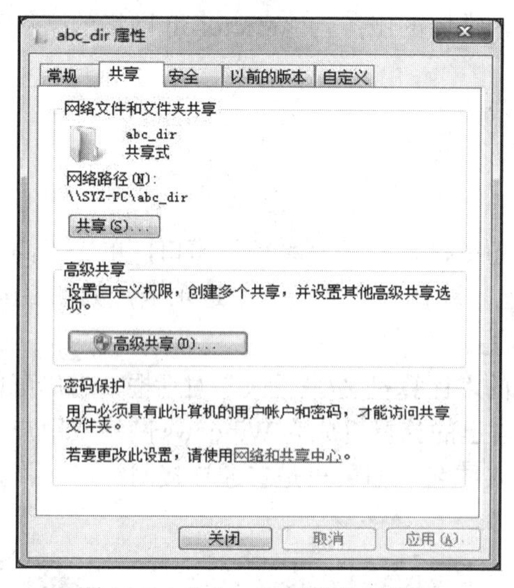

图 10-7 “abc_dir 属性”对话框

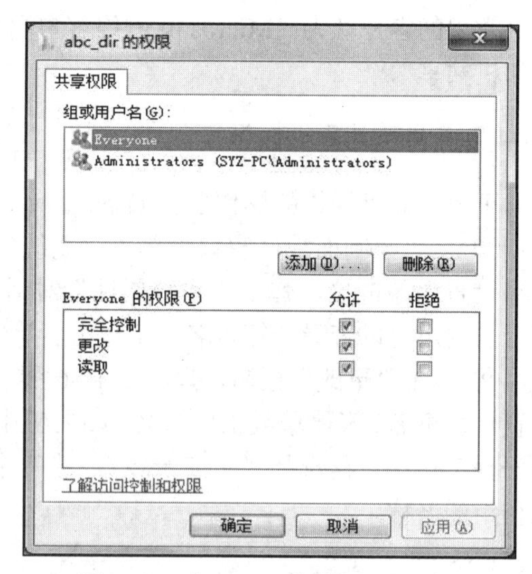

图 10-8 “abc_dir 的权限”对话框

说　明

① 资源设为共享后其图标变成“ ”，比一般资源多一个锁形标记。

② Windows 7 操作系统默认共享权限为“Everyone”的“完全控制”，即任意用户都对该资源拥有完全控制权限。因此，用户必须对这一权限进行更改，才能保证相应资源的安全性。

（七）共享资源的访问

通过“计算机”或“Windows 资源管理器”的“地址栏”“网络”应用程序可以实现对共享资源的访问。

1. 通过“计算机”或“Windows 资源管理器”访问

（1）利用“Windows 资源管理器”的地址栏

打开“计算机”或“Windows 资源管理器”窗口，在“地址栏”中输入主机标识（IP 地址或计算机名）及共享资源名即可访问共享资源。如访问 IP 地址为 10.20.10.214 计算机上的共享资源“abc_dir”，只要在地址栏中输入“\\10.20.10.214\abc_dir”即可，结果如图 10-9 所示。

（2）利用“Windows 资源管理器”左窗格中的“网络”超链接

打开“计算机”或“Windows 资源管理器”窗口，单击“网络”超链接，弹出如图 10-10 所示的窗口，双击列表中的目标计算机名，在打开计算机的共享资源中选择“abc_dir”图标，即可显示并访问该资源中的内容。

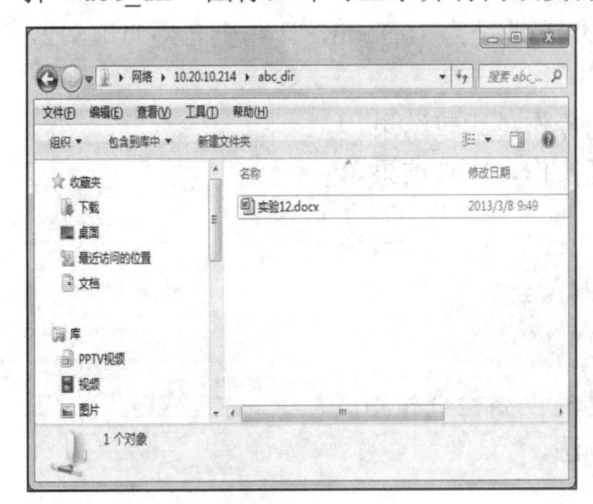

图 10-9 通过“资源管理器”窗口访问共享资源

图 10-10 通过“网络”应用程序访问共享资源

2. 使用桌面上“网络”应用程序访问

其操作过程与利用“资源管理器”左窗格中的“网络”超链接操作完全相同。

（八）禁用、启用和查看网络连接

Windows 7 操作系统允许在不重新启动计算机的情况下禁用或启用网络连接。其操作过程如下：

打开“控制面板”窗口，单击“网络和共享中心”超链接，打开“网络和共享中心”窗口，单击“更改适配器设置”超链接，打开“网络连接”窗口。

双击该窗口中的“本地连接”图标，弹出图 10-11 所示的“本地连接 状态”对话框，用户可以查看当前的连接状态，也可以设置“启用”或“禁用”本地连接。

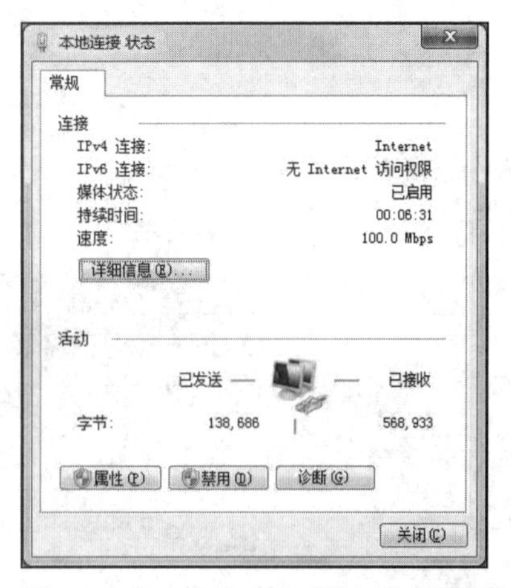

图 10-11 “本地连接 状态”对话框

五、课堂练习

1）检查网络协议的安装情况，若系统中“TCP/IP 协议”没有安装，请安装这一协议。

2）设置 TCP/IP 属性。要求：IP 地址为 10.20.x.n（其中 x 为楼层及机房号，n 为计算机编号），子网掩码为 255.255.0.0。

3）检查 GUEST 用户是否可用，若被“停用”请更改为可用状态。

4）将计算机名设为 DJKSn（n 为自己学号的最后两位），工作组为“2013 级**班”（**为你的专业及班级号）。

5）在 E:盘上创建一个文件夹，名称为“个人文件夹”，并设置为共享，共享名为“n 的个人空间”（其中 n 为你使用的计算机编号），共享权限为“Everyone”的“只读”。

6）通过“计算机”或“Windows 资源管理器”或“网络”访问 12 号计算机的个人空间。根据前面规定的设置规律，目标主机的 IP 地址为 10.1.x.n，计算机名为 DJKS12，共享名为“12 的个人空间”。

7）将“本地连接”停用，再进行第 6 题操作，比较结果。

8）将“本地连接”启用，再进行第 6 题操作，比较结果。

六、思考题

1）如何使用系统的默认共享？

2）如何关闭系统的默认共享？

3）如何使用 Ping 命令和 Ipconfig 命令进行网络检查和测试？

4）了解网络服务器的共享空间的使用方法。

5）使用 NET 命令访问共享资源。

实验十一　FTP 服务器的创建和设置

一、实验目的

✧　掌握 Windows 下 FTP 服务器的安装与配置方法。
✧　了解命名 FTP 和匿名 FTP 的区别。
✧　掌握一种使用第三方软件（Serv-U）架构 FTP 服务器的方法。
✧　掌握使用前端工具访问 FTP 服务。
✧　掌握 FTP 的上传和下载操作。

二、预备知识

1. 计算机网络的基本概念

网络协议、IP 地址等概念客户机/服务器模式；FTP 服务访问方式。

2. FTP 的常用命令

FTP 命令是 Internet 用户使用最频繁的命令之一，不论是在 DOS 还是 UNIX 操作系统下使用 FTP，都会遇到大量的 FTP 内部命令。熟悉并灵活应用 FTP 的内部命令，可以大大方便使用者，并收到事半功倍之效。

① Dir：查看 FTP 服务器中的文件及目录（文件夹，下同），用 ls 命令只可以查看文件。

② Mkdir：在 FTP 服务器当前目录下建立子目录。

③ cd：进入子目录，cd 命令可以进入当前目录的下一级目录，这跟 DOS 一样。

④ get：将 FTP 服务器默认目录中的指定文件下载到当前目录。可以用“mget *.*”将所有文件下载到当前目录。

⑤ put：将当前目录中的文件上传到 FTP 服务器默认目录。可以用“mput *.*”将所有文件上传到 FTP 服务器默认目录中。

⑥ delete：删除指定的文件。

⑦ bye：退出 FTP 服务器。

⑧ pwd：查看 FTP 服务器的当前目录。

⑨ lcd：定位本地计算机的目录。

⑩ ？：查看更多的命令。

三、实验课时

建议课内 1～2 课时。

四、实验内容与操作过程

（一）获得本地计算机 FTP 服务器的 IP 地址

获得本地计算机 FTP 服务器的 IP 地址，主要有以下两种方法。

① 在 FTP 服务器端选择“开始”|“所有程序”|“附件”|“命令提示符”命令，打开图 11-1 所示的“命令提示符”窗口。在命令行中输入 Ipconfig 命令，按【Enter】键可以查看 FTP 服务器的 IP 地址。

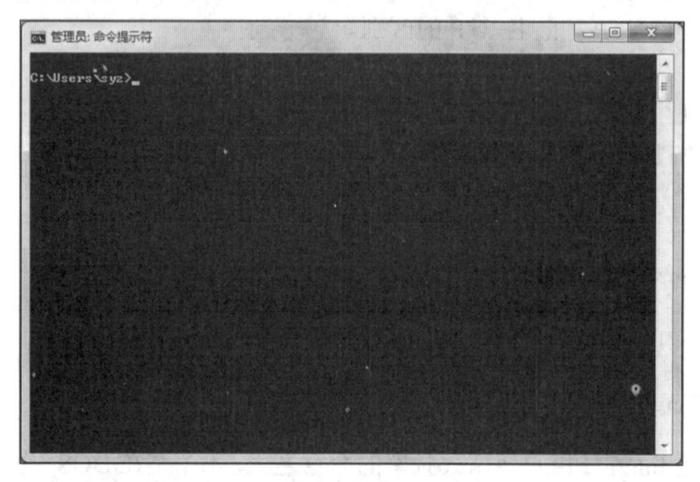

图 11-1　Windows 7“命令提示符”窗口

② 在“控制面板”窗口中，单击“网络和共享中心”超链接，打开“网络和共享中心”窗口，单击“更改适配器设置”超链接，打开“网络连接”窗口，右击“本地连接”图标，在弹出的快捷菜单中选择“属性”命令，弹出“本地连接属性”对话框，在“网络”选项卡中双击“Internet 协议版本 4（TCP/IP）”选项，弹出“Internet 协议版本 4（TCP/IP)属性”对话框，可以看到 FTP 服务器的 IP 地址。

（二）在 FTP 服务器端用 Serv_U 架构 FTP 服务器

在网上下载 FTP 服务器软件 Serv_U14.0 安装软件包，然后进行安装。其安装与配置过程如下：

① 双击下载的 Serv-U 安装程序，系统进入安装向导，首先选择安装期间所使用的语言，然后显示 Serv-U 的安装信息提示，单击“下一步”按钮。

② 在“许可协议”对话框中选择“我接受协议”后单击“下一步”按钮。

③ 在“选择目标位置”对话框中，设置 Serv-U 的安装目录，如图 11-2 所示。用户可单击“浏览”按钮修改默认安装路径（图中安装路径设置为 D:盘上的相应目录）。单击“下一步”按钮继续。

④ 在“选择开始菜单文件夹”对话框中，将 Serv-U 安装在“开始”|“所有程序”|“Serv-U FTP Server”组中并创建快捷方式，单击“下一步”按钮继续。

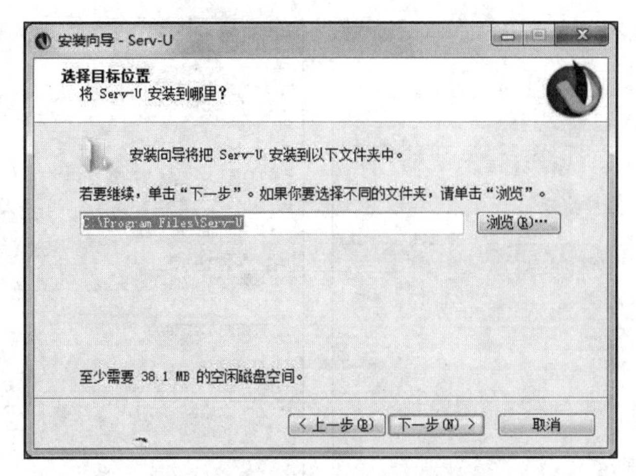

图 11-2 设置 Serv-U 的安装目录

⑤ 在“选择附加任务”对话框中，选择所需要的附加任务后，单击“下一步”按钮进入“准备安装”对话框，单击“安装”按钮开始安装。

⑥ 安装程序将弹出“Windows 防火墙”对话框与“通用即插即用（UPnP）”对话框，用户可按默认设置（这一步不同的网络环境会有所不同），单击“下一步”按钮，安装程序弹出“完成 Serv-U 安装”对话框，单击“完成”按钮。

如果在以上安装过程中，单击“完成”按钮前选中“启动 Serv-U 管理控制台”复选框，系统将进入“新建域向导”，具体操作过程如下：

① 进入管理控制台界面会自动弹出“新建域向导”窗口，系统提示“当前没有已定义的域，你是否现在定义新域？”信息，单击“是”按钮继续。

② 在弹出的“域向导-步骤 1 总步骤 4”对话框（见图 11-3）中给域指定一个名字（如“zjyftp”），单击“下一步”按钮继续。

③ 在“域向导-步骤 2 总步骤 4”对话框中显示“请选择域应该使用的协议及相应的端口”，保持默认值，单击“下一步”按钮。

④ 进入“域向导-步骤 3 总步骤 4”对话框，如图 11-4 所示。此时设置 FTP 服务器 IP 地址，可保持默认设置。单击“下一步”按钮继续。

⑤ 进入“域向导-步骤 4 总步骤 4”对话框，如图 11-5 所示，设置密码加密模式后单击“完成”按钮。

⑥ 弹出的对话框中提示“域中暂无用户，是否现在为该域创建用户账户”，单击“是”按钮，进入创建用户账户向导，弹出图 11-6 所示的“用户向导-步骤 1 总步骤 4”对话框，在“登录 ID”文本框中输入“stud”，单击“下一步”按钮。

⑦ 进入“用户向导-步骤 2 总步骤 4”对话框（见图 11-7），输入密码（如“123456”），单击“下一步”按钮。

⑧ 进入“用户向导-步骤 3 总步骤 4”对话框（见图 11-8），设置用户访问的根目录。单击“下一步”按钮继续。

域向导 - 步骤 1总步骤 4

欢迎使用 Serv-U 域向导。本向导将帮助您在文件服务器上创建域。

每个域名都是唯一的标识符，用于区分文件服务器上的其他域。

名称:

域的说明中可以包含更多信息。说明为可选内容。

说明:

启用域

下一步>> 取消

图 11-3 “域向导-步骤 1”对话框

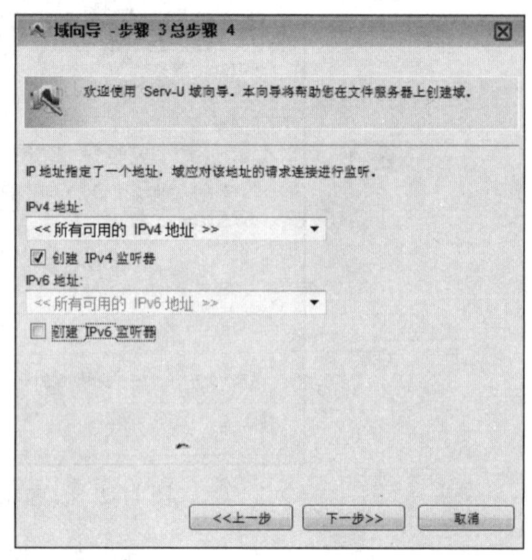

图 11-4 “域向导-步骤 3”对话框

域向导 - 步骤 4总步骤 4

欢迎使用 Serv-U 域向导。本向导将帮助您在文件服务器上创建域。

Serv-U 能够恢复密码（使用电子邮件发送用户登录信息）。使用双向加密来保护用户密码。使用单向加密创建任意生成的新密码。

密码加密模式

使用服务器设置（加密：单向加密）

单向加密（更安全）

简单的双向加密（不太安全）

无加密（不推荐）

更改服务器设置

允许用户恢复密码

<<上一步 完成 取消

图 11-5 “域向导-步骤 4”对话框

用户向导 - 步骤 1总步骤 4

欢迎使用 Serv-U 用户账户向导。该向导帮助您快速创建新用户，以访问您的文件服务器。

客户端尝试登录文件服务器时通过登录 ID标识其账户。

登录 ID:

全名: (可选)

电子邮件地址: (可选)

下一步>> 取消

图 11-6 “用户向导-步骤 1”对话框

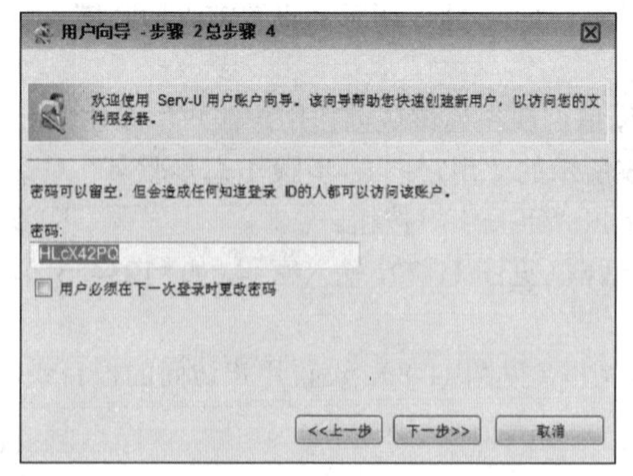

图 11-7 “用户向导-步骤 2”对话框

用户向导 - 步骤 3总步骤 4

欢迎使用 Serv-U 用户账户向导。该向导帮助您快速创建新用户，以访问您的文件服务器。

根目录是用户成功登录文件服务器后所处的物理位置。如果将用户锁定于根目录，则其根目录的地址将被隐藏而只显示为 '/'。

根目录:

锁定用户至根目录

<<上一步 下一步>> 取消

图 11-8 “用户向导-步骤 3”对话框

⑨ 进入“用户向导-步骤4总步骤4”对话框，设置用户的访问权限，单击“完成”按钮即可。

（三）CuteFTP的基本用法

1. 安装CuteFTP

下载CuteFTP到FTP客户机，然后安装CuteFTP。

下载网址：http://www.onlinedown.net/soft/3065.htm。

2. 初次运行CuteFTP

从“开始”菜单运行CuteFTP，首先打开一个欢迎使用窗口，单击“继续”按钮进入CuteFTP主窗口，如图11-9所示。

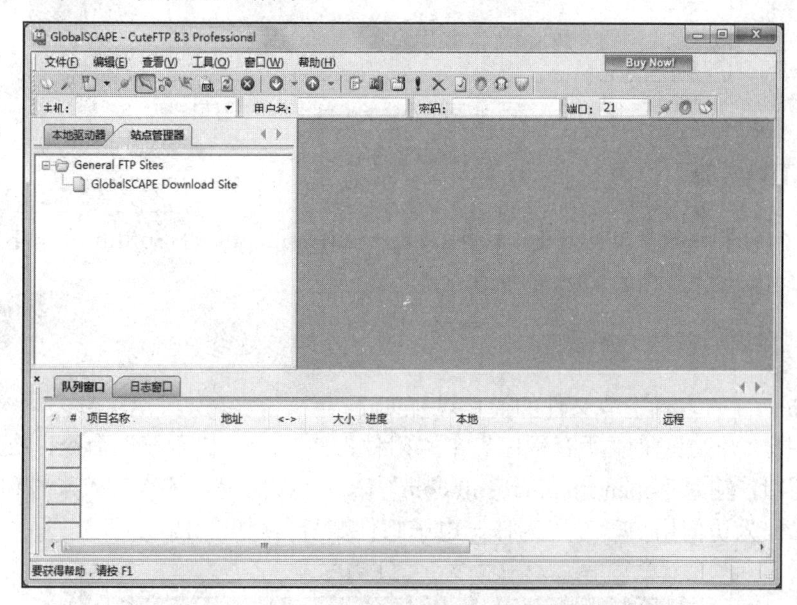

图11-9 CuteFTP主窗口

选择“文件”|“新建”|“新建FTP站点”命令，弹出如图11-10所示的“此对象的站点属性”对话框，选择“一般”选项卡，用户需要输入以下几个参数：

- 标签：给你的FTP连接取的标签名，如“ZJY”。
- 连接的FTP服务器主机地址。如输入FTP服务器的IP地址192.168.0.1。
- 用户名和密码。如在Serv-U中设置的stud和123456。

输入结束后单击“连接”按钮系统即可连接服务器。连接后的CuteFTP主窗口如图11-11所示。

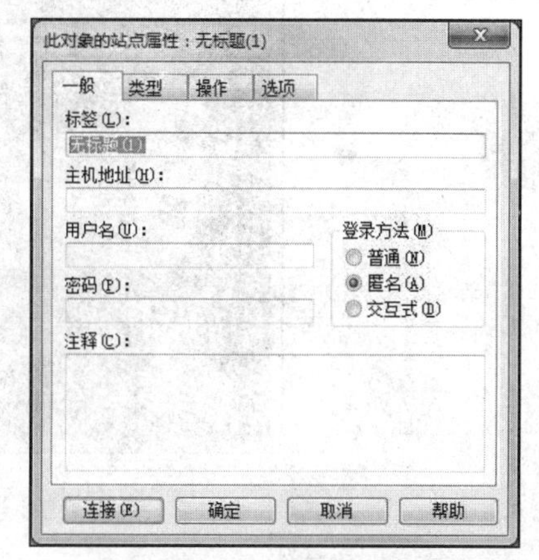

图11-10 站点属性对话框

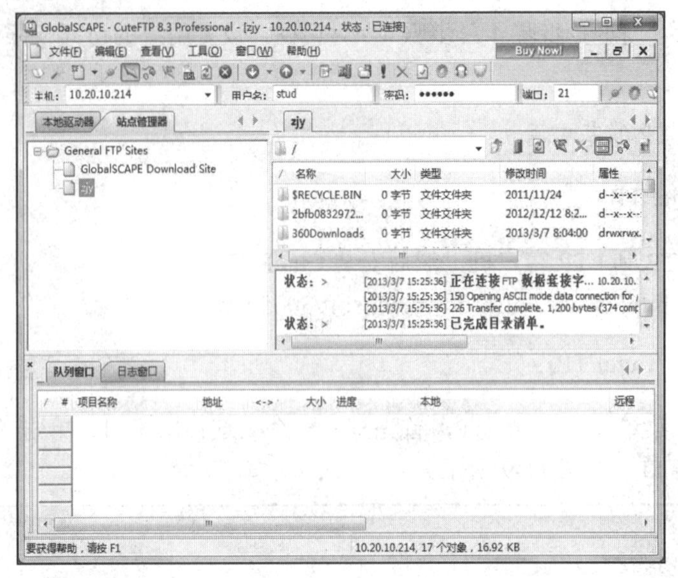

图 11-11　已连接服务器的 CuteFTP 主窗口

（四）下载实验

【实验 11-1】从微软官方 FTP 服务器 ftp.microsoft.com 的 Softlib 目录下下载文件 readme.txt 到本地计算机的 D 盘根目录。

1. 通过命令行的方式实现

通过命令行的方式下载文件的操作过程如下：

① 选择“开始”|“所有程序”|“附件”|“命令提示符”命令，打开“命令提示符”窗口，输入“open ftp.microsoft.com”命令，按照提示依次输入账号和密码（用 anonymous 作为访问用户，密码为任一电子邮件账号），如图 11-12 所示。

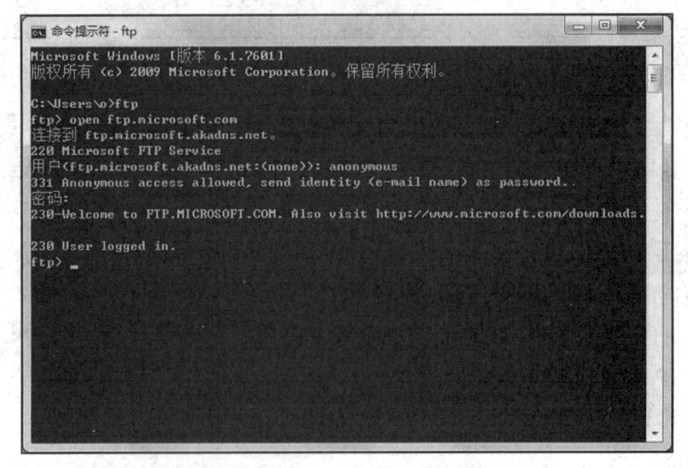

图 11-12　命令行方式登录 FTP 服务器窗口

② 查看该服务器的目录及文件，输入“dir”。

③ 进入目录 softlib，输入“cd softlib”查看该目录文件。

④ 定位本地计算机的下载目录，输入“lcd d:\”。

⑤ 下载文件 readme.txt，输入“get readme.txt”。

到本地计算机 D 盘查看是否下载成功，如果有 readme.txt 文件即成功下载。

2. 使用 FTP 客户端软件 CuteFTP 实现

使用 FTP 客户端软件 CuteFTP 实现文件下载的操作过程如下：

① 运行 Cute FTP，选择“文件”|“新建”|“FTP 站点”命令，新建一个站点（使用匿名访问），其站点标签与 FTP 主机地址如图 11-13 所示。

② 单击“连接”按钮，成功登录后窗口如图 11-14 所示。

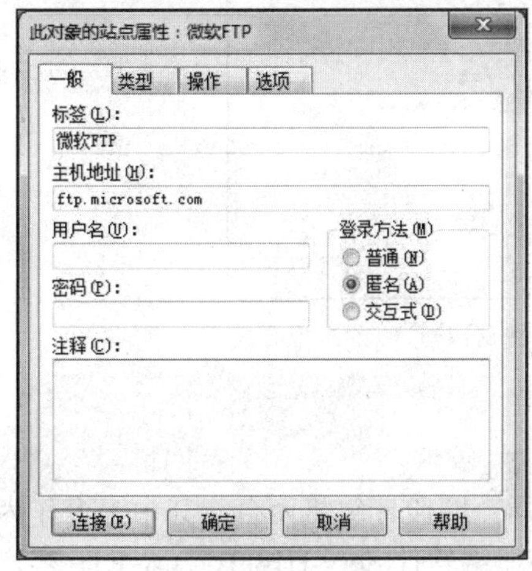

图 11-13 增加匿名访问微软 FTP 站点设置窗口

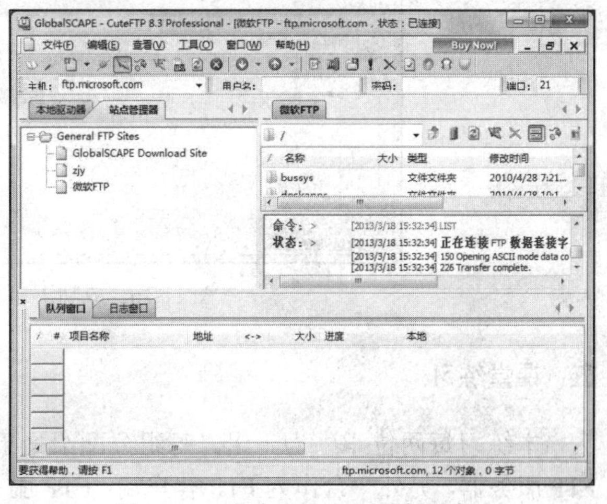

图 11-14 成功登录 FTP 服务器窗口

③ 设置本地计算机目录为 D:盘，成功设置后如图 11-15 所示。

图 11-15 设置本地计算机的下载目录窗口

④ 双击窗口右侧服务器文件夹 softlib，进入该文件夹，按住鼠标左键将 readme.txt 文件拖到左侧的本地目录完成下载。结果如图 11-16 所示。

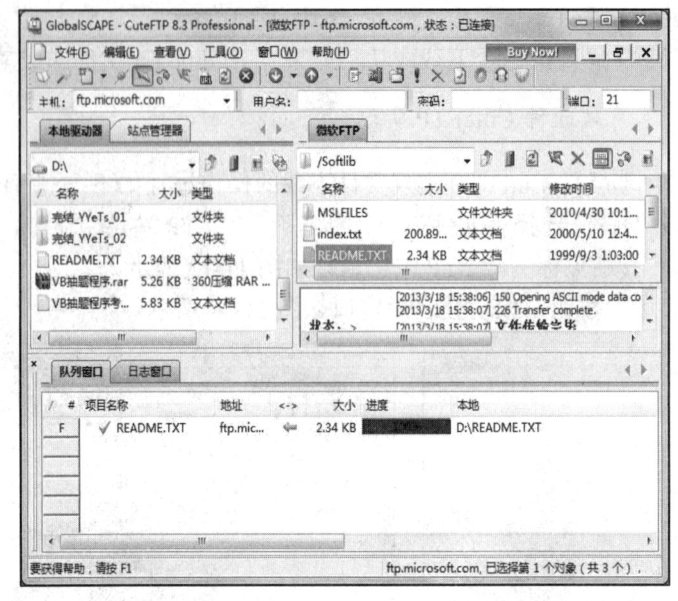

图 11-16　成功下载文件窗口

五、课堂练习

本练习每两位学生为一组，每组分配给处于同一网段计算机两台，其中一台作为 FTP 服务器，另外一台作为 FTP 客户端；FTP 服务器端软件 Serv-U14.0 一套，FTP 客户端软件 CuteFTP 8.3 一套。

1. FTP 服务器用户权限的设置

① 修改用户 Stud 的访问密码为 654321。
② 修改用户 Stud 的访问权限为“read”“write”“list”“creat”“append”。
③ 新建一个用户 Test，密码为 123456，访问权限为“read”。
④ 设置匿名访问的权限为“read”“write”。
⑤ 新建一个内容为 welcome 的文本文件，设置为用户 Stud 的登录信息文件。

2. FTP 客户端测试

（1）IE 测试

在 IE 地址栏中输入 FTP://192.168.0.1，在弹出的登录身份窗口中输入用户名：Stud，密码：654321（如果是匿名访问则不用输入用户名和密码，选择匿名登录），即可访问 FTP 服务器。

（2）命令行方式测试

在 MS-DOS 方式下输入 Ftp 192.168.0.1，然后按提示依次输入用户名（Stud）、密码

（654321）即可进入。

（3）用 FTP 客户端软件 CuteFTP 登录 FTP 服务器

在 Cute FTP 中设置 FTP 参数。选择“文件”|“新建”|“FTP 站点”命令新增加一个站点，要求：站点标签自己定义，FTP 主机中填写 FTP 服务器 IP 地址 192.168.0.1，然后输入用户名和密码，最后单击“连接”按钮即可登录到 FTP 服务器。

3. 不同用户的权限测试

① 在 FTP 客户端 IE 地址栏中输入 FTP://192.168.0.1，尝试能否用匿名登录。

② 在 FTP 客户端 IE 地址栏中输入 FTP://192.168.0.1，使用用户 Stud 登录服务器，在服务器上新建一个文件夹（名称为 zjy1），检查能否成功创建。

③ 在 FTP 客户端 IE 地址栏中输入 FTP://192.168.0.1，使用用户 test 登录服务器，在服务器上新建一个文件夹（名称为 zjy2），检查能否成功创建。

4. 上传和下载操作

① 在 FTP 客户机的桌面上新建三个文本文件：up1.txt、up2.txt、up3.txt。

② 在 FTP 服务器用户 Stud 的访问目录下新建三个文本文件：down1.txt、down2.txt、down3.txt。

③ 在 FTP 客户端通过 IE 的方式访问 FTP 服务器（使用用户 Stud 登录）将桌面上的文本文件 up1.txt 上传到 FTP 服务器，将 FTP 服务器上的文本文件 down1.txt 下载到本机桌面上。

④ 在 FTP 客户端通过命令行的方式访问 FTP 服务器（使用用户 Stud 登录）桌面上的文本文件 up2.txt 并将其上传到 FTP 服务器，将 FTP 服务器上的文本文件 down2.txt 下载到本机桌面上。

⑤ 在 FTP 客户端通过 FTP 客户端软件 CuteFTP 访问 FTP 服务器（使用用户 Stud 登录），将桌面上的文本文件 up3.txt 上传到 FTP 服务器，将 FTP 服务器上的文本文件 down3.txt 下载到本机桌面上。

六、思考题

1）简述 FTP 服务器的安装与配置过程。

2）简述 Serv_U 的功能及用户管理方式。

3）说明命名和匿名 FTP 的区别。

4）设置 FTP 服务器的端口为 22，在客户端通过浏览器来访问 FTP 服务器与默认端口访问有什么不同？

5）你的 FTP 服务器 IP 地址是多少？匿名用户工作目录在硬盘什么地方？

6）你创建的用户有哪些？权限是什么？

7）如果要暂时禁止 test 用户访问 FTP 服务器，如何设置？

实验十二　Internet Explorer 的使用与网上购物流程

一、实验目的

- ✧　熟悉 Internet Explorer（简称 IE）窗口组成。
- ✧　熟练掌握 IE 的选项设置。
- ✧　熟练掌握 IE 的基本应用：浏览网页，保存指定的页面、图片。
- ✧　掌握收藏夹的使用与管理。
- ✧　掌握常用搜索引擎的使用及技巧。
- ✧　掌握网上购物过程。

二、预备知识

WWW、HTML、URL、IP 地址、域名地址、浏览器等基本概念；Internet Explorer 窗口界面；电子邮件的概念与组成；电子邮件的主要服务协议（SMTP、POP3）；搜索引擎的分类与使用技巧；IE 的使用以及网上购物流程。

三、实验课时

建议课内 2 课时，课外 2～4 课时。

四、实验内容与操作过程

【实验 12-1】浏览“浙江经济职业技术学院”网站（http://www.zjtie.edu.cn）阅读主页与相关链接的信息。同时要求用户完成以下操作。

1）在 Internet Explorer 收藏夹中，新建一个收藏夹，名称为“我的收藏”。

2）单击“学校概况”栏中的“产业背景”超链接，进入“浙江物产集团”首页，将该主页添加到“我的收藏”收藏夹中，名称为“世界五百强企业——浙江物产”。

3）打开“精品课程”网页，将其保存到 E:\My Web 中，文件名为“JPKC”，保存类型为“网页，仅 HTML（*.htm;*.html)”。

4）单击“新闻中心”超链接，打开由学校宣传部主办的“新闻中心”网页，单击屏幕右下方的“学校图片”超链接，打开“学校风光”“实训设施”“文化长廊”等相关图片页面，将“广场远景”图片保存到“E:\校园景色”中，名称为“Picture1”，类型为“.bmp”。

5）设置 IE 的起始页为“http://www.zjtie.edu.cn”，清除历史记录并设置网页保存在历史记录中的天数为一个星期。

6）设置 IE 选项：

① 显示每个脚本错误通知。

② 在网页中不播放动画。

（一）Internet Explorer 的使用

1. 浏览网页

（1）利用 Internet Explorer 浏览网页

单击任务栏中的 Internet Explorer 图标，打开 IE 浏览器，在浏览器窗口的地址栏中输入“http://www.zjtie.edu.cn”，按【Enter】键或单击“转到”按钮→，打开“浙江经济职业技术学院”主页，如图 12-1 所示。此时，用户可以通过移动窗口上的滚动条浏览到主页中的所有信息，也可以单击网页上的超链接浏览网站中其他网页资源。

图12-1 “浙江经济职业技术学院”主页

（2）使用多个浏览器窗口进行浏览

用户可以同时在不同的窗口中浏览多个网页以实现多窗口浏览网页的目的，操作过程为：右击所浏览网页的超链接，在弹出的快捷菜单中选择“在新窗口中打开”命令。

（3）使用多个选项卡进行浏览

用户也可以选择同时在多个选项卡上浏览多个网页。操作过程为：右击所浏览网页的超链接，在弹出的快捷菜单中选择“在新选项卡中打开”命令。

2. 收藏夹的使用与管理

“收藏夹”实际上是一个特殊的文件夹，它用来存放正在浏览网页或网站的地址，存储时也可分类保存。因此，用户可以在“收藏夹”中自己创建收藏夹（文件夹），也可以把浏览的网页或网站的地址保存在指定的位置（“收藏夹”或自己创建的收藏夹）中，方便以后再次打开。

用户可以单击 IE 窗口右上角的“查看收藏夹、源和历史记录（Alt+C）”按钮弹出“查看收藏夹、源和历史记录”对话框（见图 12-2），在其中管理或添加网页地址至收藏夹中。

（1）管理收藏夹

实验 12-1 要求 1）操作过程如下：

① 单击“查看收藏夹、源和历史记录”按钮☆，弹出“查看收藏夹、源和历史记录”对话框。

② 单击“添加到收藏夹”按钮，在下拉菜单中选择“整理收藏夹”命令，弹出“整理收藏夹”对话框，如图 12-3 所示。

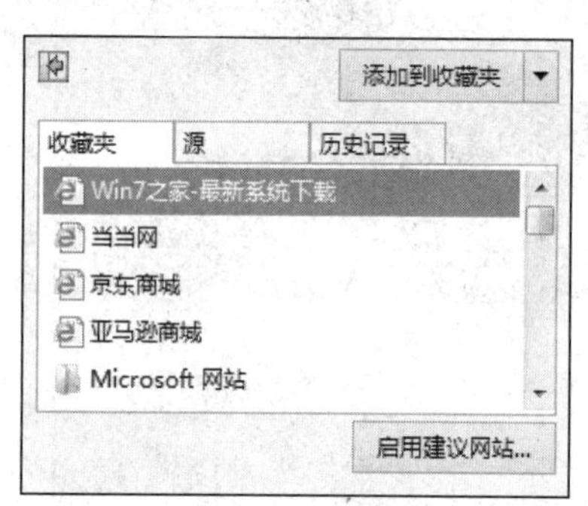

图 12-2 “查看收藏夹、源和历史记录”对话框

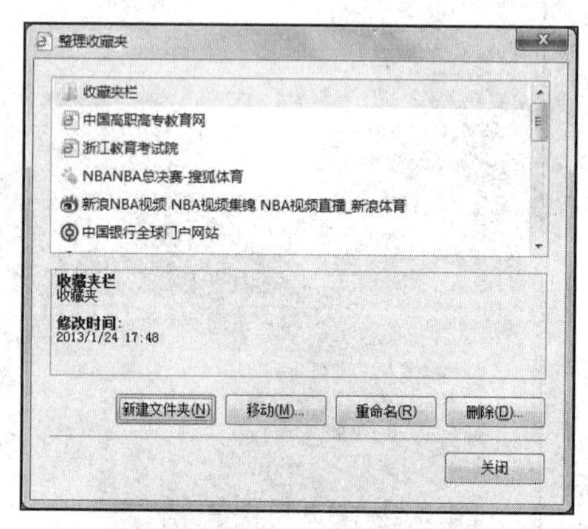

图 12-3 “整理收藏夹”对话框

③ 在“整理收藏夹”对话框中单击“新建文件夹”按钮，创建一个文件夹，然后输入收藏夹的名称“我的收藏”。

④ 单击“关闭”按钮。

（2）将网页或网站地址保存到收藏夹

实验 12-1 要求 2）操作过程如下：

① 在 IE 地址栏中输入“www.zjtie.edu.cn”后按【Enter】键，打开“浙江经济职业技术学院”主页；单击“学校概况”栏中的“产业背景”超链接，进入“浙江物产集团”首页。

② 单击“查看收藏夹、源和历史记录”按钮，弹出“查看收藏夹、源和历史记录”对话框，单击“添加到收藏夹”按钮，弹出“添加收藏”对话框，如图 12-4 所示。

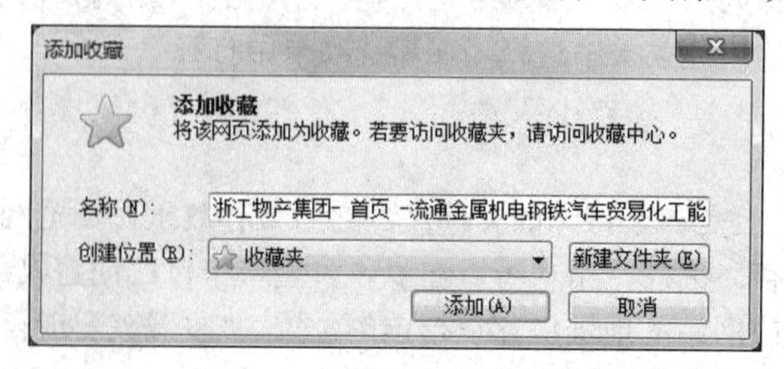

图 12-4 “添加收藏”对话框

③ 在“添加收藏”对话框的“创建位置”下拉列表框中选择“我的收藏”文件夹；在“名称”文本框中输入文件名“世界五百强企业——浙江物产”。

④ 单击“添加”按钮，将“浙江物产集团”首页添加到“我的收藏”收藏夹中。

3. 保存网页中的信息

（1）保存网页

上网浏览的目的是获取信息。当某些有用的网页需要保存时，可以将其保存到本地磁盘上。

实验 12-1 要求 3）操作过程如下：

① 在“浙江经济职业技术学院”主页下方单击“精品课程”超链接，打开“浙江经济职业技术学院精品课程”网页。

② 单击浏览器右上角的“工具”按钮，在下拉菜单中选择“文件”|“另存为”命令，弹出“保存网页”对话框，如图 12-5 所示。

图 12-5 “保存网页”对话框

③ 在“保存网页”对话框左侧树状显示对象图标中选择该网页的保存位置“E:\My Web”（若 E:盘上无此文件夹，则单击“新建文件夹”按钮新建一个文件夹）；在“保存类型”下拉列表框中选择类型为“网页，仅 HTML（*.htm;*.html)”；在“文件名”文本框中输入文件名“JPKC”。

④ 设置结束后单击“保存”按钮。

说 明

网页保存类型有四种文件类型格式，其含义如下。

①“网页，全部（*.htm; *.html）”：保存页面的 HTML 文件和页面的图像文件、背景文件、框架和样式表等内容。按原始格式保存所有文件，文件会被保存在一个与 HTML 文件同名的子文件夹中。

② “Web 档案，单一文件（*.mht）”：将网页及所有相关文件保存在一个 MIME 编码类型的单一的 mht 文件中，仅当系统安装了 Outlook Express 后有效。

③ “网页，仅 HTML（*.htm；*.html）”：只保存当前页面中的页面内容，不保存相关的图像、声音及其他文件，保存结果是扩展名为 htm 的文件。

④ “文本文件（*.txt）”：将页面中的文字内容保存在一个纯文本格式的文件中。

（2）保存网页中的图片

实验 12-1 要求 4）操作过程如下：

① 在“浙江经济职业技术学院”主页的下方单击“新闻中心”超链接，打开“新闻中心—浙江经济职业技术学院”网页，单击“学校图片”超链接进入学校图片展示页面。

② 右击“广场远景”图片，在弹出的快捷菜单中选择“图片另存为”命令，弹出“保存图片”对话框，如图 12-6 所示。

图 12-6 “保存图片”对话框

③ 在“保存图片”对话框左侧树状显示对象图标中选择该图片的保存位置“E:\校园景色”（若 E:盘上无此文件夹，则单击“新建文件夹”按钮新建一个文件夹）；在“保存类型”下拉列表框中选择“位图（*.bmp）”；在“文件名”文本框中输入文件名“Picture1”。

④ 设置结束后单击“保存”按钮。

说　明

保存网页背景图像的操作过程与保存网页中图像相似，只是在弹出的快捷菜单中选择“背景另存为”命令，其他操作相同。

4. 设置 Internet 选项

在 IE 中，允许用户根据自己的实际需要与爱好设置各选项。选项包括“常规”“安全”“隐私”“内容”“连接”“程序”“高级”七个方面。

（1）常规设置

在“常规”选项卡中提供了 IE 启动初始页、IE 浏览的历史记录属性、更改网页在选项卡中的显示方式、改变网页超链接的颜色、语言及字体等设置。

实验 12-1 要求 5）操作过程如下：

① 单击浏览器右上角的“工具”按钮⚙，在下拉菜单中选择“Internet 选项”命令，弹出“Internet 选项”对话框，如图 12-7 所示。

② 在“常规”选项卡的“主页”文本框中输入“http://www.zjtie.edu.cn”。

③ 单击“浏览历史记录”选项组中的“删除”按钮删除历史记录。

④ 单击“浏览历史记录”选项组中的“设置”按钮，弹出“Internet 临时文件和历史记录设置”对话框，将“网页保存在历史记录中的天数”微调框设置为“7”，单击“确定”按钮返回到“Internet 选项”对话框。

⑤ 设置结束后单击“确定”按钮。

（2）安全设置

在 IE 中可以对不同的信息来源设置不同的安全等级和具体的安全等级内容。

在“Internet 选项”对话框中选择“安全”选项卡，通过拖动安全级别的滑块可以改变 IE 的安全级别。IE 中有“高”“中-高”、“中”三种安全级别供选择，也可通过“自定义级别”按钮进行安全级别的高级设置。

（3）设置代理服务器

在“Internet 选项”对话框中选择“连接”选项卡，单击“局域网设置”按钮，弹出“局域网（LAN）设置”对话框（见图 12-8），选中“为 LAN 使用代理服务器”复选框，然后在“地址”文本框和“端口”文本框中输入具体的地址和端口号。

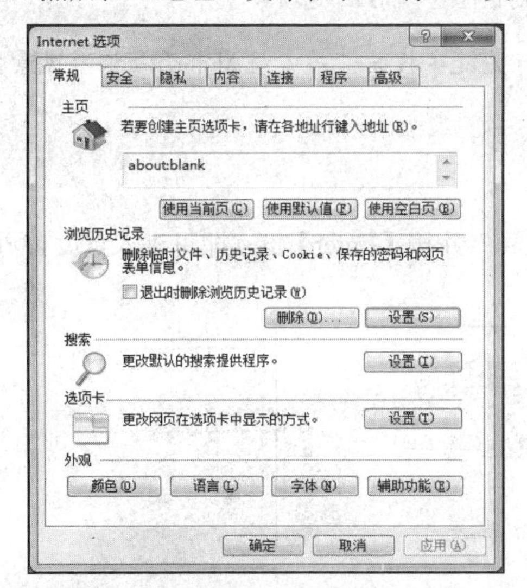

图 12-7　“Internet 选项”对话框之“常规”选项卡

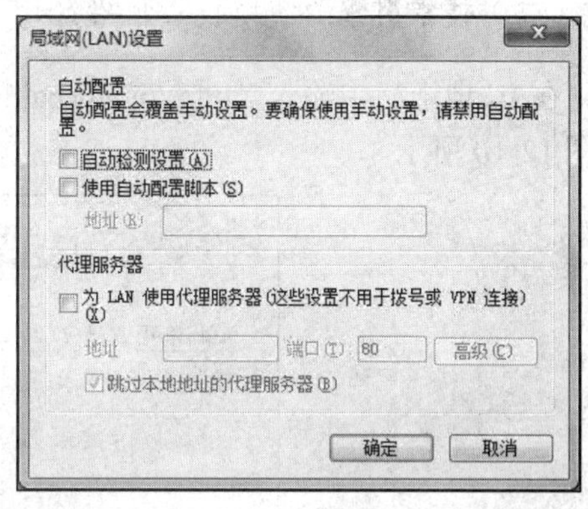

图 12-8　“局域网（LAN）设置”对话框

（4）高级设置

在“Internet 选项”对话框中选择“高级”选项卡（见图 12-9），可设置“多媒体设置”（包括显示图片、播放动画、播放声音、播放视频等）、“浏览功能设置”（包括为链接加下画线、显示友好的 URL、允许页面转换等)。

实验 12-1 要求 6)操作过程如下:

① 单击浏览器右上角的“工具”按钮，在下拉菜单中选择“Internet 选项”命令，弹出“Internet 选项”对话框，选择“高级”选项卡。

② 在“设置”列表框中选中“显示每个脚本错误的通知”复选框；取消选中“在网页中播放动画”复选框。

③ 单击“确定”按钮完成设置。

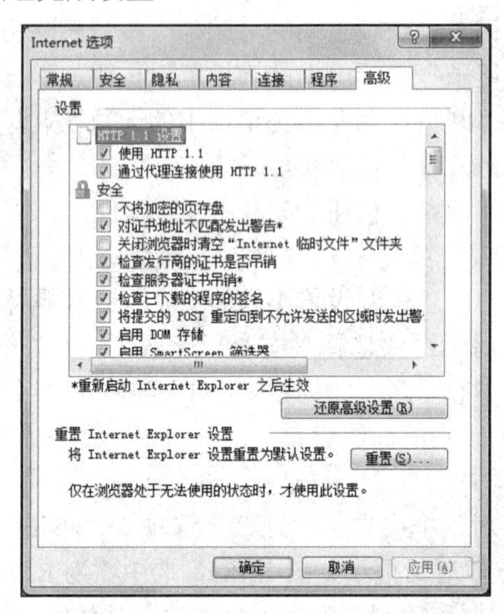

图 12-9 “Internet 选项”对话框之“高级”选项卡

【实验 12-2】利用百度全文搜索引擎进行关键字搜索：搜索杭州市西湖旅游风景区信息介绍的有关网页。

（二）搜索引擎的使用技巧介绍

在 IE 地址栏中输入“http://www.baidu.com”并按【Enter】键，即可进入百度首页，如图 12-10 所示。

图 12-10 百度首页

利用百度搜索时，首先选择搜索类别，如网页、图片、音乐、地图、贴吧等，然后在搜索关键字文本框中输入搜索关键字，单击“百度一下”按钮。

1. 细化搜索条件

在实验 12-2 中，要求搜索杭州市西湖旅游风景区的有关信息介绍，首先应在搜索类别中选择“网页”(默认就是网页)，然后在搜索关键字文本框中输入“旅游景点”“杭州旅游景点”“杭州西湖旅游景点”（不包括双引号，下同）三个关键字。用此三个关键字进行搜索，最后找到的相关结果数约 100 000 000、17 000 000、4 820 000 项。

从搜索结果的结果数中可以发现：提供的搜索条件越具体，搜索引擎返回的结果也会越精确，当然搜索的速度也越快。

2. 精确匹配搜索

使用""引号（英文字符引号）可以进行精确匹配查询，这种方式又称短语搜索。具体格式为：搜索的关键字用一对双引号括起。如“"杭州西湖旅游景点"”，这样用百度搜索引擎搜索到的结果数约 447 000 项，大大提高了搜索的精度。

3. 减去无关信息

有时某些词语的信息更容易缩小搜索范围。百度支持“-”功能，用于有目的地删除某些无关的网页。其语法是“A –B”（“A”与“-”号间空一格）。

例如，实验 12-2 中若使用的搜索关键字为“"杭州西湖旅游景点" –图”，利用百度搜索到的结果数为 880。所以用好这些命令符号可以大幅度地提高其搜索精度。

4. 标题搜索

多数搜索引擎都支持针对网页标题的搜索，百度也不例外。其命令是“intitle:”（注意冒号为英文字符且后面不能跟空格），即在搜索关键字（或短语）前加上“intitle:”。

例如，实验 12-2 中若使用的搜索关键字为“intitle:"杭州西湖旅游景点" –图”，利用百度搜索到的结果数为 126。

5. URL 搜索

网页 URL 中的某些信息，常常有某种有价值的含义。于是用户如果对搜索结果的 URL 做某种限定，就可以获得良好的效果。实现的方式是用“inurl:”，后跟需要在 URL 中出现的关键字。

例如，实验 12-2 中若使用的搜索关键字为“inurl:"杭州西湖旅游景点"”，利用百度搜索到的结果数为 15。如果使用的搜索关键字为“inurl:"杭州西湖旅游景点" –图”，利用百度搜索到的结果数为 1。

6. 指定文档类别搜索

很多搜索引擎不仅能搜索一般的文字页面，还能对某些二进制文档进行检索，其命令是“filetype:”。如在百度中能检索微软的 Office 文档：.xlsx、.pptx、.docx，.rtf，Lotus1-2-3 文档，Adobe 的.pdf 文档，ShockWave 的.swf 文档等。

说　明

百度还有一些高级搜索技巧与超级搜索技巧，请读者查阅相关文献或网站。

【实验 12-3】 打开 IE 浏览器，在地址栏中输入“http://www.jd.com”，打开“京东”网站主页，如图 12-11 所示，并按要求进行以下操作。

1）网站注册用户，邮箱名为“zjtiepc@126.com”，设置密码为“jd9981”。

2）注册成功后，以注册用户名登录网站，并将“TP-LINK TL-WR841N 300M 无线路由器”（颜色不限），数量为 1 个，放入购物车中。

3）将“罗技（Logitech）M185 无线鼠标”（颜色不限），数量为 2 个，放入购物车中。

4）到购物车中进行结算，填入收货人“公共计算机”，地址为“浙江省杭州市下沙区学正街 66 号图书信息楼”，支付方式采用“在线支付”。

图 12-11　“京东”网站主页

（三）网上购物流程

所谓网上购物流程就是通过互联网媒介用数字化信息完成购物交易的过程。其整个流程为：用户登录→浏览商品→选择商品→放入购物车→选择支付方式→确认购买→完成。

1. 用户登录

直接登录网上商城，单击“免费注册”超链接注册会员名。不论在哪个网站购物，首先都要注册用户名（会员名），填写必需的联系资料。操作程序很简单，按照步骤填写相关联系资料，最后单击“注册”按钮，系统提示注册成功。用户名可以使用字母或汉字注册，或者用邮箱地址注册，以便于记忆。另外，用户如果在淘宝网购物还要注册支付宝，在拍拍网购物还要注册财付通。

2. 浏览商品

进入网站，按照网站提供的商品分类浏览商品，选择自己所要购买的商品，也可以直接在商品搜索栏中输入商品名称或关键字来查找。在浏览商品过程中，如有问题需要咨询，可以点击“在线咨询”或“在线客服”按钮进行在线咨询，也可以在商品详情页面发表商品评论提问。

3. 选择商品

进入商品详情页面，所有商品都有规格或备注对应的库存数量对照表，确定好规格和型号后在表中对应的“购买数量”输入框中输入购买数量。

4. 购买与收藏商品

先将中意的商品放入购物车，待选好所有商品后，再去下订单。如果只购买一件商品，也可以直接去下订单。而看中了又暂时不买的商品可以将其“收藏”，待以后再买。

5. 下订单

选购完毕单击“购物车”“结算”进入结算程序，确认订单，如只购买一件商品，也可直接在商品页面单击“购买”按钮，直接去下订单。

6. 填写送货信息

在提交订单前会要求填写详细送货地址、手机号码等，此信息在首次购物时要求填写，保存好后，如果不改变信息就不用再填写。为保证您的汇款得到及时确认，并能及时根据您的订单发货，请务必准确填写相关信息。

7. 提交订单

填写完送货信息后，即可提交订单了。如果显示提交订单成功，表明购物已经成功，商品会在规定的时间内送到用户手中。

实验 12-3 操作过程如下：

① 在网站首页单击“免费注册”超链接，打开图 12-12 所示的网页，在“我的邮箱”文本框中输入“zjtiepc@126.com”，在“请输入密码”文本框中输入“jd9981”，在“请确认密码”文本框中输入“jd9981”，在“验证码”文本框中输入图片显示的验证码，检查每个输入项右边是否都出现了绿色的勾（表示填写正确），单击“同意以下协议，提交”按钮，注册成功后，出现的网页如图 12-13 所示。

② 在注册成功页面，单击“立即去购物”按钮，浏览器立即打开该网站的首页，在首页的搜索栏内输入“TP-LINK TL-WR841N 300M 无线路由器”，单击“搜索”按钮，在打开的页面中单击相应的商品，打开图 12-14 所示的网页。在“配送至”下拉列表框中选择“浙江”，当显示“有货”时，单击“加入购物车”按钮，网页跳转到“商品已成功加入购物车”页面。

③ 单击网页导航栏中的“全部商品分类”按钮，在下拉菜单中选择“电脑、办公”|“外设产品”|“鼠标”命令，如图 12-15 所示。在“商品筛选”栏中单击“罗技”，在下面的商品列表中找到“M185 无线鼠标”，单击该商品，进入商品页面，同样在“配送至”下拉列表框中选择“浙江”，在显示“有货”时，选择数量为“2”，单击“加入购物车”按钮，网页跳转到“商品已成功加入购物车”页面。

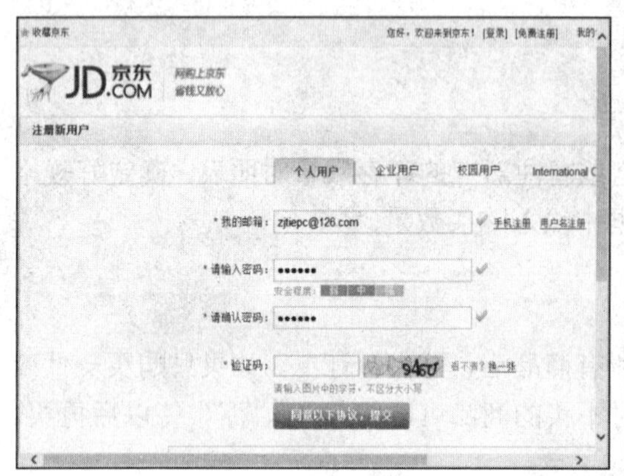

图 12-12 网站注册页面

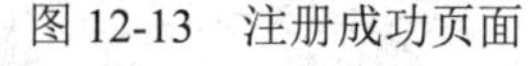

图 12-13 注册成功页面

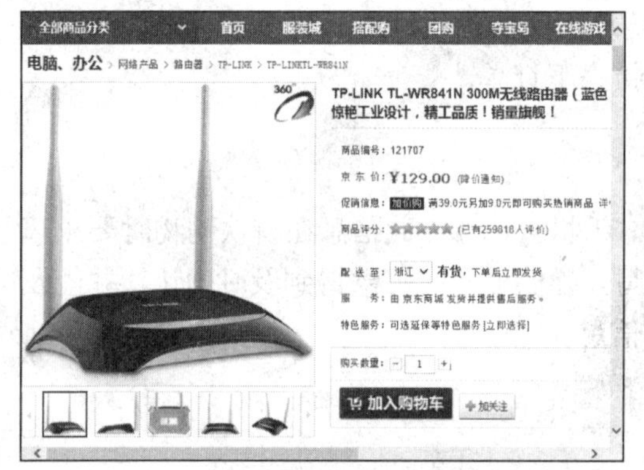

图 12-14 路由器商品页面

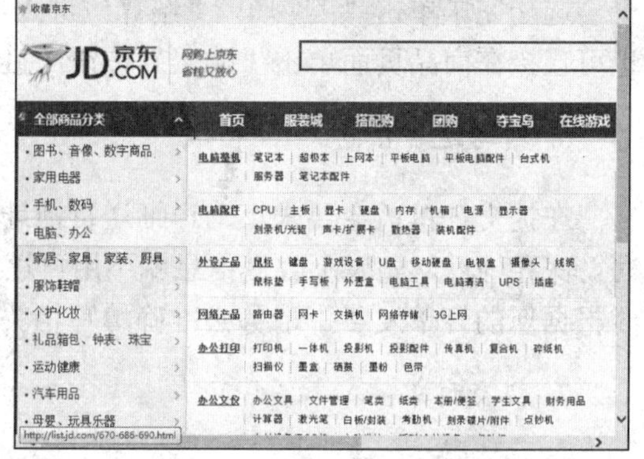

图 12-15 网站导航栏菜单

④ 在“商品已成功加入购物车”页面单击“去购物车并结算”按钮，这时浏览器跳转到“购物车”页面，再次确认购买的商品名称和数量是否一致，是否有货，单击“去结算”按钮，打开“订单信息确认”页面，在收货人信息区域的“收货人姓名”文本框中输入“公共计算机”，在“省份”下拉列表框中选择“浙江”“杭州市”“下沙区”，在“地址”文本框中输入“学正街 66 号图书信息楼”，如图 12-16 所示，在“手机号码”文本框中输入自己的手机号码，单击“提交订单”按钮即可。

说　明

不同的网银在线支付界面不一样，请读者自行到相应的银行网站查找网银支付演示。

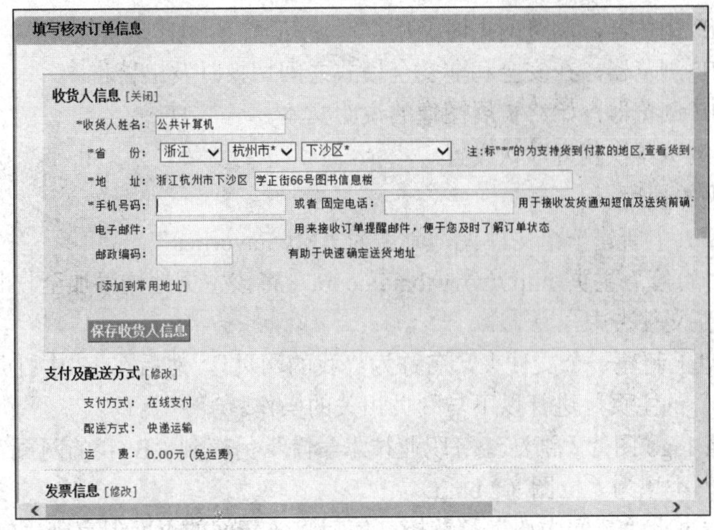

图 12-16 收货信息页面

五、课堂练习

1）进行 IE 浏览器的常规属性设置。

① 将 IE 的起始页设为“http://www.baidu.com”。

② 删除 Internet 临时文件、历史记录、保存的密码和网页表单信息。

③ 设置 Internet 临时文件夹的位置为“D:\temp”，容量大小为 500 MB。

④ 设置 IE 浏览器，将网页保存在历史记录中的天数改为 10 天，并清除历史记录。

⑤ 设置 IE 浏览器，更改访问过的超链接的颜色为蓝色，未访问的链接的颜色为紫色，并使用绿色为悬停色。

⑥ 设置 IE 浏览器，将网页字体改为黑体，将纯文本字体改为楷体。

2）检查 Internet Explorer 是不是 Web 默认的浏览器，如果不是，请将其设置为默认的 Web 浏览器。

3）进行 IE 浏览器的高级属性设置。

① 设置 IE 浏览器，浏览网页时不显示图片，并禁止播放动画、声音。

② 设置 IE 浏览器，将给超链接加下画线的方式改为悬停。

③ 设置 IE 浏览器，浏览 Internet 网页时禁止脚本调试。

④ 设置 IE 浏览器，浏览 Internet 网页时不发送 UTF-8 URL。

⑤ 设置 IE 浏览器，浏览 Internet 网页时显示每个脚本错误的通知。

⑥ 设置 IE 浏览器，将加密的页面存入硬盘。

⑦ 设置 IE 浏览器，显示图像下载占位符。

⑧ 设置 IE 浏览器，关闭浏览器时清空 Internet 临时文件夹。

⑨ 设置 IE 浏览器，显示友好 HTTP 错误信息。

⑩ 设置 IE 浏览器，对网页上的按钮和控件启用视觉样式。

⑪ 设置 IE 浏览器，关闭“历史记录”和“收藏夹”中未使用的文件夹。

⑫ 设置 IE 浏览器，浏览网页时使用平滑滚动。

⑬ 设置 IE 浏览器，在安全和非安全模式之间切换时发出警告。

⑭ 设置 IE 浏览器，始终扩展图像的说明文本。

⑮ 将 IE 浏览器恢复为默认设置。

4）收藏夹的使用。

① 在收藏夹中新建一个文件夹，命名为“My Favorites”。

② 打开“百度”主页 http://www.baidu.com，将该主页地址添加至收藏夹，存放在“My Favorites”文件夹中。

5）在 E:盘上新建一个文件夹，名称为“我的网页”，然后在 IE 中打开“浙江经济职业技术学院”的主页，进行以下与网页相关的操作。

① 将首页 logo 图片“浙江经济职业技术学院”另存到“E:\我的网页”中，文件名为“Picture1”，类型为“位图（*.bmp）。

② 打开主页上“新闻中心”超链接，然后将该新闻的页面保存到“E:\我的网页”中，文件名为“News-Center”，类型为“Web 档案，单一文件（*.mth）”。

6）利用“百度”全文搜索引擎搜索“非古龙的武侠小说 PDF 文档”相关资料。利用操作实例中所叙述的“细化搜索条件”“精确匹配搜索”“减去无关信息”“标题搜索”“URL 搜索”“指定文档类别搜索”等搜索技巧进行搜索，查看搜索结果（搜索到的项目数）。掌握要领，在今后工作中能实际应用。

7）在 IE 地址栏中输入“http://djks.edu.cn”，浏览“网上书城”网站。

① 进行用户注册，要求：

- 通行证用户名为学号。
- 电子邮箱根据真实情况填写。
- 密码为学号的后 6 位。
- 真实姓名为考生姓名。
- 其余信息根据真实情况填写。

② 使用已注册的用户名和密码登录网上书城。

③ 想要购买《C 程序设计 第五版》。

- 使用网站中提供的搜索功能。
- 若找到该商品，进行购买。
- 若找不到该商品，进行在线留言。* 姓名为学号；* 留言内容为“《C 程序设计 第五版》什么时候出版？”。

④ 想要购买《办公软件高级应用 Office 2010》。

- 不通过搜索功能，使用分类浏览检索。
- 找到“办公应用类”中的商品，购买《办公软件高级应用 Office 2010》。* 送货信息根据真实情况填写；* 送货方式选择“普通邮寄”；* 支付方式选择“预付款余额支付”。
- 购买之后进行评论，内容为“书还不错！”。

六、思考题

1）如何查看网页文件的源文件？

2）如何在 Internet 上快速查找信息？

3）当浏览某些网页出现乱码时，应如何解决？

4）如何设置代理服务器？

5）如何整理收藏夹？请说说有哪几种方法？

6）网上搜索引擎有哪些？各有什么特点。

7）网上结算主要包括哪些工作，网上购物应注意哪些事项？

第二部分　习　　题

习题一　信息处理与计算机基础知识

一、单选题

1．现代信息社会的主要标志是_______。

A．汽车的大量使用　　B．人口的日益增长

C．自然环境的不断改善　　D．计算机技术的大量应用

2．当今的信息技术，主要是指_______。

A．计算机技术　　B．网络技术

C．计算机和网络通信技术　　D．多媒体技术

3．在计算机中，用文字、图像、语言、情景、现象所表示的内容都可称为_______。

A．表象　　B．文章　　C．消息　　D．信息

4．下列有关信息的描述正确的是_______。

A．只有以书本的形式才能长期保存信息

B．数字信号比模拟信号易受干扰而导致失真

C．计算机以数字化的方式对各种信息进行处理

D．信息的数字化技术已初步被模拟化技术所取代

5．下列有关信息的描述不正确的是_______。

A．模拟信号能够直接被计算机处理

B．声音、文字、图像都是信息的载体

C．调制解调器能将模拟信号转化为数字信号

D．计算机以数字化的方式处理各种信息

6．信息化社会的核心基础是_______。

A．通信　　B．控制　　C．Internet　　D．计算机

7．信息高速公路传送的是_______。

A．多媒体信息　　B．十进制数据

C．ASCII 码数据　　D．系统软件与应用软件

8．计算机的发展趋势是巨型化、微小化、网络化、_______、多媒体化。

A．智能化　　B．数字化　　C．自动化　　D．以上都对

9．巨型计算机指的是_______。

A．质量大　　B．体积大　　C．功能强　　D．耗电量大

10．你认为最能准确反映计算机主要功能的是______。

A．计算机可以代替人的脑力劳动　　B．计算机可以存储大量的信息

C．计算机可以实现高速度的运算　　D．计算机是一种信息处理机

11．电子数字计算机工作最重要的特征是______。

A．高速度　　B．高精度

C．存储程序和程序控制　　D．记忆力强

12．CAD 软件可用来绘制______。

A．机械零件　B．建筑设计　C．服装设计　D．以上都对

13．“CAI”的中文意思是______。

A．计算机辅助教学　　B．计算机辅助设计

C．计算机辅助制造　　D．计算机辅助管理

14．办公自动化（OA）是计算机的一项应用，按计算机应用分类，它属于______。

A．数据处理　　B．科学计算

C．实时控制　　D．辅助设计

15．由于微型计算机在工业自动化控制方面的广泛应用，它可以______。

A．节省劳动力，减轻劳动强度，提高生产效率

B．节省原料，减少能源消耗，降低生产成本

C．代替危险性较大的工作岗位上的人工操作

D．以上都对

16．现代计算机之所以能自动地连续进行数据处理，主要是因为______。

A．采用了开关电路　　B．采用了半导体器件

C．具有存储程序的功能　　D．采用了二进制

17．最先实现存储程序的计算机是______。

A．ENIAC　B．EDSAC　C．EDVAC　D．UNIVAC

18．我国开始研制电子数字计算机的时间是______。

A．1949　B．1952　C．1956　D．1970

19．世界上第一台电子数字计算机研制成功的时间是______年。

A．1936　B．1946　C．1956　D．1975

20．世界上第一台电子计算机是于______诞生在______。

A．1946 年、法国　　B．1946 年、美国

C．1946 年、英国　　D．1946 年、德国

21．从第一台计算机诞生到现在的 60 多年中，按计算机采用的电子器件来划分，计算机的发展经历了______个阶段。

A．4　B．6　C．7　D．3

22．计算机的发展阶段通常是按计算机所采用的______来划分的。

A．内存容量　B．电子器件　C．程序设计语言　D．操作系统

23．第四代电子计算机硬件系统是以______为电子元器件的计算机。

A．晶体管　　B．电子管

C．大规模或超大规模集成电路　　D．继电器

24．目前，制造计算机所使用的电子器件是______。

A．大规模集成电路　　B．晶体管

C．集成电路　　D．大规模和超大规模集成电路

25．从第一代电子数字计算机到第四代计算机的体系结构都是相同的，都是由运算器、控制器、存储器以及输入/输出设备组成的，称为______体系结构。

A．艾伦·图灵　　B．罗伯特·诺伊斯

C．比尔·盖茨　　D．冯·诺伊曼

26．计算机自诞生以来，无论在性能、价格等方面都发生了巨大的变化，但是下列______并没有发生多大的改变。

A．耗电量　　B．体积　　C．运算速度　　D．基本工作原理

27．PC 的更新主要基于______的变革。

A．软件　　B．微处理器　　C．存储器　　D．磁盘容量

28．在计算机内部，一切信息的存取、处理和传送都是以______形式进行的。

A．EBCDIC 码　　B．ASCII 码　　C．十六进制　　D．二进制

29．十进制数 36.875 转换成二进制数是______。

A．110100.011　　B．100100.111　　C．100110.111　　D．100101.101

30．十进制小数 0.6875 转换成八进制小数是______。

A．0.045　　B．0.054　　C．0.54　　D．0.45

31．十进制数 267 转换成八进制数是______。

A．326　　B．410　　C．314　　D．413

32．十进制数 58.75 转换成十六进制数是______。

A．A3.C　　B．3A.C　　C．3A.12　　D．C.3A

33．十六进制数 FF.1 转换成十进制数是______。

A．255.625　　B．250.1625　　C．255.0625　　D．250.0625

34．十六进制数 10AC 转换成二进制数是______。

A．101110101110　　B．1010010101001

C．1000010101100　　D．1011010101100

35．将二进制数 10000001 转换成十进制数是______。

A．129　　B．127　　C．126　　D．128

36．二进制数 111010.11 转换成十六进制数是______。

A．3AC　　B．3A.C　　C．3A3　　D．3A.3

37．八进制数 35.54 转换成十进制数是______。

A．29.1275　　B．29.2815　　C．29.0625　　D．29.6875

38．在下列无符号十进制数中，能用 8 位二进制数表示的是______。

A．255　　B．256　　C．317　　D．289

39．下面几个不同进制的数中，最小的数是______。

A．二进制数 1011100　　B．十进制数 35

C．八进制数 47　　D．十六进制数 2E

40．下列数据中，有可能是八进制数的是_______。

A．488　　B．317　　C．597　　D．189

41．X 与 Y 为两个逻辑变量，设 X=10111001，Y=11110011，对这两个变量进行逻辑或运算的结果是_______。

A．11111011　　B．10111111　　C．11110111　　D．11111110

42．在 PC 中，应用最普遍的字符编码是_______。

A．BCD 码　　B．ASCII 码　　C．国标码　　D．区位码

43．已知英文大写字母 G 的 ASCII 码为十进制数 71，则英文大写字母 W 的 ASCII 码为十进制数_______。

A．84　　B．85　　C．86　　D．87

44．已知英文小写字母 a 的 ASCII 码为十六进制数 61H，则英文小写字母 d 的 ASCII 码为_______。

A．34H　　B．54H　　C．64H　　D．24H

45．按对应的 ASCII 码比较，下列正确的是_______。

A．“A”比“B”大　　B．“f”比“Q”大

C．空格比逗号大　　D．“H”比“R”大

46．关于基本 ASCII 码，在计算机中的表示方法准确地描述是_______。

A．使用 8 位二进制数，最右边一位为 1

B．使用 8 位二进制数，最左边一位为 1

C．使用 8 位二进制数，最右边一位为 0

D．使用 8 位二进制数，最左边一位为 0

47．我国的国家标准 GB2312 用_______位二进制数来表示一个汉字。

A．8　　B．16　　C．4　　D．7

48．在 32×32 点阵的汉字字库中，存储一个汉字的字模信息需要_______字节。

A．256　　B．1024　　C．64　　D．128

49．计算机硬件一般包括_______和外围设备。

A．运算器和控制器　　B．存储器

C．主机　　D．中央处理器

50．构成计算机的电子和机械的物理实体称为_______。

A．主机　　B．外围设备　　C．计算机系统　　D．计算机硬件系统

51．一个计算机系统的硬件一般是由_______构成的。

A．CPU、键盘、鼠标和显示器

B．运算器、控制器、存储器、输入/输出设备

C．主机、显示器、打印机和电源

D．主机、显示器和键盘

52．以下计算机系统的部件不属于外围设备的是_______。

A．键盘　　B．打印机　　C．中央处理器　　D．硬盘

53. 下列_______组设备包括：输入设备、输出设备和存储设备。

A. 显示器、CPU 和 ROM　　B. 磁盘、鼠标和键盘

C. 鼠标、绘图仪和光盘　　D. 磁带、打印机和调制解调器

54. 计算机的核心是_______。

A. 存储器　　B. 中央处理器　　C. 软件　　D. 输入/输出设备

55. PC 的更新主要基于_______的变革。

A. 软件　　B. 微处理器　　C. 存储器　　D. 磁盘容量

56. CPU 每执行一个_______，就完成一步基本运算或判断。

A. 软件　　B. 指令　　C. 硬件　　D. 语句

57. 计算机 CPU 中的 MMX 指的是_______。

A. 这种 CPU 的系列号

B. CPU 指令的多媒体扩展

C. CPU 中增加了一个叫 MMX 的控制器

D. CPU 中增加了一个 MMX 指令

58. CPU 是计算机硬件系统的核心，它是由_______组成的。

A. 运算器和存储器　　B. 控制器和乘法器

C. 运算器和控制器　　D. 加法器和乘法器

59. CPU 中控制器的功能是_______。

A. 进行逻辑运算　　B. 进行算术运算

C. 控制运算的速度　　D. 分析指令并发出相应的控制信号

60. 64 位机的字长为_______个二进制位。

A. 8　　B. 16　　C. 32　　D. 64

61. 电子计算机的性能可以用很多指标来衡量，除了用其运算速度、字长等主要指标以外，还可以用下列_______来表示。

A. 主存储器容量的大小　　B. 硬盘容量的大小

C. 显示器的尺寸　　D. 计算机的制造成本

62. 用 MIPS 来衡量的计算机性能指标是_______。

A. 存储容量　　B. 运算速度　　C. 时钟频率　　D. 可靠性

63. 在下列设备中_______不是存储设备。

A. 硬盘驱动器　　B. 磁带机　　C. 打印机　　D. 软盘驱动器

64. 计算机的存储系统通常分为_______。

A. 内存储器和外存储器　　B. 软盘和硬盘

C. ROM 和 RAM　　D. 内存和硬盘

65. 下列_______设备读取数据的速度最快。

A. 磁带机　　B. 光盘驱动器　　C. 软盘驱动器　　D. 硬盘驱动器

66. 计算机一旦断电后，_______中的信息会丢失。

A. 硬盘　　B. 软盘　　C. RAM　　D. ROM

67. 内存储器存储信息时的特点是_______。

A．存储的信息永不丢失，但存储容量相对较小

B．存储信息的速度极快，但存储容量相对较小

C．关机后存储的信息将完全丢失，但存储信息的速度不如软盘

D．存储信息的速度快，存储的容量极大

68．在计算机中，正在执行的程序的指令主要存放在________中。

A．CPU　B．磁盘　C．内存　D．键盘

69．随机存储器简称为________。

A．CMOS　B．RAM　C．XMS　D．ROM

70．PC 性能指标中的内存容量一般指的是________。

A．RAM+Cache　B．ROM+Cache

C．RAM+ROM　D．RAM+ROM+Cache

71．记录在磁盘上的一组相关信息的集合称为________。

A．数据　B．外存　C．文件　D．内存

72．计算机内存中每个基本单元，都被赋予唯一的序号，称为________。

A．地址　B．字节　C．编号　D．容量

73．DRAM 存储器是________。

A．动态只读存储器　B．动态随机存储器

C．静态只读存储器　D．静态随机存储器

74．计算机内存中的只读存储器简称为________。

A．EMS　B．RAM　C．XMS　D．ROM

75．表示存储器的容量时，1MB 的准确含义是________。

A．1m　B．1000B　C．1024KB　D．1024B

76．微型计算机中的外存储器，可以与________部件直接进行数据传送。

A．运算器　B．控制器　C．微处理器　D．内存储器

77．在计算机中存储数据的最小单位是________。

A．字节　B．位　C．字　D．记录

78．一个字节包含________个二进制位。

A．8　B．16　C．32　D．64

79．计算机存储器中的一个字节可以存放________。

A．一个汉字　B．两个汉字　C．一个西文字符　D．两个西文字符

80．通常以 KB、MB 或 GB 为单位来反映存储器的容量。所谓容量指的是存储器中所包含的字节数。1KB 等于________字节。

A．1000　B．1048　C．1024　D．1056

81．计算机中的字节是个常用单位，它的英文名字是________。

A．bit　B．byte　C．bout　D．baud

82．单倍速 CD-ROM 驱动器的数据传输速率为________。

A．100 KB/s　B．128KB/s　C．150KB/s　D．250KB/s

83．具有多媒体功能的微型计算机系统中，常用的 CD-ROM 是________。

A．只读型软盘　　B．只读型光盘
C．只读型硬盘　　D．只读型内存

84．硬盘驱动器_______。
A．全封闭，耐震性好，不易损坏
B．耐震性差，搬运时要注意保护
C．没有易碎件，在搬运时不像显示器那样要注意保护
D．不用时要装入纸套，防止灰尘进入

85．个人计算机必不可少的输入/输出设备是_______。
A．键盘和显示器　　B．键盘和鼠标
C．显示器和打印机　　D．鼠标和打印机

86．输入/输出接口位于_______。
A．总线和设备之间　　B．CPU 和输入/输出设备之间
C．主机和总线之间　　D．CPU 和内部存储器之间

87．微型计算机使用的键盘中，【Shift】键是_______。
A．换挡键　　B．退格键　　C．空格键　　D．回车换行键

88．键盘上可用于字母大小写转换的键是_______。
A．【Esc】　　B．【Caps Lock】　　C．【Num Lock】　　D．【Ctrl+Alt+Del】

89．键盘上的 Ctrl 键是控制键，通常_______其他键配合使用。
A．总是与　　B．有时与　　C．不需要与　　D．和 Alt 一起再与

90．_______的任务是将计算机外部的信息送入计算机。
A．输入设备　　B．输出设备　　C．软盘　　D．电源线

91．下列哪一种接口不能够连接鼠标_______。
A．并行接口　　B．串行接口　　C．PS/2 接口　　D．USB 接口

92．向计算机输入中文信息的方式有_______。
A．键盘　　B．语音　　C．手写　　D．以上都对

93．鼠标是一种_______。
A．输出设备　　B．存储器
C．运算控制单元　　D．输入设备

94．在下列设备中，_______是计算机的输入设备。
A．显示器　　B．键盘　　C．打印机　　D．绘图仪

95．检验鼠标好坏的两个性能指标为分辨率和_______。
A．传送率　　B．灵活率　　C．响应速度　　D．键的数量

96．用下列_______可将图片输入到计算机中。
A．数码相机　　B．绘图仪　　C．键盘　　D．鼠标

97．下列设备中，只属于输出设备的是_______。
A．硬盘　　B．键盘　　C．调制解调器　　D．绘图仪

98．个人计算机的打印机一般是直接接在_______上的。
A．串行接口　　B．并行接口　　C．显示器接口　　D．PS/2 接口

99．与点阵打印机相比，喷墨打印机不具有的优点是______。

A．打印质量更好　　B．打印的色彩更艳丽

C．噪声较小　　D．消耗价格更便宜

100．打印机的端口一般设定为______。

A．COM1　　B．COM2　　C．LPT1　　D．COM3

101．假如安装的是第一台打印机，那么它被指定为______打印机。

A．本地　　B．网络　　C．默认　　D．普通

102．根据打印机的原理及印字技术，打印机可分为______两类。

A．击打式打印机和非击打式打印机　　B．针式打印机和喷墨打印机

C．静电打印机和喷墨打印机　　D．点阵式打印机和行式打印机

103．______是显示器的一个重要指标。

A．对比度　　B．分辨率　　C．亮度　　D．尺寸大小

104．下列关于显示器的叙述中错误的是______。

A．显示器的分辨率与微处理器的型号有关

B．显示器的分辨率为1024×768，表示屏幕水平方向每行有1024个点，垂直方向每列有768个点

C．显卡是驱动、控制计算机显示器以显示文本、图形、图像信息的硬件装置

D．像素是显示屏上能独立赋予颜色和亮度的最小单位

105．在微机中，VGA的含义是______。

A．键盘型号　　B．显示标准　　C．光盘驱动器　　D．主机型号

106．主机箱上RESET按键的作用是______。

A．关闭计算机的电源　　B．使计算机重新启动

C．设置计算机的参数　　D．相当于鼠标的左键

107．关于计算机的启动和关机说法正确的是______。

A．计算机冷启动时应先开主机电源，再开外围设备电源

B．计算机冷启动时应先开外围设备电源，再开主机电源

C．计算机关机时应先关外围设备电源，再关主机电源

D．计算机关机时应主机电源和外围设备电源一起关

108．计算机的启动方式有______。

A．热启动和复位启动　　B．热启动和冷启动

C．加电启动和冷启动　　D．只能是加电启动

109．下列对UPS的作用叙述正确的是______。

A．当计算机运行突遇断电时能紧急提供电源，保护计算机中的数据免遭丢失

B．使计算机运行得更快些

C．减少计算机运行时的发热量

D．降低计算机工作时发出的噪声

110．多媒体个人计算机的英文缩写是______。

A．VCD　　B．APC　　C．MPC　　D．MPEG

111. 多媒体 PC 是指_______。

A. 能处理声音的计算机

B. 能处理图像的计算机

C. 能进行通信处理的计算机

D. 能进行文本、声音、图像等多媒体处理的计算机

112. 所谓媒体是指_______。

A. 表示和传播信息的载体　　B. 各种信息的编码

C. 计算机输入和输出的信息　　D. 计算机屏幕显示的信息

113. 多媒体信息不包括_______。

A. 文本、图形　B. 音频、视频　C. 图像、动画　D. 光盘、声卡

114. 在多媒体系统中，内存和光盘属于_______。

A. 感觉系统　B. 传输媒体　C. 表现媒体　D. 存储媒体

115. 计算机领域中，常有下列四类媒体，则字符的 ASCII 码属于_______。

A. 感觉媒体　B. 表示媒体　C. 表现媒体　D. 传输媒体

116. 所谓表现媒体，指的是_______。

A. 使人能直接产生感觉的媒体　　B. 用于传输感觉媒体的中间手段

C. 感觉媒体与计算机之间的界面　　D. 用于存储表示媒体的介质

117. 在多媒体系统中，显示器和键盘属于_______。

A. 感觉媒体　B. 表示媒体　C. 表现媒体　D. 传输媒体

118. 按 Microsoft 等指定的标准，多媒体计算机 MPC 由个人计算机、CD-ROM 驱动器、_______、音频和视频卡、音响设备等五部分组成。

A. 鼠标　　B. Windows 操作系统

C. 显卡　　D. 触摸屏

119. 多媒体计算机除了一般计算机所需要的基本配置外，至少还应有光驱、音箱和_______。

A. 调制解调器　B. 扫描仪　C. 数码照相机　D. 声卡

120. 下列文件格式中，_______表示图像文件。

A. *.docx　B. *.xlsx　C. *.bmp　D. *.txt

121. 目前多媒体计算机中对动态图像数据压缩常采用_______。

A. JPEG　B. GIF　C. MPEG　D. BMP

122. 为达到某一目的而编制的计算机指令序列称为_______。

A. 软件　B. 字符串　C. 程序　D. 命令

123. 计算机能直接执行的指令包括两部分，它们是_______。

A. 源操作数和目标操作数　　B. 操作码和操作数

C. ASCII 码和汉字代码　　D. 数字和文字

124. 由二进制代码表示的机器指令能被计算机_______。

A. 直接执行　B. 解释后执行　C. 汇编后执行　D. 编译后执行

125. 使 PC 正常工作必不可少的软件是_______。

A．数据库软件　　　　　　B．辅助教学软件
C．操作系统　　　　　　　D．文字处理软件

126．下列_______软件系统不属于系统软件的范畴。
A．操作系统　B．编译系统　C．数据库系统　D．财务系统

127．最基础最重要的系统软件是_______。
A．数据库管理系统　　　　B．文字处理软件
C．操作系统　　　　　　　D．电子表格软件

128．在下列软件中，属于系统软件的是_______。
A．WPS　B．CCED　C．Word　D．DOS

129．应用软件是指_______。
A．所有能够使用的软件
B．能被各应用单位共同使用的某种软件
C．所有微机上都应使用的基本软件
D．专门为某一目的而编制的软件

130．PowerPoint 属于_______。
A．高级语言　　　　　　　B．操作系统
C．语言处理软件　　　　　D．应用软件

131．_____是指专门为某一应用目的而编制的软件。
A．系统软件　　　　　　　B．数据库管理系统
C．操作系统　　　　　　　D．应用软件

132．属于高级程序设计语言的是_______。
A．Windows　B．FORTRAN　C．CCED　D．汇编语言

133．用汇编语言编写的程序需经过_________翻译成机器语言后，才能在计算机中执行。
A．编译程序　B．解释程序　C．操作系统　D．汇编程序

134．计算机的驱动程序属于_______类软件。
A．应用软件　B．图像软件　C．系统软件　D．编程软件

135．下列叙述中正确的是_______。
A．编译程序、解释程序和汇编程序不是系统软件
B．故障诊断程序、排错程序、人事管理系统属于应用软件
C．操作系统、财务管理程序、系统服务程序都不是应用软件
D．操作系统和各种程序设计语言的处理程序都是系统软件

136．高级语言编译程序按分类来看属于_______。
A．操作系统　B．系统软件　C．应用软件　D．数据库管理软件

137．将用高级语言编写的源程序生成目标程序，要经过_______。
A．编辑　B．汇编　C．动态重定位　D．编译

138．不是计算机语言的是_______。
A．机器语言　B．自然语言　C．汇编语言　D．高级语言

139. 用高级语言编写的程序_______。

A. 只能在某种计算机上运行

B. 无须经过编译或解释，即可被计算机直接执行

C. 具有通用性和可移植性

D. 几乎不占用内存空间

140. 学校的学生学籍管理程序属于_______。

A. 工具软件　B. 系统软件　C. 应用软件　D. 文字处理软件

141. 管理计算机的硬件设备，并使软件能方便、高效地使用这些设备的是_______。

A. 数据库　B. 编译程序　C. 编译软件　D. 操作系统

142. 以下使用计算机的不良习惯是_______。

A. 将用户文件建立在所用系统软件的子目录内

B. 对重要的数据常作备份

C. 关机前退出所有应用程序

D. 使用标准的文件扩展名

143. 下列叙述中正确的是_______。

A. 在计算机中，数据单位 bit 的意思是字节

B. 一个字节为 8 个二进制位

C. 所有的十进制小数都能完全准确地转换成二进制小数

D. 十进制数-56 的八进制补码是 11000111

144. 现在的计算机性能越来越强，而操作却越来越简单，这是因为_______。

A. 计算机中广泛地使用了鼠标和菜单技术

B. 计算机的操作界面越来越图形化

C. 硬件和软件的设计者为普及应用计算机作了大量的研究

D. 以上都对

145. 下列叙述中正确的是_______。

A. 操作系统是一种重要的应用软件

B. 外存中的信息可直接被 CPU 处理

C. 用机器语言编写的程序可以由计算机直接处理

D. 电源关闭后，ROM 中的信息立即丢失

二、多选题

1. 计算机信息技术的发展，使计算机朝着__________方向发展。

A. 巨型化和微型化　B. 网络化　C. 智能化　D. 多功能化

2. 办公自动化（OA）是一项应用，按计算机应用的分类，它不属于__________。

A. 科学计算　B. 实时控制　C. 数据处理　D. 辅助设计

3. 以下关于计算机发展史的叙述中正确的是__________。

A. 世界上第一台计算机是 1946 年在美国发明的，称 ENIAC

B. ENIAC 是根据冯·诺依曼原理设计制造的

C．第一台计算机在 1950 年发明

D．世界上第一台投入使用的，根据冯・诺依曼原理设计的计算机是 EDVAC

4．下列对第一台电子计算机 ENIAC 的叙述中错误的是__________。

A．它的主要元件是电子管

B．它的主要工作原理是存储程序和程序控制

C．它是 1946 年在美国发明的

D．它的主要功能是数据处理

5．在计算机中，采用二进制是因为__________。

A．可降低硬件成本　　B．二进制的运算法则简单

C．系统具有较好的稳定性　　D．上述三个说法都不对

6．两个二进制数相加时，每一位所能出现的数有__________。

A．本位被加数　　B．本位加数

C．来自高位的借位数　　D．来自低位的进位数

7．下列叙述正确的是__________。

A．任何二进制整数都可以完整地用十进制整数来表示

B．任何十进制小数都可以完整地用二进制小数来表示

C．任何二进制小数都可以完整地用十进制小数来表示

D．任何十进制数都可以完整地用十六进制数来表示

8．计算机系统内部进行存储、加工处理、传输使用的代码是__________， 为了将汉字通过键盘输入计算机而设计的代码是__________， 汉字库中存储汉字字型的数字化信息代码是__________。

A．机内码　　B．外码　　C．字型码　　D．BCD 码

9．下列有关 GB 2312—1980 汉字内码的说法正确的是__________ 。

A．内码一定无重码　　B．内码可以用区位码代替

C．使用内码便于打印　　D．内码的最高位为 1

10．计算机的启动方式有__________。

A．热启动　　B．复位启动　　C．冷启动　　D．加电启动

11．完整的计算机硬件系统一般包括__________。

A．外围设备　　B．存储器　　C．中央处理器　　D．主机

12．完整的计算机系统由__________ 组成。

A．硬件系统　　B．系统软件　　C．软件系统　　D．操作系统

13．下列关于计算机硬件组成的说法中正确的是 __________。

A．主机和外设

B．运算器、控制器和 I/O 设备

C．CPU 和 I/O 设备

D．运算器、控制器、存储器、输入设备和输出设备

14．下列设备中属于硬件的有__________。

A．WPS、UCDOS、Windows　　B．CPU、RAM

C．存储器、打印机　　D．键盘和显示器

15．计算机硬件系统的主要性能指标有________。

A．字长　　B．操作系统性能

C．主频　　D．主存容量

16．微型计算机通常是由__________等几部分组成。

A．运算器　　B．控制器　　C．存储器　　D．输入/输出设备

17．计算机的 CPU 是指 __________。

A．内存储器　　B．控制器　　C．运算器　　D．加法器

18．可以作为计算机存储容量的单位是__________。

A．字母　　B．字节　　C．位　　D．兆

19．下列计算机外围设备中， 可以作为输入设备的是__________。

A．打印机　　B．绘图仪　　C．扫描仪　　D．数字照相机

20．在下列设备中，__________不能作为微型计算机的输入设备。

A．打印机　　B．显示器　　C．硬盘　　D．绘图仪

21．以下属于输出设备的有__________。

A．显示器　　B．鼠标　　C．CD-ROM　　D．硬盘

22．以下属于输出设备的有__________。

A．麦克风　　B．喇叭　　C．打印机　　D．扫描仪

23．PC 性能指标中的内存容量一般指的是__________和__________。

A．RAM　　B．CACHE　　C．ROM　　D．硬盘

24．下列叙述中正确的是__________。

A．软盘驱动器既可作为输入设备，也可作为输出设备

B．操作系统用于管理计算机系统的软件和硬件资源

C．键盘上功能键表示的功能是由计算机硬件确定的

D．PC 开机时应先接通外围设备电源，后接通主机电源

25．有关计算机外围设备的知识正确的是__________。

A．喷墨打印机是击打式打印机

B．键盘和鼠标器都是输入设备，它们的功能相同

C．显示系统包括显示器和显示适配器

D．光盘驱动器的主要性能指标是传输速度和纠错性能

26．多媒体信息不包括__________。

A．文本　　B．图形　　C．光盘　　D．声卡

27．多媒体计算机的主要硬件必须包括__________。

A．CD-ROM　　B．EPROM　　C．网卡　　D．音频卡和视频卡

28．下列属于多媒体输入设备的有__________。

A．录像机　　B．光盘　　C．绘图仪　　D．音响

29．下列属于多媒体硬件的有__________。

A．多媒体 I/O 设备　　B．图像

C．语音编码　　　　D．视频卡

30．下列属于多媒体存储设备的有__________。

A．光盘　　B．声像磁带　　C．声卡　　D．视频卡

31．下列属于多媒体功能卡的有__________。

A．IC 卡　　B．视频卡　　C．声卡　　D．网卡

32．下列属于多媒体软件的有__________。

A．多媒体压缩/解压缩软件　　B．多媒体声像同步软件

C．多媒体通信协议　　D．多媒体功能卡

33．多媒体技术发展的基础是__________。

A．通信技术　　B．数字化技术　　C．计算机技术　　D．操作系统

34．软件由__________和__________两部分组成。

A．数据　　B．文档　　C．程序　　D．工具

35．能将高级语言源程序转化成可执行程序的是__________。

A．调试程序　　B．解释程序　　C．编译程序　　D．编辑程序

36．将高级语言编写的程序翻译成机器语言程序，采用的两种翻译方式是__________。

A．编译　　B．解释　　C．汇编　　D．连接

37．下列__________是计算机高级语言。

A．Pascal　　B．CAD　　C．BASIC　　D．C

38．下列软件属于应用软件的有__________。

A．UNIX　　B．Word　　C．汇编语言　　D．C 语言源程序

39．以下__________软件属于系统软件。

A．Windows　　B．UNIX　　C．CAD　　D．Java

40．下列软件中属于系统软件的有__________。

A．操作系统　　B．编译程序　　C．数据库管理系统　　D．汇编程序

三、判断题

1．计算机能够自动、准确、快速地按人们的意图运行的最基本思想是存储程序和程序控制，这个思想是图灵提出来的。（　　）

2．与科学计算（又称数值计算）相比，数据处理的特点是数据输入/输出量大，而计算相对简单。（　　）

3．计算机区别于其他计算工具的本质特点是能存储数据和程序。（　　）

4．远程医疗、远程教育、虚拟现实技术、电子商务、计算机协同工作等是信息应用的新趋势。（　　）

5．模拟计算机常用来处理连续的数据。（　　）

6．微型计算机就是体积很小的计算机。（　　）

7．电子计算机的发展已经经历了四代，第一代的电子计算机都不是按照存储程序和程序控制原理设计的。（　　）

8．计算机的所有计算都是在内存中进行的。（ ）

9．计算机内所有的信息都是以十六进制数码形式表示的，其单位是比特（bit）。（ ）

10．二进制数的逻辑运算是按位进行的，位与位之间没有进位和借位的关系。（ ）

11．二进制是由 1 和 2 两个数字组成的进制方式。（ ）

12．数字“1028”未标明后缀，但是可以断定它不是一个十六进制数。（ ）

13．常用字符的 ASCII 码值从小到大的排列规律是：空格、阿拉伯数字、小写英文字母、大写英文字母。（ ）

14．标准 ASCII 码在计算机中的表示方式为一个字节，最高位为“0”，汉字编码在计算机中的表示方式为一个字节，最高位为“1”。（ ）

15．ASCII 码在通常情况下是 8 位码。（ ）

16．按字符的 ASCII 码值比较，“A”比“a”大。（ ）

17. 计算机中的字符，一般采用 ASCII 编码方案。若已知【H】的 ASCII 码值为 48H，则可推断出【J】的 ASCII 码值为 50H。（ ）

18．在计算机内部用于存储、交换、处理的汉字编码称为机内码。（ ）

19．输入汉字的编码方法有很多种，输入计算机后，都按各自的编码方法存储在计算机内部，所以在计算机内部处理汉字信息相当复杂。（ ）

20．冷启动和热启动的区别是主机是否重新启动电源以及是否对系统进行自检。（ ）

21．微型机系统是由 CPU、内存储器和输入/输出设备组成的。（ ）

22．运算器是完成算术和逻辑操作的核心处理部件，通常称为 CPU。（ ）

23．裸机是指不带外围设备的主机。（ ）

24．开机时先开显示器后开主机电源，关机时先关主机后关显示器电源。（ ）

25．主存储器和 CPU 均包含于处理器单元中。（ ）

26．计算机的性能指标完全由 CPU 决定。（ ）

27．字长是指计算机能直接处理的二进制信息的位数。（ ）

28．字长是衡量计算机精度和运算速度的主要技术指标之一。（ ）

29．32 位字长的计算机就是指能处理最大为 32 位十进制数的计算机。（ ）

30．辅助存储器用于存储当前不参与运行或需要长久保存的程序和数据。其特点是存储容量大、价格低，但与主存储器相比，其存取速度较慢。（ ）

31．计算机的所有计算都是在内存中进行的。（ ）

32．只读存储器是专门用来读出内容的存储器，但在每次加电开机前，必须由系统为它写入内容。（ ）

33．各种存储器的性能可以用存储时间、存储周期、存储容量 3 个指标表述。（ ）

34．程序一定要装到内存储器中才能运行。（ ）

35．计算机操作过程中突然断电，RAM 中保存的信息全部丢失，ROM 中保存的信

息不受影响。 ( )

36．只读存储器是专门用来读出内容的存储器，但在每次加电开机前，必须由系统为它写入内容。 ( )

37．外存上的信息可直接进入 CPU 处理。 ( )

38．程序一定要装到内存储器中才能运行。 ( )

39．就存取速度而言，内存比硬盘快，硬盘比软盘快。 ( )

40．计算机的内存容量是指主板上随机存储器的容量大小。 ( )

41 操作系统把刚输入的数据或程序存入 RAM 中，为防止信息丢失，用户在关机前，应先将信息保存到 ROM 中。 ( )

42．RAM 中的信息既能读又能写，断电后其中的信息不会丢失。 ( )

43．半导体动态 RAM 是易失的，而静态 RAM 存储的信息即使切断电源也不会丢失。 ( )

44．计算机操作过程中突然断电，RAM 中保存的信息全部丢失，ROM 中保存的信息不受影响。 ( )

45．主存储器用于存储当前运行时所需要的程序和数据。其特点是存取速度快，但与辅助存储器相比，其容量小、价格高。 ( )

46．高速缓冲存储器（Cache）用于 CPU 与主存储器之间进行数据交换的缓冲。其特点是速度快，但容量小。 ( )

47．辅助存储器用于存储当前不参与运行或需要长久保存的程序和数据。其特点是存储容量大、价格低，但与主存储器相比，其存取速度较慢。 ( )

48．磁盘既可作为输入设备又可作为输出设备。 ( )

49．通常硬盘安装在主机箱内，因此它属于主存储器。 ( )

50．磁盘的工作受磁盘控制器的控制，而不受主机的控制。 ( )

51．新买的磁盘片必须经过格式化后才能使用，凡经过格式化的磁盘片可在各种型号的微型计算机中使用。 ( )

52．40 倍速光驱的含义是指该光驱的速度为软盘驱动器速度的 40 倍。 ( )

53．当优盘没有正常关闭时不能直接拔出。 ( )

54．键盘和显示器都是计算机的 I/O 设备，键盘为输入设备，显示器为输出设备。 ( )

55．微机的显示系统包括显示器和显示适配器两部分。 ( )

56．键盘是输入设备，但显示器上所显示的内容既有计算机运行的结果也有用户从键盘输入的内容，所以显示器既是输入设备又是输出设备。 ( )

57．点距是彩色显示器的一项重要技术指标，点距越小，可以达到的分辨率就越高，画面就越清晰。 ( )

58．显示适配器（显卡）是系统总线和显示器之间的接口。 ( )

59．分辨率是显示器的一个重要指标，它表示显示器屏幕上像素的数量。像素越多，分辨率越高，显示的字符或图像就越清晰、逼真。 ( )

60．分辨率是计算机中显示器的一项重要指标，若某显示器的分辨率为 1024×768，

则表示其屏幕上的总像素个数是 1024×768。（　）

61．汉字处理系统中的字库文件用来解决输出时转换为显示或打印字模问题。（　）

62．具有多媒体功能的计算机称为多媒体计算机。（　）

63．多媒体的实质是将不同形式存在的媒体信息（文本、图形、图像、动画和声音）数字化，然后用计算机对它们进行组织、加工并提供给用户使用。（　）

64．多媒体数据的传输速度是多媒体的关键技术。（　）

65．多媒体计算机就是安装光盘驱动器、音频卡和视频卡的微型计算机。（　）

66．集成性和交互性是多媒体技术的特征。（　）

67．数据压缩比越高，压缩技术的效率越高。（　）

68．由于多媒体信息量巨大，因此，多媒体信息的压缩与解压缩技术是多媒体技术中最为关键的技术之一。（　）

69．声卡又称音频卡。（　）

70．声波振动频率越高，声调也就越高。（　）

71．DVD 是一种输出设备。（　）

72．CD-ROM 既可代表 CD-ROM 光盘，也可指 CD-ROM 驱动器。（　）

73．AVI 是指音频、视频交互文件格式。（　）

74．WAV 文件是模拟音乐文件，用于音效。（　）

75．放像机可播放多媒体节目，故放像机称为多媒体机。（　）

76．指令与数据在计算机内是以 ASCII 码进行存储的。（　）

77．操作码提供的是操作控制信息，指明计算机应执行什么性质的操作。（　）

78．指令是计算机用以控制各部件协调动作的命令。（　）

79．地址码提供参加操作的数据存取地址，这种地址称为操作数地址。（　）

80．计算机能直接执行的指令包括两部分，即源操作数和目标操作数。（　）

81．不同的计算机系统具有不同的机器语言和汇编语言。（　）

82．高级算法语言是计算机硬件能直接识别和执行的语言。（　）

83．汇编语言和机器语言都属于低级语言，因为用它们编写的程序可以被计算机直接识别执行。（　）

84．用计算机机器语言编写的程序可以由计算机直接执行，用高级语言编写的程序必须经过编译（或解释）才能执行。（　）

85．汇编语言之所以属于低级语言是由于用它编写的程序执行效率不如高级语言。（　）

86．用机器语言编写的程序执行速度较高级语言编写的程序慢。（　）

87．采用计算机高级语言编写的程序，其执行速度比用低级语言编写的程序要快。（　）

习题二　Windows 7 操作系统

一、单选题

1．操作系统是_______的接口。

A．用户与软件　　B．系统软件与应用软件

C．主机与外设　　D．用户与计算机

2．Windows 操作系统的特点包括_______。

A．图形界面　　B．多任务　　C．即插即用　　D．以上都对

3．Windows 7 操作系统是一个_______。

A．单用户多任务操作系统　　B．单用户单任务操作系统

C．多用户单任务操作系统　　D．多用户多任务操作系统

4．启动 Windows 系统，最确切的说法是_______。

A．让硬盘中的 Windows 系统处于工作状态

B．把软盘中的 Windows 系统自动装入 C 盘

C．把硬盘中的 Windows 系统装入内存储器的指定区域中

D．给计算机接通电源

5．退出 Windows 时，直接关闭计算机电源可能产生的后果是_______。

A．可能破坏尚未存盘的文件　　B．可能破坏临时设置

C．可能破坏某些程序的数据　　D．以上都对

6．Windows 系统安装完毕并启动后，由系统安排在桌面上的图标是_______。

A．资源管理器　　B．回收站　　C．记事本　　D．控制面板

7．在 Windows 中，鼠标的拖放操作是指_______。

A．移动鼠标使鼠标指针出现在屏幕的某个位置

B．按住鼠标按键，移动鼠标把鼠标指针移到某个位置后释放按键

C．按下并快速地释放鼠标按键

D．快速连续地两次按下并释放鼠标按键

8．在 Windows 中，鼠标的单击操作是指_______。

A．移动鼠标使鼠标指针出现在屏幕的某个位置

B．按住鼠标按键，移动鼠标把鼠标指针移到某个位置后释放按键

C．按下并快速地释放鼠标按键

D．快速连续地两次按下并释放鼠标按键

9．以下操作不能用于关闭一个窗口的是_______。

A．按【Alt+F4】组合键　　B．双击窗口的控制菜单

C．双击窗口的标题栏　　D．单击窗口的关闭按钮

10．要从当前正在运行的一个应用程序窗口转到另一个应用程序窗口，只需用鼠标单击该窗口和快捷键_______。

A．【Ctrl+Esc】　　B．【Ctrl+Space】

C．【Alt+Esc】　　D．【Alt+Space】

11．退出当前应用程序的方法是_______。

A．按【Esc】键　　B．按【Ctrl+Esc】组合键

C．按【Alt+Esc】组合键　　D．按【Alt+F4】组合键

12．选用中文输入法后，可以用_______实现全角和半角的切换。

A．按【Caps Lock】键　　B．按【Ctrl+圆点】组合键

C．按【Shift+空格】组合键　　D．按【Ctrl+空格】组合键

13．在 Windows 中，按【Ctrl+Esc】组合键的作用是_______。

A．关闭应用程序窗口　　B．打开应用程序窗口的控制菜单

C．应用程序之间的相互切换　　D．激活“任务栏”并打开“开始”菜单

14．在 Windows 中，按【Alt+Tab】组合键的作用是_______。

A．关闭应用程序窗口　　B．打开应用程序窗口的控制菜单

C．应用程序之间的相互切换　　D．激活“任务栏”并打开“开始”菜单

15．在 Windows 中，下列叙述不正确的是_______。

A．各种汉字输入法的切换，可按【Ctrl+Shift】组合键来实现

B．全角和半角状态可按【Shift+Space】组合键来切换

C．汉字输入方法可按【Ctrl+Space】组合键切换出来

D．在汉字输入状态时，想退出汉字输入法，可按【Alt+Space】组合键来实现

16．在 Windows 操作环境中，欲将整个活动窗口的内容全部复制到剪贴板中，应按_______键。

A．【Print Screen】　　B．【Alt+Print Screen】

C．【Ctrl+Space】　　D．【Alt+F4】

17．在 Windows 中桌面是指_______。

A．计算机台　　B．活动窗口

C．资源管理器窗口　　D．窗口、图标、对话框所在的屏幕

18．在 Windows 桌面上，可以移动某个已选定图标的操作为_______。

A．用鼠标左键将该图标拖放到适当位置

B．右击该图标，在弹出的快捷菜单中选择“创建快捷方式”命令

C．右击桌面空白处，在弹出的快捷菜单中选择“粘贴”命令

D．右击该图标，在弹出的快捷菜单中选择“复制”命令

19．在 Windows 中，有关还原按钮的操作正确的是_______。

A．单击还原按钮可以将最大化后的窗口还原

B．单击还原按钮可以将最小化后的窗口还原

C．双击还原按钮可以将最大化后的窗口还原

D．双击还原按钮可以将最小化后的窗口还原

20．下列关于 Windows 任务栏的描述错误的是______。

A．任务栏的位置、大小均可以改变

B．任务栏无法隐藏

C．任务栏中显示的是已打开文档或已运行程序的标题

D．任务栏的尾端可添加图标

21．在 Windows 中，任务栏的作用是______。

A．显示系统的所有功能　　B．只显示当前活动窗口名

C．只显示正在后台工作的窗口名　　D．实现窗口之间的切换

22．在 Windows 中，执行了诸如复制、删除、移动等命令后，如果想取消这些动作，可以使用______。

A．在“回收站”中重新操作　　B．按【Esc】键

C．单击工具栏中的“撤销”按钮　　D．右击空白处

23．在 Windows 中，有些文件内容比较多，即使窗口最大化，也无法在屏幕上显示出来。此时可利用窗口______来阅读文件内容。

A．窗口边框　　B．控制菜单

C．滚动条　　D．最大化按钮

24．拖拉 Windows 中一个窗口的标题栏可以实现______操作。

A．改变窗口的纵向尺寸　　B．改变窗口的横向尺寸

C．移动窗口在屏幕上的位置　　D．以上三项都不是

25．在 Windows 中，用“创建快捷方式”创建的图标______。

A．可以是任何文件和文件夹　　B．只能是可执行程序或程序组

C．只能是单个文件　　D．只能是程序文件和文档文件

26．下列资源中不能使用 Windows 提供的查找应用程序找到的有______。

A．文件夹　　B．网络中的计算机

C．文件　　D．已被删除但仍在回收站中的应用程序

27．当一个文档被关闭后，该文档将______。

A．保存在外存中　　B．保存在内存中

C．保存在剪贴板中　　D．既保存在外存中也保存在内存中

28．借助剪贴板在两个 Windows 应用程序之间传递信息时，在资源文件中选定要移动的信息后，选择“编辑”菜单中的______命令，再将插入点置于目标文件的希望位置，然后选择“编辑”菜单中的“粘贴”命令即可。

A．清除　　B．剪切　　C．复制　　D．粘贴

29．下列关于 Windows 窗口的描述中，不正确的是______。

A．窗口是 Windows 应用程序的用户界面

B．Windows 的桌面也是 Windows 窗口

C．Windows 窗口有两种类型：应用程序窗口和文档窗口

D．用户可以在屏幕上移动窗口和改变窗口大小

30．Windows 中的“剪贴板”是______。

A. 硬盘中的一块区域　　B. 软盘中的一块区域
C. 高速缓存中的一块区域　　D. 内存中的一块区域

31. 在 Windows 中，将文件拖到回收站中后，则_______。
A. 复制该文件到回收站　　B. 删除该文件，且不能恢复
C. 删除该文件，但可以恢复　　D. 回收站自动删除该文件

32. 在 Windows 中，下列叙述正确的是_______。
A. 当用户为应用程序创建了快捷方式时，就是将应用程序增加一个备份
B. 关闭一个窗口就是将该窗口正在运行的程序转入后台运行
C. 桌面上的图标完全可以按用户的意愿重新排列
D. 一个应用程序窗口只能显示一个文档窗口

33. 单击“开始”按钮，打开“开始”菜单，其中“所有程序”项的作用是_______。
A. 显示可运行程序的清单　　B. 表示要开始编写的程序
C. 表示开始执行的程序　　D. 显示网络传送来的最新程序清单

34. 在 Windows 中，“开始”菜单中的“文档”命令的作用是_______。
A. 新建文档　　B. 打开最近使用过的文档
C. 打开“文档”应用程序　　D. 以上都对

35. 在 Windows 中，如果想同时改变窗口的高度和宽度，可以通过拖放_______来实现。
A. 窗口角　　B. 窗口边框　　C. 滚动条　　D. 菜单栏

36. 比较 Windows 的窗口和对话框，窗口可以移动和改变大小，而对话框_______。
A. 既不能移动，也不能改变大小　　B. 仅可以移动，不能改变大小
C. 仅可以改变大小，不能移动　　D. 既能移动，也能改变大小

37. 在 Windows 中，若将鼠标指针移到一个窗口的边缘时，便会变为一个双向箭头，表明_______。
A. 可以改变窗口的大小形状
B. 可以移动窗口的位置
C. 既可以改变窗口大小，又可以移动窗口位置
D. 既不可以改变窗口大小，也不可以移动窗口位置

38. 在对话框中，允许同时选中多个选项的是_______。
A. 单选框　　B. 复选框　　C. 列表框　　D. 命令按钮

39. 在 Windows 中有两个管理系统资源的程序组，它们是_______。
A. “计算机”和“控制面板”
B. “Windows 资源管理器”和“控制面板”
C. “计算机”和“Windows 资源管理器”
D. “开始”菜单和“控制面板”

40. 在“Windows 资源管理器”窗口中，文件夹图标左边有“+”号，则表示该文件夹中_______。
A. 一定含有文件　　B. 一定不含有子文件夹

C．含有子文件夹且没有被展开　　D．含有子文件夹且已经被展开

41．默认情况下，在“Windows 资源管理器”窗口中，当选定文件夹后，下列不能删除文件夹的操作是______。

A．按【Delete】键

B．右击该文件夹，在弹出的快捷菜单中选择“删除”命令

C．选择“编辑”｜“剪切”命令

D．双击该文件夹

42．在“Windows 资源管理器”窗口中，选择______查看方式可显示文件的“大小”与“修改时间”。

A．图标　　B．平铺　　C．列表　　D．详细资料

43．在“Windows 资源管理器”窗口中，所选择文件夹内的文件和子文件夹的图标表示方法有______。

A．平铺、图标、详细资料　　B．图标、列表、详细资料

C．平铺、图标、列表　　D．平铺、图标、列表、详细资料

44．在“Windows 资源管理器”窗口中，左边显示的内容是______。

A．所有未打开的文件夹

B．系统的树状文件夹结构

C．打开的文件夹下的子文件夹及文件

D．所有已打开的文件夹

45．在 Windows 中一个文件夹可以包含______。

A．文件　　B．文件夹　　C．快捷方式　　D．以上三个都可以

46．在 Windows 中，有关文件或文件夹的属性说法不正确的是______。

A．所有文件或文件夹都有自己的属性

B．文件存盘后，属性就不可以改变

C．用户可以重新设置文件或文件夹的属性

D．文件或文件夹的属性包括只读、隐藏等

47．在 Windows 中，文件夹中包含______。

A．只有文件　　B．只有子目录

C．文件和子文件夹　　D．只有子文件夹

48．Windows 的文件夹组织结构是一种______。

A．表格结构　　B．树状结构　　C．网状结构　　D．线形结构

49．对文件的确切定义应该是______。

A．记录在磁盘上的一组相关命令的集合

B．记录在磁盘上的一组相关程序的集合

C．记录在存储介质上的一组相关数据的集合

D．记录在存储介质上的一组相关信息的集合

50．下面是关于中文 Windows 文件名的叙述，错误的是______。

A．文件名中允许使用汉字

B．文件名中允许使用空格

C．文件名中允许使用多个圆点分隔符

D．文件名中允许使用竖线（“|”）

51．以下对 Windows 文件名命名规则的描述不正确的是_______。

A．文件名的长度可以超过 11 个字符

B．文件的命名可以用中文

C．在文件名中不能有空格

D．文件名的长度不能超过 255 个字符

52．在 Windows 中，下列文件名命名不合法的是_______。

A．name_1　　B．123.dat　　C．my*disk　　D．about abc.doc

53．根据文件命名规则，下列字符串中合法文件名是_______。

A．ADC*. FNT　　B．#ASK%. SBC

C．CON. BAT　　D．SAQ/. TXT.

54．在 Windows 的网络方式中欲打开其他计算机中的文档时，地址的完整格式是_______。

A．\\计算机名\路径名\文档名　　B．文档名\路径名\计算机名

C．\\计算机名\路径名 文档名　　D．\\计算机名 路径名 文档名

55．用户需要使用某一个文件时，在命令中指出_______是必要的。

A．文件的性质　　B．文件的内容　　C．文件路径　　D．文件路径与文件名

56．在 Windows 中，使用鼠标的_______功能，可以实现文件或文件夹的快速移动或复制。

A．指向　　B．单击　　C．双击　　D．拖放

57．在 Windows 中，用鼠标选定多个不连续文件的操作是_______。

A．按住【Shift】键，然后单击每个需要的文件

B．按住【Ctrl】键，然后单击每个需要的文件

C．单击第一个文件，然后按住【Shift】键单击最后一个文件

D．单击第一个文件，然后按住【Ctrl】键单击最后一个文件

58．当选择好文件夹后，下列操作中，_______不能删除文件。

A．按【Delete】键

B．右击该文件夹，在弹出的快捷菜单中选择“删除”命令

C．选择“文件”|“删除”命令

D．用右键双击该文件

59．Windows 应用程序中某一菜单中的某条命令被选中后，该菜单右边又出现了一个子菜单，则该命令_______。

A．后跟“...”　　B．前有“√”

C．呈暗淡显示　　D．后跟三角形符号

60．在 Windows 中，运行一个程序可以_______。

A．选择“开始”|“运行”命令

B．使用 Windows 资源管理器

C．使用桌面上已建立的快捷方式图标

D．以上都可以

61．在 Windows 中，应用程序的菜单栏通常位于窗口的_______。

A．最顶端　B．最底端　C．标题栏的下面　D．以上都错

62．以下属于 Windows 通用视频文件的是_______。

A．bee.txt　B．bee.avi　C．bee.docx　D．bee.bmp

63．在 Windows 中，下列叙述正确的是_______。

A．写字板是字处理软件，不能进行图文处理

B．画图是绘图工具，不能输入文字

C．写字板和画图均可以进行文字和图形处理

D．以上说法都不对

64．在 Word 中建立的文档文件，不能用 Windows 中的记事本打开，这是因为_______。

A．文件是以.docx 为扩展名

B．文件中含有汉字

C．文件中含有特殊控制符

D．文件中的西文有“全角”和“半角”之分

65．关于在 Windows 中安装打印机驱动程序，以下说法中正确的是_______。

A．Windows 提供的打印机驱动程序支持任何打印机

B．Windows 显示的可供选择的打印机，列出了所有的打印机

C．即使要安装的打印机与默认打印机兼容，安装时也需要插入 Windows 所要求的某张系统盘，并不能直接使用

D．如果要安装的打印机与默认的打印机兼容，则不必安装

66．记事本是用于编辑_______文件的应用程序。

A．ASCII 文本　B．批处理　C．扩展名为.docx 的　D．数据库

67．中文 Windows 中包含的汉字库文件是用来解决_______问题的。

A．使用者输入的汉字在机内的存储

B．输入时的键盘编码

C．汉字识别

D．输出时转换为显示或打印字模

68．在 Windows 中，下列不属于“控制面板”操作的是_______。

A．更改显示器和打印机设置　B．定义串行端口的参数

C．调整鼠标的设置　D．创建快捷方式

69．五笔字型是一种_______汉字输入方法。

A．音码　B．形码　C．音形结合码　D．流水码

70．用拼音输入法或五笔字型输入法输入单个汉字时，字母键_______。

A．必须是大写　B．必须是小写

C．可以是大写或者小写　　　　D．可以是大写与小写的混合使用

71．在 Windows 中，用户可以对磁盘进行快速格式化，但是被格式化的磁盘必须是_______。

A．从未格式化的新盘　　　　B．无坏道的新盘

C．低密度磁盘　　　　D．以前做过格式化的磁盘

72．下列叙述中正确的是_______。

A．同一张软盘每次使用前必须进行格式化

B．在 Windows 中，不允许使用长文件名

C．在 Windows 中，文件删除后一定不能恢复

D．在计算机的外存储器中，数据、程序以文件的形式存储

73．下列叙述中错误的是_______。

A．磁盘驱动器既可以作为输入设备，也可作为输出设备

B．操作系统用于管理计算机系统的软和硬件资源

C．键盘上功能键表示的功能是由计算机硬件确定的

D．PC 开机时应先接通外围设备电源，后接通主机电源

二、多选题

1．操作系统是________与________的接口。

A．用户　　B．计算机　　C．软件　　D．外设

2．下列叙述中，正确的是________。

A．软盘驱动器既可作为输入设备，也可作为输出设备

B．操作系统用于管理计算机系统的软和硬件资源

C．键盘上功能键表示的功能是由计算机硬件确定的

D．PC 开机时应先接通外围设备电源，后接通主机电源

3．Windows 7 安装时，它要________。

A．安装后不必重新启动计算机就可直接运行

B．搜索计算机的有关信息

C．检测安装硬件并完成最后的设置

D．将 Windows 7 系统解压复制到计算机

4．在 Windows 中，桌面是指________。

A．计算机台

B．活动窗口

C．窗口、图标和对话框所在的屏幕背景

D．A、B 均不正确

5．在 Windows 资源管理器中，所选择文件夹内的文件和子文件夹的图标表示方法有________。

A．图标　　B．平铺　　C．列表　　D．详细资料

6．在“Windows 资源管理器”中可进行的操作有________。

A．格式化磁盘　B．对文件重命名 C．关闭计算机　D．创建新文件夹

7．有关“Windows 资源管理器“的说法正确的有________。

A．在“Windows 资源管理器”窗口中可以格式化硬盘

B．在“Windows 资源管理器”窗口中可以添加汉字输入法

C．在“Windows 资源管理器”窗口中可以映射网络驱动器

D．在“Windows 资源管理器”窗口中可以编辑文稿

8．在 Windows 中，可以使用如下________方法启动一个 Windows 应用程序。

A．单击桌面上的快捷图标

B．选择“开始”|“所有程序”菜单中的应用程序命令

C．单击“Windows 资源管理器”中的应用程序文件

D．用查找命令找到应用程序后，在查找窗口中双击该应用程序文件

9．切换同时打开的几个程序窗口的操作方法有________。

A．单击任务栏中的程序图标　B．按【Ctrl+Tab】组合键

C．按【Ctrl+Esc】组合键　D．按【Alt+Tab】组合键

10．在下列关于 Windows 7 文件名的叙述中正确的是________。

A．文件名中允许使用汉字　B．文件名中允许使用多个圆点分隔符

C．文件名中允许使用空格　D．文件名中允许使用竖线“|”

11．DOS、Windows 操作系统对设备采用约定的文件名。下列名称中，________属于设备文件名，它们不能作为文件夹名或文件主名。

A．SYS　B．CON　C．COM　D．PRN

12．下列文件中，不能在 Windows 环境下运行的文件是________。

A．PRO.COM　B．PRO.BAK　C．PRO.BAT　D．PRO.SYS

13．在 Windows 环境下，可用 A??.* 来表示的文件有________。

A．A12.DOC　B．AAA.TXT　C．A1.BAK　D．A123.PRG

14．在 Windows 中，在“控制面板”窗口中单击“程序和功能”超链接能实现的功能有________。

A．格式化软盘　B．添加、删除 Windows 组件

C．创建 Windows 启动盘　D．设置 Windows 应用程序属性

15．在 Windows 中，下面有关打印机的叙述中不正确的是________。

A．局域网上连接的打印机称为本地打印机

B．本机上连接的打印机称为本地打印机

C．使用控制面板可以安装打印机

D．一台微机只能安装一种打印驱动程序

16．修改系统的日期和时间可以用________或桌面________最右边的时间指示器。

A．控制面板　B．任务栏　C．文件　D．计算机

17．在 Windows 附件中，下面叙述正确的是________。

A．记事本中可以含有图形

B．画图是绘图软件，不能输入汉字

C．写字板中可以插入图形

D．计算器可以将十进制整数转换为二进制或十六进制数

18．通常来说，影响汉字输入速度的因素有________。

A．码长　　B．重码率

C．是否有词组输入　　D．有无提示行

19．以下关于 Windows 7 的叙述中正确的有 ________。

A．使用快捷菜单的方法是右击相关对象

B．文件名可以包含空格、汉字

C．屏幕保护程序的作用是保护用户的视力

D．在同一磁盘中复制文件和文件夹可以用鼠标左键直接拖动完成

三、判断题

1．操作系统是计算机专家为提高计算机精度而研制的。（　）

2．分时操作系统允许 2 个以上的用户共享一个计算机系统。（　）

3．操作系统都是多用户单任务系统。（　）

4．操作系统是合理地组织计算机工作流程、有效地管理系统资源、方便用户使用的程序集合。（　）

5．操作系统的功能包括进程管理、存储管理、设备管理、作业管理和文件管理。（　）

6．操作系统是一种对所有硬件进行控制和管理的系统软件。（　）

7．UNIX 是一种多用户单任务的操作系统。（　）

8．XENIX 是一种多用户的操作系统。（　）

9．Windows 是一个基于图形的多任务、多窗口的操作系统。（　）

10．Windows 是一个多用户多任务的操作系统。（　）

11．启动 Windows 的同时可以加载指定程序。（　）

12．不支持即插即用的硬件设备不能在 Windows 环境下使用。（　）

13．Windows 本身不带有文字处理程序。（　）

14．中文 Windows 7 本身附带智能 ABC、全拼、五笔字型等输入法。（　）

15．在 Windows 环境下，系统的属性是不能改变的。（　）

16．在 Windows 中，一个应用程序窗口被最小化后，该应用程序将被终止执行。（　）

17．一个应用程序只可以关联某一种扩展名的文件。（　）

18．Windows 的应用程序窗口与文档窗口的最大区别是后者不含菜单栏。（　）

19．文档窗口最大化后将占满整个桌面。（　）

20．在 Windows 中，文档窗口没有菜单栏，它与其所用的应用程序窗口合用菜单栏。（　）

21．在 Windows 中有两种窗口：应用程序窗口和文档窗口，它们都有各自的菜单栏，所以可以用各自的命令进行操作。（　）

22. 在 Windows 7 下，多个用户使用一台计算机时，每个用户可以有不同的桌面背景。 ( )

23. Windows 的桌面外观可以根据爱好进行更改。 ( )

24. 在 Windows 中，后台程序是指被前台程序完全覆盖了的程序。 ( )

25. 删除程序组图标时，会连同其所包含的程序项图标及程序文件一同删除。 ( )

26. 在 Windows 下，所有在运行的应用程序都会在任务栏中出现该应用程序的相应图标。 ( )

27. 程序项图标可以在同一组内重复出现。 ( )

28. 在 Windows 中，将可执行文件从“计算机”窗口中用鼠标右键拖到桌面上可以创建快捷方式。 ( )

29. 在 Windows 7 中，将可执行文件从“Windows 资源管理器”或“计算机”窗口中用鼠标右键拖到桌面上可以创建快捷方式。 ( )

30. 在 Windows 中，在任何地方用鼠标右击对象都可弹出快捷菜单，这些快捷菜单内容是相同的。 ( )

31. 在桌面上可以为同一个 Windows 应用程序建立多个快捷方式。 ( )

32. Windows 工作的某一时刻，桌面上总有一个对象处于活动状态。 ( )

33. 在 Windows 中任务栏的位置和大小是可以由用户改变的。 ( )

34. 在 Windows 中有对话框、应用程序窗口、文档窗口。它们都可任意移动和改变窗口的大小。 ( )

35. Windows 下不需安装相应的多媒体外围设备驱动程序就可以操作某种特定的多任务媒体文件。 ( )

36. Windows 中的“回收站”用来暂时存放被删除的文件及文件夹，一旦放入“回收站”便不可再删除了，只可恢复。 ( )

37. 在 Windows 系统下，把文件放入“回收站”并不意味着文件已从磁盘上清除了。 ( )

38. 在 Windows 7 中，当文件或文件夹被删除并放入“回收站”后，它就不再占用磁盘空间。 ( )

39. 剪贴板的内容只能被其他应用程序粘贴，不能予以保存。 ( )

40. 从进入 Windows 7 到退出 Windows 7 前，剪贴板一直处于工作状态。 ( )

41. 从进入 Windows 到退出 Windows 前，随时可以使用剪贴板。 ( )

42. 在 Windows 系统的各应用程序间复制信息是通过剪贴板来完成的。 ( )

43. Windows 中的“回收站”除了收集系统废弃的资源外，还具有恢复被删内容的功能。 ( )

44. Windows 各应用程序间复制信息可以通过剪贴板完成。 ( )

45. 磁盘的根目录只有一个，用户可以自行定义。 ( )

46. 在多级目录结构中，不允许文件同名。 ( )

47. 从磁盘根目录开始到文件所在目录的路径，称为相对路径。 ( )

48．如果一个文件的扩展名为.exe，那么这个文件必定是可运行的。（　）

49．在 Windows 的文件管理器中删除文件夹，可将其下的所有文件及子文件夹一同删除。（　）

50．计算机系统中的所有文件一般可分为可执行文件和非可执行文件两大类，可执行文件的扩展名类型主要有.exe 和.com。（　）

51．在 Windows 7 下，用鼠标左键将一个文件从一个文件夹拖动到另一文件夹中，肯定是将这个文件从源文件夹移动到目标文件夹。（　）

52．在 Windows 中一般不提倡使用鼠标的右键。（　）

53．在 Windows 中，鼠标的左右键可以进行交换。（　）

54．在 Windows 的网络环境下，打印机不能进行共享。（　）

55．Windows 下不需安装相应的多媒体外围设备驱动程序就可以操作某种特定的多任务媒体文件。（　）

56．在 Windows 环境下，打印机的安装和设置必须在安装 Windows 时一次完成。（　）

57．在 Windows 系统下，正在打印时不能进行其他操作。（　）

58．Windows 的计算器可以用来进行十六进制数的运算。（　）

59．“写字板”中没有插入/改写状态，它只能以插入方式来输入文字。（　）

60．在 Windows 7 环境下，文本文件只能用记事本打开，不能用 Word 打开。（　）

61．附件中的记事本和写字板在功能上有很大的区别。（　）

62．Windows 用 AVI 格式来存储视频文件。（　）

63．一旦对显示器进行某项设置可单击“应用”按钮也可单击“确定”按钮，因此两者功能完全一样。（　）

64．Windows 7 的鼠标双击速度可以通过相应的程序调整。（　）

65．在 Windows 中，屏幕保护程序是为降低硬盘的功耗。（　）

66．在 Windows 7 环境下，系统工具中的磁盘扫描程序主要用于清理磁盘，把不需要的垃圾文件从磁盘中删掉。（　）

67．在 Windows 中，用户可以对磁盘进行快速格式化，但是被格式化的磁盘必须是以前做过格式化的磁盘。（　）

习题三　办公自动化软件——Word 2010

一、单选题

1．在大纲视图中，“▲ ▼ ＋ －”中________按钮是可以展开本标题下的正文。

A．第一个　　B．第二个　　C．第三个　　D．第四个

2．如果要调整文档中每段第一行的左缩进，应该拖动下图中第________个标记。

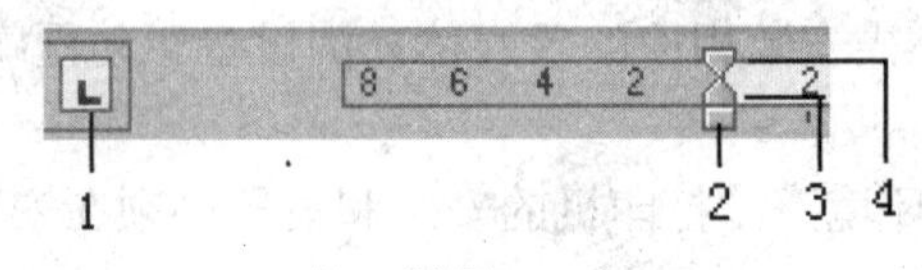

第 2 题图

A．1　　B．2　　C．3　　D．4

3．Word 2010 的剪贴板最多可以存放________项内容。

A．1　　B．4　　C．12　　D．24

4．若希望光标在英文文档中逐词移动，应按________。

A．【Tab】键　　B．【Ctrl+Home】组合键

C．【Ctrl】键+左右箭头　　D．【Ctrl+Shift】键+左右箭头

5．设置底线为双线的页眉的操作是________。

A．单击“页面布局”选项卡“页面背景”组中的“页面边框”按钮，弹出“边框和底纹”对话框，选择“边框”选项卡，然后选择双线样式，应用到“段落”

B．双击页眉，单击“页面布局”选项卡“页面背景”组中的“边框和底纹”按钮，弹出“边框和底纹”对话框，选择“边框”选项卡，然后选择双线样式，应用到“段落”

C．在“边框和底纹”对话框中选择“页面边框”选项卡，设置上边线为双线

D．在“页面设置”选项卡上设置

6．以下用鼠标选定的方法，正确的是________。

A．若要选定一个段落，则把鼠标放在该段落上，连续三击

B．若要选定一篇文档，则把鼠标指针放在选定区，双击

C．选定一列时，按住【Alt】键的同时用鼠标指针拖动

D．选定一行时，把鼠标指针放在该行中，双击

7．以下选定文本的方法正确的是________。

A．把鼠标指针放在目标处，按住鼠标左键拖动

B．把鼠标指针放在目标处，双击鼠标右键

C．【Ctrl】键+左右箭头

D.【Alt】键+左右箭头

8．若要选定整个文档，应将光标移动到文档左侧变成“正常选择”形状↗，然后________。

A．双击　　B．连续三击

C．双击鼠标右键　　D．单击

9．要用标尺设置制表位，正确的视图编辑方式是________。

A．大纲视图　　B．阅读版式视图

C．Web 版式视图　　D．页面视图

10．某文档只有一个段落(见图)，对其进行分栏操作时为了使左右分栏栏高基本相等，选定区起点与终点应是________。

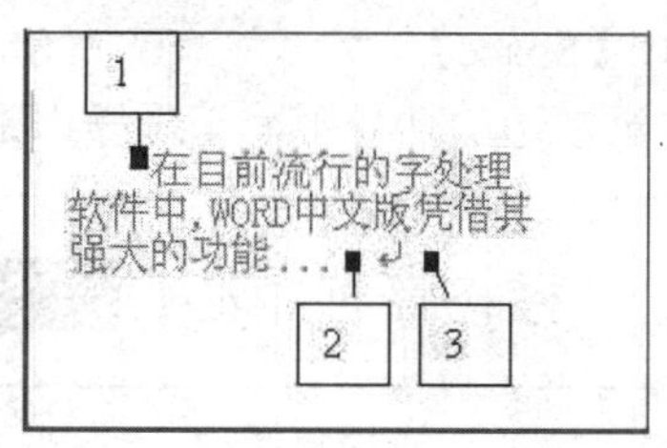

第 10 题图

A．1→2　　B．1→3

C．2→3　　D．以上答案都不正确

11．若要删除单个项目符号（见图），可先在项目符号与对应文本之间单击，再按下________。

● 1 Word

● 2 Excel

● 3 Access

第 11 题图

A．【Enter】键　　B．【BackSpace】键

C．【Shift+Enter】组合键　　D．【Ctrl+Enter】组合键

12．项目编号的作用是________。

A．为每个标题编号　　B．为每个自然段编号

C．为每行编号　　D．以上都正确

13．若将文档当前位置移动到该文档顶行，正确的按键是________。

A．【Home】键　　B．【Ctrl+Home】组合键

C．【Shift+Home】组合键　　D．【Ctrl+Shift+Home】组合键

14．在当前光标所在位置（见图）应________删除光标后面的“培”字。

快来参加微软-ATC培|培训教程

第 14 题图

A. 按【Insert】键
B. 单击快速访问工具栏中的“撤销”按钮
C. 按【Backspace】键
D. 按【Delete】键

15. 若当前插入点在一个制表位列中，希望直接移动到另一个制表位列中，应按________键。

A.【Tab】 B.【Space】 C.【Shift】 D.【Alt】

16. 欲将图中“ATC”移至左边的括号中，正确操作是：________。

微软授权培训中心()ATC

第 16 题图

A. 选中“ATC”（见图），按住【Ctrl】键，将光标移动到括号中
B. 选中“ATC”（见图），按住鼠标左键拖至左边括号内再释放鼠标
C. 选中“ATC”（见图），按住【Shift】键，将光标移动到左边括号内
D. 选中“ATC”（见图），将光标移动到左边括号内按【Insert】键

17. 要用标尺设置制表位，应使用________视图方式。

A. 大纲视图 B. Web 版式视图 C. 主控文档视图 D. 页面视图

18. 将段落的首行缩进两个字符的位置，正确的操作是________。

A. 移动标尺上的首行缩进游标 B. 格式|样式菜单命令
C. 格式|中文版式菜单命令 D. 以上都不是

19. 在同一篇文档内，如何用拖动法复制文本________。

A. 同时按住【Ctrl】键 B. 同时按住【Shift】键
C. 按住【Alt】键 D. 直接拖动

20. 下列操作中不能选定全部文档的是________。

A. 按【Ctrl+A】组合键
B. 在选定区域，按住【Ctrl】键，然后单击
C. 在选定区域三击
D. 在选定区域双击

21. 要完全清除文本中的底纹效果，应单击“页面设置”选项卡“页面背景”组中的“页面边框”按钮，弹出“边框和底纹”对话框，选择“底纹”选项卡，然后选择________。

A.“填充”下选“无颜色”
B.“图案”下的“样式”项中选“清除”

C．“填充”下选“无颜色”与“图案”下的“样式”项中选“清除”

D．“图案”下的“颜色”项中选“自动”

22．在有对角斜线的表格单元格中，要把文本放在对角线右上角和左下角，应________操作。

A．字符升降　　B．分散对齐　　C．居中图标　　D．无法实现

23．关于拆分表格的正确说法是________。

A．只能将表格拆分为左右两部分　　B．只能将表格拆分为上下两部分

C．可以自己设定拆分的行列数　　D．只能将表格拆分为列

24．欲删除表格中的斜线，正确命令或操作是________。

A．“表格工具/设计”选项卡“绘图边框”组中的“删除”按钮

B．“表格工具/设计”选项卡“绘图边框”组中的“擦除”按钮

C．按【Backspace】键

D．按【Delete】键

25．下图是在 Word 2010 文档中插入超链接的显示效果，以下说法错误的是________。

来我们的主页看看:

http://xx94.yeah.net

第 25 题图

A．图中显示的 Web 地址是插入超链接的效果

B．鼠标指针变为手形时单击即可搜索该主页地址

C．鼠标指针变为手形时单击即可发送电子邮件

D．无法实现

26．以下有关创建目录的说法正确的是________。

A．选择“文件”|“新建”命令

B．创建目录不需要任何命令

C．在创建目录之前，定义样式并对创建的内容应用样式

D．单击“引用”选项卡“目录”组中的“目录”按钮

27．________可以将“ATC”3 个英文字母输入来代替“认证管理中心”6 个汉字的输入。

A．用智能全拼输入法就能实现　　B．用“拼写与语法”功能

C．用“自动更正”功能　　D．用程序实现

28．在“打印”窗格的“设置”区域的“打印当前页”是指________。

A．当前光标所在的页　　B．当前窗口显示的页

C．第一页　　D．最后一页

29．将英文文档中的一个句子自动改为大写字母，操作正确的是________。

A．单击“开始”选项卡“字体”组中的“更改大小写”按钮

B. 单击“开始”选项卡“字体”组中的对话框启动器，在弹出的“字体”对话框中设置

C. 单击“审阅”选项卡“校对”组中的“拼写和语法”按钮

D. 单击“文件”选项卡“选项”对话框中“校对”选项中的“自动更正”按钮

30. 在文档每一页底端插入注释，应该插入________注释。

A. 脚注　　B. 尾注　　C. 题注　　D. 批注

31. 避免文档被别人修改，可以________。

A. 将文档隐藏　　B. 限制编辑，再输入密码

C. 限制编辑，不输入密码　　D. 更改文件属性

32. 为给每位客户发送一份相同的新产品目录，可以用________命令最简便的实现。

A. 邮件合并　　B. 使用宏　　C. 复制　　D. 信封和标签

33. 直接用“快捷菜单”编辑文档中插入的图片，应________。

A. 按住鼠标右键拖动图片　　B. 按住鼠标左键拖动图片

C. 在图片上单击　　D. 在图片上右击

34. 图中箭头所指的图形在 Word 2010 中是利用________实现的。

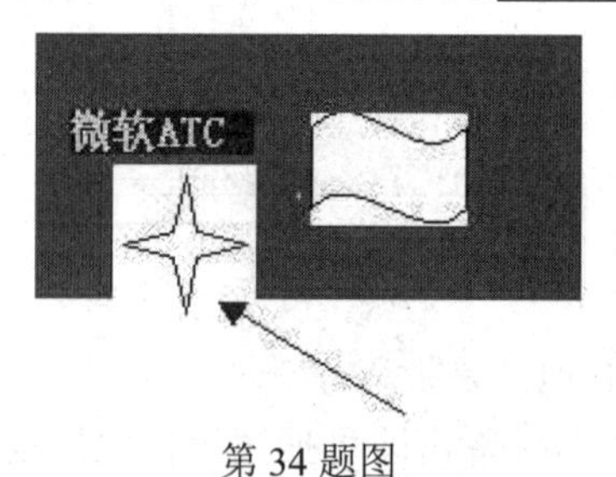

第 34 题图

A. 插入“剪贴画”　　B. 插入“艺术字”

C. 插入“图文框”　　D. 插入“形状”

35. 在 Word 2010 中插入图片后，________达到如图的文字环绕图片效果。

第 35 题图

A. 插入文本框

B. 插入图片并设置图片环绕方式

C. 先插入图片再输入文字

D. 先用其他工具将文字和图片合并，再插入

36. 要画一个正方形，可单击“插入”选项卡“插图”组中的“形状”按钮，在下

拉菜单中选择“矩形”，再________。

A. 按住【Alt】键用鼠标拖动出正方形

B. 按住【Tab】键用鼠标拖动出正方形

C. 按住【Ctrl】键用鼠标拖动出正方形

D. 按住【Shift】键用鼠标拖动出正方形

37. 将一个 Word 文档打开，修改后存入另一文件夹，最简单有效的办法是_______。

A. 单击快速访问工具栏中的“保存”按钮

B. 只能将此文档复制到一新文档再保存

C. 选择“文件”|“保存”命令

D. 选择“文件”|“另存为”命令

38. 某论文要用规定的纸张大小，但在打印预览中发现最后一页只有一行，若要把这一行提到上一页，最好的办法是________。

A. 改变纸张大小　　B. 增大页边距

C. 使用孤行控制　　D. 把页面方向改为横向

39. 一篇 100 页的文档，下列打印页码范围错误的是________。

A. 8-12　　B. 7,10,90　　C. 5 9 12-20　　D. 6,9,12-20

40. 在一篇文档的某处________做标记，可以通过“定位”来查找该处。

A. 改变字符样式　　B. 改变字符字体

C. 插入“书签”　　D. 插入特别符号

41. 下列________方式可最方便地插入签名。

A. 插入域　　B. 插入书签

C. 插入符号　　D. 插入自动图文集中的相关选项

42. 若要在每一页底部中央加上页码，应________。

A. 单击“插入”选项卡“页脚和页脚”组中的“页码”按钮

B. 选择“文件”|“打印”命令，单击“页面设置”超链接

C. 单击“插入”选项卡“符号”组中的“符号”按钮

D. 选择“文件”|“选项”命令

43. 要给“Microsoft”后加上其版权符号@，应用________命令。

A. 单击“插入”选项卡“符号”组中的“符号”按钮

B. 单击“审阅”选项卡“批注”组中的“新建批注”按钮

C. 单击“页面布局”选项卡“页面设置”组中的“分隔符”按钮

D. 单击“插入”选项卡“文本”组中的“对象”按钮

44. 要把一页从中间分成两页，应________。

A. 单击“开始”选项卡“字体”对话框

B. 单击“插入”选项卡“页脚和页脚”组中的“页码”按钮

C. 单击“页面布局”选项卡“页面设置”组中的“分隔符”按钮

D. 单击“插入”选项卡“文本”组中的“文档部件”按钮，在下拉菜单中选择“自动图文集”命令

二、多选题

1．关于多重剪贴板说法正确的有__________。

A．“剪贴板”窗格支持一次最多存储 24 个记录

B．“剪贴板”窗格提供了一次将剪贴板上的所有内容全部粘贴的功能

C．“剪贴板”窗格提供了一次将剪贴板上的所有内容全部清除的功能

D．可以先选择“剪贴板”窗格中的任意一个内容项，然后单击“开始”选项卡“剪贴板”组中的“粘贴”按钮，在下拉菜单中选择“选择性粘贴”命令，进行有选择的粘贴

2．下列说法正确的是__________。

A．双击一个词语的任何一处，可以选择该词语

B．移动鼠标指针到行首空白处，当指针形状变为箭头时，单击可以选择一行文字

C．在某段落的任何一处三击，可以选择该段落

D．单击并按住左键不放拖动，可以选择拖动范围内的全部内容

3．__________对齐方式是 Word“开始”选项卡“段落”组中所列的对齐方式按钮。

A．左对齐　　B．右对齐　　C．居中对齐　　D．分散对齐

4．在 Word 2010 的“段落”对话框中，下列__________分页方式是 Word 中提供的。

A．孤行控制　　B．与下段同页　　C．段中不分页　　D．段前分页

5．关于 Word 2010 的文本框，下列说法正确的是__________。

A．Word 2010 提供了横排和竖排两种类型的文本框

B．通过改变文本框的文字方向可以实现横排和竖排的转换

C．在文本框中可以插入图片

D．在文本框中不可以使用项目符号

6．下列__________是 Word 2010 表格具有的功能。

A．在表格中支持插入子表

B．在表格中支持插入图形

C．提供了绘制表头斜线的功能

D．提供了整体改变表格大小和移动表格位置的控制句柄

7．在“表格属性”对话框中，提供了__________表格对齐方式。

A．左对齐　　B．右对齐　　C．居中　　D．分散对齐

8．对于不含子表和图片的表格，下列说法正确的是__________。

A．可以用“将表格转换成文字”功能，将表格转换成纯文字

B．可以对表格进行排序

C．不能对表格进行排序

D．表格像图片一样，按几种环绕方式进行文本环绕

9．关于 Word 2010 中的样式，下列说法正确的是__________。

A．样式是文字格式和段落格式的集合，主要用于快速制作具有一定规范格式的段落

B．Word 2010 提供了一系列标准样式供用户使用，但不能进行修改

C．只有用户自定义的样式，才能够进行修改

D．所有的样式包括 Word 2010 自带的样式都可以进行修改

10．在“更改样式”对话框中，__________是 Word 2010 提供的格式更改选项。

A．字体　　B．段落　　C．边框　　D．图片

11．在下列选项中，__________项目符号是 Word 2010 提供的。

A．七种标准项目符号

B．自定义项目符号

C．使用图形制作的项目符号

D．使用“微软拼音输入法 5.0”软键盘的特殊符号制作的项目符号

12．在 Word 2010 的“大纲视图”中__________是可行的。

A．可以在文档的任意位置双击，启动“即点即输”功能

B．可以使用“大纲”选项卡进行纲目结构控制

C．纲目结构可以展开或折叠

D．可以制作索引和目录

13．关于页眉和页脚的说法正确的有__________。

A．可以插入图片　　B．可以添加文字

C．不可以插入图片　　D．可以插入文本框

14．关于 Word 2010 提供的 Web 功能有__________。

A．提供了丰富的创建 Web 页的模板

B．提供了 Web 页预览功能

C．提供了发布 Web 页功能

D．提供了 Web 站点维护功能

15．关于 Word 2010 的批注__________说法是错误的。

A．在文档中需要解释说明的部分可以添加批注起到提示作用

B．批注可以打印出来

C．批注只是作为解释说明的作用，并不能够打印出来

D．批注的内容在正常状态下是隐藏起来的

16．在 Word 2010 中，文本的移动和粘贴可以通过__________途径进行。

A．剪贴板　　B．直接拖动

C．快捷键【Ctrl+C】、【Ctrl+V】　　D．按住【Ctrl】键，进行拖动

17．修改页眉和页脚可以通过__________途径。

A．单击“插入”选项卡“页眉和页脚”组中的“页眉”和“页脚”按钮

B．单击“开始”选项卡“样式”组中的对话框启动器，打开“样式”窗格来设置

C．选择“文件”｜“打印”命令，在“打印”窗格中单击“页面设置”超链接

D．直接双击页眉页脚位置

18．要退出 Word 2010，可以__________。

A．选择“文件”｜“退出”命令

B．单点窗口左上角的控制菜单图标

C．双点窗口左上角的控制菜单图标

D．单点窗口左上角的控制菜单图标，选择“关闭”命令

19．要对文档进行打印，下列正确的操作是__________。

A．按【Alt+T】组合键

B．按【Ctrl+P】组合键

C．选择“文件”｜“打印”命令

D．单击快捷访问工具栏中的“打印”按钮

20．要将一个标题的全部格式用于另一个标题，可以__________。

A．使用“样式”　　B．使用“背景”

C．使用“格式刷”　　D．使用“中文版式”

21．下列关于“保存”与“另存为”命令的说法，错误的是__________。

A．Word 2010 保存的任何文档，都不能用写字板打开

B．保存新文档时，“保存”与“另存为”作用是相同的

C．保存旧文档时，“保存”与“另存为”作用是相同的

D．“保存”命令只能保存新文档，“另存为”命令只能保存旧文档

22．若要用低版本的 Word 2003 打开 Word 2010 的文档，则应在 Word 2010 中对文档进行的处理是__________。

A．选择“文件”｜“另存为”命令，更改文件名

B．在“保存”对话框的，“保存类型”下拉列表框中选择“Word 2003 文档模板”

C．选择“文件”｜“选项”命令，选择相应的保存信息，再保存

D．选择“文件”｜“另存为”命令，在“保存类型”下拉列表框中选择相应版本

23．有关“间距”的说法，正确的是__________。

A．在“字体”对话框中可设置“字符间距”

B．在“段落”对话框中可设置“字符间距”

C．在“段落”对话框中可设置“行间距”

D．在“段落”对话框中可设置“段落前后间距”

24．要改变分栏中的栏宽，可以__________。

A．拖动制表符

B．通过标尺来调整

C．单击“页面布局”选项卡“页面设置”组中的“分栏”按钮，弹出“分栏”对话框

D．单击其他选项卡中的“分栏”按钮

25．有关“首字下沉”命令正确的说法是__________。

A．可根据需要调整下沉行数　　B．最多可下沉三行字的位置

C．可悬挂下沉　　D．悬挂下沉的格式只有一种

26．创建新样式，通常为__________类型。

A．表格　　B．字符　　C．段落　　D．图片

27．以下__________，在新建样式时可以定义其格式。

A．字体　　B．段落　　C．边框　　D．字数统计

28．有关 Word 2010 中制表的正确说法是__________。

A．可以绘制表格的对角斜线

B．可以应用“居中”按钮，使整个表格居中

C．没有专门的垂直对齐命令

D．只能拆分列单元格，不能拆分行单元格

29．在表格中增加 2 行，下列操作可以实现的有__________。

A．把插入点放在表格的尾部，直接按【Enter】键

B．把插入点放在表格的尾部，选定 2 行按【Enter】键

C．在表格中选定 2 行，单击“表格工具/布局”选项卡“行和列”组中的相应按钮

D．选定一行，单击“表格工具/布局”选项卡“合并”组中的“拆分单元格”按钮，再只把行数改为 3，列数与表格列数相同，单击“确定”按钮

30．删除一个图片的正确操作方法有__________。

A．无须选定图片，直接按【Delete】键

B．选定图片并在出现选择柄时，按【Delete】键

C．选定图片并在出现选择柄时，单击“开始”选项卡“剪贴板”组中的“剪切”按钮

D．选定图片并右击，在弹出的快捷菜单中选择“剪切”命令

31．在 Word 2010 中删除表格，下列说法正确的是__________。

A．可以删除表格中的某行

B．可以删除表格中的某列

C．可以利用“表格工具/布局”选项卡中的按钮删除单元格

D．利用“表格工具/布局”选项卡中的按钮不能删除一整行

32．__________可以在文本中加入省略号“……”。

A．按【Alt+Ctrl+.】组合键

B．按【Shift+Alt+.】组合键

C．按【Shift+Ctrl+.】组合键

D．单击“插入”选项“符号”组中的“符号”按钮

33．在“打印”窗格中进行打印页面范围设置时，可用的分隔符有__________。

A．-　　B．*　　C．&　　D．,

34．邮件合并中的主文档可以是__________。

A．套用信函　　B．标签　　C．信封　　D．分类

35．分隔符种类有__________。

A．分页符　　B．分栏符　　C．分节符　　D．分章符

36．拆分 Word 2010 文档窗口的方法有___________。

A．按【Ctrl+Enter】组合键

B．按【Ctrl+Space】组合键

C．拖动垂直滚动条上方的拆分按钮

D．单击“视图”选项卡“窗口”组中的“拆分”按钮

37．下列__________是 Word 2010 中提供的字体效果。

A．上标　　B．阴影　　C．阴文　　D．空心

38．Word 2010 中文档的背景类型可以是___________。

A．水印　　B．图片　　C．单色　　D．预设颜色

39．下列有关页面显示的说法正确的有__________。

A．Word 2010 有“Web 版式视图”

B．在页面视图中可以拖动标尺改变页边距

C．多页显示只能在打印预览状态中实现

D．在打印预览状态仍然能进行插入表格等编辑工作

40．以下关于表格中文本格式的说法，正确的是__________。

A．表格中的文本可通过“开始”选项卡中的“字体”和“字号”来修饰

B．表格中文字的左右居中，可用通过“开始”选项卡中的“居中”按钮实现

C．表格中文字的上下对齐，可单击“表格工具/布局”选项卡“表”组中的“属性”按钮，弹出“表格格式”对话框，选择“单元格”选项卡，单击“垂直居中”按钮

D．表格中文字的上下对齐，可单击“表格工具/布局”选项卡“对齐方式”组中的“水平居中”按钮

41．Word 2010 的视图模式有_________。

A．草稿　　B．大纲视图　　C．页面视图　　D．Web 版式视图

42．段落缩进中“左缩进”方式可以控制的范围有_________。

A．当前段落　　B．选定段落

C．整个文档　　D．当前页中的所有段落

43．在 Word 2010 中可以给段落加__________。

A．控点　　B．编号　　C．多级符号　　D．项目符号

44．以下__________ 操作可将光标移到当前行尾。

A．按【End】键　　B．按【Home】键

C．在行尾右击　　D．在行尾单击

45．在 Word 2010 文档中可以复制和粘贴的内容是__________。

A．图片　　B．超链接　　C．文本框　　D．选定的文本

46．在 Word 2010 中，以下有关移动和复制的说法正确的是__________。

A．图形不可以复制

B．要移动选定内容，可以用鼠标拖放的方法

C．要复制选定内容，按住【Ctrl】键不放，同时用鼠标将选定内容拖至目的位置

D．可用鼠标右键拖动选定内容，在释放鼠标键时，在弹出的快捷菜单中选择相应的移动和复制命令

47．设置段落行距时，“设置值”________有效。

A．设置为“单倍行距”　　B．设置为“多倍行距”

C．设置为“最小”　　D．设置为“固定”

48．一篇文档中两个不同的节之间可以有不同的________。

A．页边距　　B．页眉和页脚　　C．纸张大小　　D．行的编号方式

49．调节页边距有________方法。

A．调整左右缩进　　B．调整标尺

C．通过“页面设置”对话框　　D．通过“段落”对话框

50．交叉引用的内容包括________。

A．脚注　　B．批注　　C．题注　　D．尾注

51．分栏在________视图中可见。

A．草稿　　B．页面视图　　C．大纲视图　　D．Web 版式视图

52．在字符的全半角转换中，________字符不可改为半角字符。

A．英文字母　　B．数字　　C．汉字　　D．特殊字符

53．样式中包括________格式信息。

A．字体　　B．段落缩进　　C．对齐方式　　D．底纹背景色

54．模板包括________文档内容。

A．域代码　　B．页眉和页脚　　C．段落格式　　D．文档打印设置

55．________可以创建模板方式。

A．基于已有模板　　B．根据向导

C．基于某文档　　D．自己编排

56．关于宏，下列说法正确的是________。

A．宏是一系列简单操作的组合　　B．不同模板间的宏可相互复制

C．宏可以重新定义　　D．模板中的宏能提高系统运行速度

57．宏可以用来________。

A．组合多个命令　　B．使一系列复杂任务自动完成

C．加速日常编辑和格式设置　　D．自动录入一些文本

58．边框应用的范围有________。

A．某行　　B．某段　　C．表格　　D．页面

59．尾注可位于________。

A．页面底端　　B．文字下方　　C．文档结尾　　D．节的结尾

60．可以自动生成的目录有________。

A．题注目录　　B．脚注目录　　C．尾注目录　　D．引文目录

61．交叉引用所能够引用的类型包括________。

A．正文　　B．书签　　C．脚注　　D．图片

62．在用自选图形绘制直线时，下列能够画出特殊角度直线的操作是________。

A．按住【Ctrl】键的同时画线
B．按住【Shift】键的同时画线
C．按住【Alt】键的同时画线
D．按住【Ctrl】键和【Shift】键的同时画线

63．文档中有多个图形，若要同时选择它们，应该___________。
A．单击“选择对象”按钮，然后将所有要选择对象都包围到虚框中
B．单击每一个对象，同时按住【Ctrl】键
C．单击每一个对象，同时按住【Shift】键
D．单击每一个对象，同时按住【Alt】键

64．在 Word 文档中创建图表的方法有___________。
A．链接文档中的其他图表　　B．根据文档中已有的表格生成图表
C．直接插入图表对象　　D．链接到其他程序中的数据

三、判断题

1．在 Word 中文件的复制和粘贴必须经过剪贴板。 （ ）

2．在复制或移动文本操作中使用粘贴命令时，若是改写模式会覆盖光标所在位置的文本。 （ ）

3．选定文本后单击“剪切”按钮，所选内容被删除。 （ ）

4．在分栏排版中只能进行等宽分栏。 （ ）

5．强制分页可以在页面上多按几次【Enter】键来实现。 （ ）

6．在表格中选定内容后，按【Del】键可以删除单元格及其内容。 （ ）

7．Word 表格只能进行水平方向的单元格合并，不能进行垂直方向的单元格合并。 （ ）

8．在草稿下，只能显示硬分页符，不能显示软分页符。 （ ）

9．草稿下也可以显示页眉和页脚。 （ ）

10．在 Word 中可以改变艺术字的颜色，但不能设置艺术字的字体。 （ ）

11．允许在两个窗口中查看同一个文档的不同部分。 （ ）

12．“开始”选项卡“编辑”组中的“选择”下拉菜单中的“全选”命令对表格无效。 （ ）

13．“开始”选项卡“编辑”组中的“查找”功能既可以查找文本内容，也可以查找文本格式。 （ ）

14．“开始”选项卡“编辑”组中的“查找”功能可用来检查文本中的拼写错误。 （ ）

15．Word 中可以将文本转换成表格，但反过来是不允许的。 （ ）

16．段落之间的间隔可以通过插入空行的方式来调整。 （ ）

17．Word 中不限制撤销的次数。 （ ）

18．一个文档中的各页可以具有不同的页眉或页脚。 （ ）

19．使用“段落”对话框中的“制表位”按钮可以精确设置制表位的位置。 （ ）

20．在字号选择中，阿拉伯数字越大表示字符越大，中文数字越大表示字符越小。（ ）

21．文档中插入的页码只能从第一页开始。（ ）

22．段落的左缩进是指每个自然段的起始位置空两个汉字。（ ）

习题四　办公自动化软件——Excel 2010

一、单选题

1．Excel 电子表格应用软件中，具有数据_______的功能。

A．增加　　B．删除　　C．处理　　D．以上都对

2．Excel 是一个电子表格软件，其主要作用是_______。

A．处理文字　　B．处理数据　　C．管理资源　　D．演示文稿

3．Excel 工作簿是计算和存储数据的_______，每个工作簿都可以包含多张工作表，因此可在单个文件中管理各种类型的相关信息。

A．文件　　B．表格　　C．图形　　D．文档

4．一般将在 Excel 环境中用来存储并处理工作表数据的文件称为_______。

A．单元格　　B．工作区　　C．工作簿　　D．工作表

5．Excel 的工作簿窗口最多可包含_______张工作表。

A．1　　B．8　　C．16　　D．255

6．在 Excel 2010 中，当公式中出现被零除的现象时，产生的错误值是_______。

A．#N/A!　　B．#DIV/0!　　C．#NUM!　　D．#VALUE!

7．在 Excel 的单元格中输入日期时，年、月、日分隔符可以是_______。

A．“/”或“-”　　B．“.”或“|”　　C．“/”或“\”　　D．“\”或“-”

8．在 Excel 2010 中，运算符“&”表示_______。

A．逻辑值的与运算　　B．子字符串的比较运算

C．数值型数据的无符号相加　　D．字符型数据的连接

9．在 Excel 中，当用户希望使标题位于表格中央时，可以使用_______。

A．置中　　B．合并及居中　　C．分散对齐　　D．填充

10．在 Excel 工作窗口上，“状态栏”位于屏幕的_______。

A．上面　　B．下面　　C．左面　　D．右面

11．在 Excel 中，“开始”选项卡“单元格”组中的“删除”按钮的功能是_______。

A．删除指定单元格区域及其格式　　B．删除指定单元格区域及其内容

C．清除指定单元格区域的数据　　D．以上皆不是

12．在 Excel 中，将所选多列调整为等列宽，最快的方法是_______。

A．直接在列标处用鼠标拖动至等列宽

B．无法实现

C．单击“开始”选项卡“单元格”组中的“格式”按钮，在下拉菜单中选择“列宽”命令，在弹出的对话框中输入列宽值

D．单击“开始”选项卡“单元格”组中的“格式”按钮，在下拉菜单中选择“自动调整列宽”命令

13．在 Excel 中，如果在工作表某个位置插入一个单元格，则______。

A．原有单元格必定右移

B．原有单元格必定下移

C．原有单元格被删除

D．原有单元格根据选择或者右移，或者下移

14．在 Excel 中，如果内部格式不足以按所需方式显示数据，那么可单击“开始”选项卡“单元格”组中的“格式”按钮，在下拉菜单中选择“设置单元格格式”命令，然后使用______选项卡中的“自定义”分类创建自定义数字格式。

A．字体 B．对齐 C．数字 D．保护

15．在 Excel 中，如果希望确认工作表上输入数据的正确性，可以为单元格组或单元格区域指定输入数据的______。

A．数据格式 B．有效范围 C．无效范围 D．正确格式

16．在 Excel 中，工作表被保护后，该工作表中的单元格的内容、格式______。

A．可以修改 B．都不可修改、删除

C．可以被复制、填充 D．可移动

17．在 Excel 中，通过“格式刷”按钮复制某一区域的格式，在粘贴时只选择一个单元格，则______。

A．无法粘贴

B．以该单元格为左上角，向下、向右粘贴整个区域的格式

C．以该单元格为左上角，向上、向左粘贴整个区域的格式

D．以该单元格为中心，向四周粘贴整个区域的格式

18．在 Excel 的单元格中输入负数时，两种可使用的表示负数的方法是______。

A．在负数前加一个减号或用圆括号 B．斜杠（/）或反斜杠 （\）

C．斜杠（/）或连接符（-） D．反斜杠（\）或连接符（-）

19．任何输入到单元格的字符集，只要不被系统解释成数字、公式、日期、时间、逻辑值，则 Excel 将视其为______。

A．表格 B．图表 C．文字 D．地址

20．在 Excel 中进行公式复制时，______发生变化。

A．相对地址中的地址的偏移量 B．相对地址中所引用的格

C．相对地址中的地址表达式 D．绝对地址中所引用单元格

21．在 Excel 中，某公式中引用了一组单元格，它们是（C3，D7，A2，F1），该公式引用的单元格总数为______。

A．4 B．8 C．12 D．16

22．在 Excel 中，要在公式中引用某单元格的数据时，应在公式中输入该单元格的______。

A．格式 B．符号 C．数表 D．名称

23．在 Excel 中，各运算符号的优先级由高到低的顺序为______。

A．算术运算符、比较运算符、文本运算符、引用运算符

B．文本运算符、算术运算符、比较运算符、引用运算符

C．引用运算符、算术运算符、文本运算符、关系运算符

D．比较运算符、算术运算符、引用运算符、文本运算符

24．在 Excel 中，自定义序列可以用______来建立。

A．单击“开始”选项卡“编辑”组中的“填充”按钮，在下拉菜单中选择“序列”命令

B．选择“文件”｜“选项”命令，在弹出对话框的“高级”组中单击“编辑自定义列表”按钮

C．单击“开始”选项卡“样式”组中的“套用表格格式”按钮

D．单击“开始”选项卡“编辑”组中的“排序和筛选”按钮

25．在 Excel 中，______函数用计算工作表一串数据的总和。

A．SUM(A1:A10)　　B．AVG(A1:A10)

C．MIN(A1:A10)　　D．COUNT(A1:A10)

26．在 Excel 中建立数据清单时要命名字段，字段名必须遵循的规则之一是：字段名不能包含______。

A．文字、数字、数值公式　　B．文字、文字公式、数值公式

C．数字、数值公式、逻辑值　　D．文字、文字公式、逻辑值

27．在 Excel 中，提供了______种筛选数据清单的方法。

A．1　　B．2　　C．3　　D．4

28．在 Excel 中，一个数据清单由三部分组成，即______。

A．公式、记录和数据库　　B．区域、记录和字段

C．工作表、数据和工作簿　　D．数据、数据表和数据库

29．在 Excel 2010 中，对一个包含标题行的工作表进行排序，当在“排序”对话框中取消选择“数据包含标题”复选框时，该标题行______。

A．将参加排序　　B．将不参加排序

C．位置总在第一行　　D．位置总在倒数第一行

30．在 Excel 中执行降序排列时，序列中的空白单元格行被______。

A．放置在排序数据的最后面　　B．放置在排序数据清单的最前面

C．不被排序　　D．保持原始次序

31．在 Excel 中，一工作表各列数据的第一行均为标题，若在排序时选取标题行一起参与排序，则排序后标题行在工作表数据清单中将______。

A．总出现在第一行　　B．总出现在最后一行

C．依指定的排列顺序而定其出现位置　　D．总不显示

32．在 Excel 2010 工作表中要创建图表时最常使用的工具是______。

A．“插入”选项卡“插图”组中的“形状”按钮

B．“插入”选项卡“图表”组中的相关图表按钮

C．“插入”选项卡“表格”组中的“数据透视表”按钮

D．“视图”选项卡中的相关按钮

33．在 Excel 中，产生图表的数据发生变化后，图表_______。

A．会发生相应的变化　　B．会发生变化，但与数据无关

C．不会发生变化　　D．必须进行编辑后才会发生变化

34．在 Excel 中，当用户希望使标题位于表格中央时，可以使用_______。

A．置中　　B．合并及居中　　C．分散对齐　　D．填充

二、多选题

1．下列软件属于 Microsoft Office 套件的有__________。

A．Visual FoxPro　　B．Outlook Express　　C．Access　　D．FrontPage

2．下列__________等软件是 Office 2010 的组件。

A．Notepad　　B．Outlook

C．Internet Explore　　D．PowerPoint

3．不属于电子表格软件的有__________。

A．WPS　　B．AutoCAD　　C．Excel　　D．Word

4．Excel 的主要功能是__________。

A．电子表格　　B．文字处理　　C．图表　　D．数据库

5．关系数据库从数据结构来分有五个层次，它们是字符、字段__________。

A．记录　　B．表　　C．数据库　　D．表名

6．下列方法中，能退出 Excel 软件的方法有__________。

A．选择“文件”｜“关闭”命令

B．使用 Excel 控制菜单的“关闭”命令

C．单击“视图”选项卡“窗口”组中的“隐藏”按钮

D．双击工作簿控制菜单图标

7．下列属于 Excel 窗口上的选项卡的是__________。

A．文件　　B．插入　　C．单元格　　D．窗口

8．在 Excel 中，可以用快速访问工具栏中的“撤销”按钮来恢复的操作有__________。

A．插入工作表　　B．删除工作表　　C．删除单元格　　D．插入单元格

9．在 Excel 2010 中，更改当前工作表名称时，可以使用__________。

A．选择“文件”｜“另存为”命令

B．右击工作表名，在弹出的快捷菜单中选择“属性”命令

C．单击“开始”选项卡“单元格”组中的“格式”按钮，在下拉菜单中选择“重命名工作表”命令

D．右击工作表名，在弹出的快捷菜单中选择“重命名”命令

10．在 Excel 工作表中，可对__________进行计算。

A．数值　　B．文本　　C．分式　　D．日期

11．向 Excel 工作表的任一单元格输入内容后，都必须确认后才认可。确认的方法有__________。

A．按【Esc】键　　B．按【Enter】键
C．单击另一单元格　　D．按【Backspace】键

12．在表格的单元格中可以填充________。
A．文字和数字　B．图形　C．运算公式　D．另一个表格

13．Excel 中正确的单元格区域名称有________。
A．ABC　B．BC_123　C．D36　D．534B

14．在 Excel 中，复制单元格格式可采用________。
A．复制+粘贴　B．复制+选择性粘贴
C．复制+填充　D．“格式刷”工具

15．在 Excel 中，要选定 B2:E6 单元格区域，可以先选择 B2 单元格，然后________。
A．按住鼠标左键拖动到 E6 单元格
B．按住【Shift】键并按向下向右光标键，直到 E6 单元格
C．按住鼠标右键拖动到 E6 单元格
D．按住【Ctrl】键并按向下向右光标键，直到 E6 单元格

16．要改变行高，可________。
A．单击“开始”选项卡“单元格”组中的“格式”按钮，在下拉菜单中选择“行高”命令
B．使用鼠标操作调整行高
C．利用“页面布局”选项卡“调整为合适大小”组中的“缩放比例”微调按钮
D．单击“开始”选项卡“单元格”组中的“格式”按钮，下拉菜单中选择“设置单元格格式”命令

17．在 Excel 中，如果没有预先设定整个工作表的对齐方式，则字符型数据和数值型数据自动以________和________方式对齐。
A．左对齐　B．右对齐　C．中间对齐　D．视情况而定

18．为表格设置边框，可以________。
A．单击“开始”选项卡“单元格”组中的“格式”按钮，在下拉菜单中选择“设置单元格格式”命令，选择“边框”选项
B．利用“开始”选项卡“字体”组中的“边框”下拉按钮
C．利用绘图工具自己画边框
D．可自动套用边框

19．在 Excel 中，利用填充功能可以方便地实现________的填充。
A．等差数列　B．等比数列　C．多项式　D．方程组

20．Excel 中的算术运算符有________。
A．*　B．/　C．^　D．&

21．在 Excel 中数据“排序”的“选项”对话框内容包括________。
A．排序方法　B．排序次序　C．排序方向　D．区分大小写

22．在 Excel 的数据清单中，当以“姓名”字段作为关键字进行排序时，系统可以按“姓名”的________为序排数据。

A．拼音字母　　B．部首偏旁　　C．区位码　　D．笔画

23．在 Excel 中，有关图表的叙述正确的是__________。

A．图表的图例可以移动到图表之外

B．选中图表后再键入文字，则文字会取代图表

C．图表绘图区可以显示数据值

D．一般只有选中了图表才会出现“图表工具”选项卡

24．在 Excel 中，下列叙述正确的是__________。

A．Excel 是一种表格数据综合管理与分析系统，并实现了图、文、表的完美结合

B．在 Excel 工作表中，可以修改记录数据，但不能直接修改公式字段的值

C．在 Excel 中，图表一旦建立，其标题的字体、字形是不可改变的

D．在 Excel 中，工作簿是由工作表组成的

三、判断题

1．Word 2010 和 Excel 2010 软件中都有一个编辑栏。（　）

2．Excel 是一种表格式数据综合管理与分析系统。（　）

3．电子表格软件是对二维表格进行处理并可制作成报表的应用软件。（　）

4．工作簿是 Excel 中存储电子表格的一种基本文件，其系统默认扩展名为.xlsx。（　）

5．在 Excel 2010 中，要想删除某些单元格，应先选定这些单元格，然后单击“开始”选项卡“剪贴板”组中的“剪切”按钮。（　）

6．在 Excel 中，去掉某单元格的批注，可单击“开始”选项卡“单元格”组中的“删除”按钮。（　）

7．在 Excel 中，日期为数值的一种。（　）

8．在 Excel 中，分隔成两个窗口就是把文本分成两块后分别在两个窗口中显示。（　）

9．在 Excel 中可对多个工作表以成组方式操作，以快速完成多个相似工作表的建立。（　）

10．在同一工作簿中不能引用其他表。（　）

11．中文 Excel 提供了强大的数据保护功能，即使用户在操作中连续出现多次误删除，也可恢复。（　）

12．Excel 中的“另存为”操作是将现在编辑的文件按新的文件名或路径存盘。（　）

13．在 Excel 工作表中，单元格的地址是唯一的，由所在的行和列决定。（　）

14．清除操作是将单元格的内容删除，包括其所在的地址。（　）

15．若在 Excel 中输入正确的日期/时间格式，则会将其转换为一般数值。（　）

16．在 Excel 2010 中，除能够复制选定单元格中的全部内容外，还能够有选择地复制单元格中的公式、数字或格式。（　）

17．在 Excel 中，只能在单元格内编辑输入的数据。（　）

18．单元格或单元格范围名字的第一个字符必须是字母或文字。（　　）

19．Excel 2010 的某个单元格中输入了时间、日期，在系统内部实际上日期都是用整数来表示的，时间都是用小数来表示的。（　　）

20．Excel 可依据用户在单元格内输入的第一个字符串判定该字符串的模式为数值或标记。（　　）

21．在 Excel 中进行单元格复制时，无论单元格中是什么内容，复制出来的内容与原单元格总是完全一致的。（　　）

22．默认工作表的所有单元格皆为锁定状态。（　　）

23．Excel 的输入是在指定工作表的具体单元格上进行的。（　　）

24．在 Excel 中，所选的单元格范围不能超出当前屏幕范围。（　　）

25．Excel 中的公式输入到单元格中后，单元格中会显示出计算的结果。（　　）

26．表格中的每个单元格中的文本都可以用字符格式、段落格式、制表位设置来排版。（　　）

27．在 Excel 中，选择“清除”命令，保留单元格本身，而选择“删除”命令，则连同数据与单元格一起删除。（　　）

28．在 Excel 单元格引用中，单元格地址不会随位移的方向与大小而改变的称为相对引用。（　　）

29．在一个 Excel 单元格中输入“＝AVERAGE(B1:B3)”，则该单元格显示的结果必是(B1+B2+B3)/3 的值。（　　）

30．使用公式的主要目的是节省内存。（　　）

31．Excel 中的外部数据库是数据透视表中数据的来源之一，其外部数据库是指在其他程序中建立的数据库，如 DBASE、SQL 等。（　　）

32．原始数据清单中的数据变更后，数据透视表的内容也随之更新。（　　）

33．在 Excel 中，当数字格式代码定义为“####.##”，则 1234.529 显示为 1234.53。（　　）

34．在 Excel 中，可以选择一定的数据区域建立图表。当该数据区域的数据发生变化时，图表保持不变。（　　）

35．在对 Excel 的数据清单中的记录进行排序操作时，若不选择排序数据区，则系统对该清单中的所有记录不进行排序操作。（　　）

36．每当要转换图形模式时，用户要重新设置图形数据。（　　）

37．在 Excel 表格中，在对数据清单分类汇总前，必须做的操作是排序。（　　）

38．在 Excel 中，数据透视表可用于对数据清单或数据表进行数据的汇总与分析。（　　）

39．在 Excel 2010 中，如果一个数据清单需要打印多页，且每页有相同的标题，则可选择“文件”|“打印”命令，在“打印”窗格底部单击“页面设置”超链接，弹出“页面设置”对话框，在其中进行设置。（　　）

40．在 Excel 中，若只需打印工作表的部分数据，应先把它们复制到一张单独的工作表中。（　　）

习题五　办公自动化软件——PowerPoint 2010

一、单选题

1．PowerPoint 是一种_______软件。

A．文字处理　　B．电子表格　　C．演示文稿　　D．系统

2．PowerPoint 运行的平台是_______。

A．Windows　　B．UNIX　　C．Linux　　D．DOS

3．PowerPoint 2010 演示文稿默认的文件扩展名是_______。

A．.pptx　　B．.potx　　C．.dot　　D．.ppt

4．扩展名为________的演示文稿文件，可以完全不用安装 PowerPoint 2010 即可浏览。

A．.pptx　　B．.potx　　C．.ppsx　　D．.popx

5．PowerPoint 的主要功能是_______。

A．文字处理　　B．表格处理　　C．图表处理　　D．电子演示文稿处理

6．PowerPoint 中，“打包”的含义是_______。

A．压缩演示文稿便于存放

B．将嵌入的对象与演示文稿压缩在同张软盘上

C．压缩演示文稿便于携带

D．将播放器与演示文稿压缩在同张软盘上

7．PowerPoint 中默认的视图是_______。

A．普通视图　　B．幻灯片浏览视图

C．备注页视图　　D．幻灯片放映视图

8．编辑演示文稿时，要在幻灯片中插入表格、剪贴画或照片等图形，应在_______中进行。

A．备注页视图　　B．幻灯片浏览视图

C．幻灯片窗格　　D．大纲窗格

9．在 PowerPoint 中若设置幻灯片中文字号由小五号改为二号，则打印出来_______。

A．字变大了　　B．与原来一样大

C．看实际情况定　　D．字变小了

10．________不是 PowerPoint 允许插入的对象。

A．图形、图表　　B．表格、声音

C．视频剪辑、数学公式　　D．组织结构图、数据库

11．PowerPoint 文档不可以保存为_______文件。

A．演示文稿　　B．文稿模板　　C．Web 页　　D．纯文本

12．PowerPoint 中可以对幻灯片进行移动、删除、添加、复制、设置动画效果，但不能编辑幻灯片具体内容的视图是________。

A．普通视图　　B．幻灯片浏览视图

C．幻灯片视图　　D．备注视图

13．在 PowerPoint 中，下列说法不正确的是________。

A．可以在演示文稿和 Word 文稿之间建立超链接

B．可以将 Excel 的数据直接导入幻灯片中的数据表

C．可以在幻灯片浏览视图中对演示文稿进行整体修改

D．演示文稿不能转换成 Web 页

14．如果要将 PowerPoint 演示文稿用 IE 浏览器打开，则文件的保存类型应为________。

A．演示文稿　　B．Web 页

C．演示文稿设计模板　　D．PowerPoint 放映

15．以下________文件类型属于视频文件格式且被 PowerPoint 所支持。

A．avi　　B．wpg　　C．jpg　　D．winf

16．PowerPoint 2010 的大纲选项卡中，不可以________。

A．插入幻灯片　　B．删除幻灯片

C．移动幻灯片　　D．添加文本框

17．在 PowerPoint 中，选择“文件”|“新建”命令可________。

A．在文件中添加一张幻灯片　　B．重新建立一个演示文稿

C．清除原演示文稿中的内容　　D．插入图形对象

18．在 PowerPoint 中，Word 文档和演示文稿之间的关系是________。

A．演示文稿中可以嵌入 Word 文档

B．可以从 Word 中输入演示大纲文件

C．可以把演示文稿中幻灯片的内容复制到 Word 文档中

D．以上说法均正确

19．将 Word 创建的文稿读入到 PowerPoint 中，应该在________视图中进行。

A．普通视图　　B．幻灯片浏览视图

C．幻灯片放映视图　　D．备注视图

20．若将 Word 文档发送到 PowerPoint 的大纲视图中，则________。

A．所有文本进入演示文稿

B．只有采用“标题”格式的文本进入演示文稿

C．只有采用“标题”样式的文本不能进入演示文稿

D．以上都不对

21．在 PowerPoint 中，退出 PowerPoint 应用程序的方法错误的是________。

A．单击右上角的关闭按钮　　B．单击控制菜单图标

C．双击控制菜单图标　　D．选择“文件”|“关闭”命令

22．PowerPoint 提供了_______种创建演示文稿的方法。

A．1　　B．2　　C．3　　D．4

23．PowerPoint 中共有 3 种母版，下列不属于 3 种母版之一的是_______。

A．幻灯片母版　　B．讲义母版

C．格式母版　　D．备注母版

24．PowerPoint 的各种视图中，显示单个幻灯片以进行文本编辑的视图是_______。

A．普通视图　　B．幻灯片浏览视图

C．幻灯片放映视图　　D．备注视图

25．在 PowerPoint 中，在普通视图的大纲选项卡上，若右击幻灯片图标后的文本，再单击降级按钮，则_______。

A．没有变化

B．此幻灯片中所有内容均降一级，但此幻灯片仍存在

C．此幻灯片中所有内容均降一级且并入下一张幻灯片中

D．此幻灯片中所有内容均降一级且并入上一张幻灯片中

26．在 PowerPoint 中，“视图”这个名词表示_______。

A．一种图形　　B．显示幻灯片的方式

C．编辑演示文稿的方式　　D．一张正在修改的幻灯片

27．在 PowerPoint 的普通视图的大纲窗格中，大纲由每张幻灯片_______组成。

A．图形和标题　　B．标题和图片

C．正文和图片　　D．标题和正文

28．在 PowerPoint 中，在每张幻灯片中，最多可以生成_________个不同层次的小标题。

A．1　　B．3　　C．5　　D．7

29．向 PowerPoint 幻灯片中添加正文，是从_______中输入。

A．剪贴板　　B．对象　　C．占位符　　D．标题栏

30．在 PowerPoint 中，幻灯片占位符的作用是_______。

A．表示文本长度　　B．为文本、图形预留位置

C．表示图形大小　　D．限制插入对象的数量

31．直接把自己的声音加入到 PowerPoint 演示文稿中，这是_______。

A．录制旁白　　B．复制声音　　C．磁带转换　　D．录音转换

32．在 PowerPoint 的幻灯片放映视图放映演示文稿过程中，要结束放映，可操作的方法有_______。

A．按【Esc】键　　B．单击

C．按【Ctrl+E】组合键　　D．按【Enter】键

33．在 PowerPoint 中，可以通过_______来发送演示文稿。

A．OutLook　　B．Microsoft Exchange

C．Internet 账户　　D．以上三种说法均可

34．动画是 PowerPoint 改进的最大特征之一，它是指对图形对象或文本添加_______的方法。

A．特殊视觉　　　　　　　　　　　B．声音视觉
C．特殊视觉和声音视觉　　　　　　D．以上说法都不对

35．PowerPoint 中放映幻灯片有多种方法，下面说法错误的是_______。

A．选中第一张幻灯片，然后单击演示文稿窗口右下角的“幻灯片放映”按钮
B．选中第一张幻灯片，单击“幻灯片放映”选项卡“开始放映幻灯片”组中的“从头开始”按钮
C．选中第一张幻灯片，选择“文件”|“幻灯片放映”命令
D．选中第一张幻灯片，单击“幻灯片放映”选项卡“开始放映幻灯片”组中的“从当前幻灯片开始”按钮

36．在 PowerPoint 中，幻灯片切换效果是指_______。

A．幻灯片切换时的效果　　　　　　B．幻灯片中的对象切换时的效果
C．某一类主题　　　　　　　　　　D．一种配色方案

37．在 PowerPoint 中，_______包含的信息出现在幻灯片、纸稿或注释页的底部。

A．页眉　　B．帮助　　C．页脚　　D．注释

二、多选题

1．用 PowerPoint 制作的演示文稿，主要用于__________等场合。

A．产品展示　　B．工作汇报　　C．文字处理　　D．学术交流

2．PowerPoint 为了便于编辑和调试演示文稿，提供了多种不同的视图显示方式。PowerPoint 提供的视图有__________。

A．幻灯片浏览视图　　　　　　　　B．普通视图
C．页面视图　　　　　　　　　　　D．主控文档视图

3．在 PowerPoint 2010 窗口状态栏中有四个按钮，能实现__________功能。

A．切换各种视图方式　　　　　　　B．放映幻灯片
C．插入新幻灯片　　　　　　　　　D．改变窗口设置

4．在 PowerPoint 中，对于演讲者不想播放出去的提示信息，应该在__________。

A．在普通视图的大纲选项卡中直接输入
B．不管何种视图模式下只需插入一文本框就可在文本框中输入
C．幻灯片普通视图下在备注页编辑区中输入
D．备注页视图下在备注页编辑区中输入

5．在 PowerPoint 中，幻灯片中可以设置动画效果的对象有__________。

A．声音和视频　　B．文字　　C．图片　　D．图表

6．在使用 PowerPoint 的幻灯片放映视图放映演示文稿过程中，要结束放映，可操作的方法有__________。

A．按【Esc】键
B．右击幻灯片，在弹出的快捷菜单中选择“结束放映”命令
C．按【Ctrl+E】组合键
D．按【Enter】键

7．在幻灯片放映时，用户可以利用绘图笔在幻灯片上写字或画画，这些内容________。

A．自动保存在演示文稿中　　B．可以保存在演示文稿中
C．在本次演示中不可擦除　　D．在本次演示中可以擦除

三、判断题

1．在 PowerPoint 2010 中，演示文稿缺省的文件扩展名为.ppt。（　）

2．双击以扩展名.pptx 结尾的文件，可以启动 PowerPoint 2010 应用程序。（　）

3．在不打开演示文稿的情况下，也可以播放演示文稿。（　）

4．PowerPoint 为了便于编辑和调试演示文稿，提供了多种不同的视图显示方式，这些包括普通视图、幻灯片浏览视图、备注页视图、幻灯片放映等。（　）

5．PowerPoint 的各种视图中，可以对幻灯片进行移动、删除、添加、复制、设置动画效果，但不能编辑幻灯片中具体内容的视图是幻灯片浏览视图。（　）

6．PowerPoint 的各种视图中，显示单个幻灯片以进行文本编辑的视图是幻灯片视图。（　）

7．用 PowerPoint 的普通视图，在任一时刻，主窗口内只能查看或编辑一张幻灯片。（　）

8．在 PowerPoint 幻灯片中，将涉及其组成对象的种类以及对象间相互位置的问题称为版式设计。（　）

9．在使用 PowerPoint 的幻灯片放映演示文稿过程中，要结束放映，可按【Esc】键。（　）

10．在 PowerPoint 中，要取消已设置的超链接，可将鼠标指针移向设置了超链接的对象并右击，在弹出的快捷菜单中选择“取消超链接”命令。（　）

习题六　网络基础与 Internet

一、单选题

1．Internet 起源于_______。

A．美国　B．英国　C．德国　D．澳大利亚

2．在信息时代，存储各种信息资源容量最大的是_______。

A．报纸杂志　B．广播电视　C．图书馆　D．因特网

3．计算机网络最突出的优点是_______。

A．共享资源　B．精度高　C．运算速度快　D．内存容量大

4．Internet 比较确切的一种含义是_______。

A．一种计算机的品牌　B．网络中的网络

C．一个网络的域名　D．美国军方的非机密军事情报网络

5．因特网的意译是_______。

A．国际互联网　B．中国电信网　C．中国科教网　D．中国金桥网

6．CERNET 是_______互联网络的简称。

A．中国科技网　B．中国公用计算机互联网

C．中国教育和科研计算机网　D．中国公众多媒体通信网

7．组成计算机网络的最大好处是_______。

A．进行通话联系　B．资源共享

C．发送电子邮件　D．能使用更多的软件

8．计算机网络按照联网的计算机所处位置的远近不同可分为_______两大类。

A．城域网络和远程网络　B．局域网络和广域网络

C．远程网络和广域网络　D．局域网络和以太网络

9．局域网的拓扑结构最主要有星状、_______、总线和树状四种。

A．链型　B．网状　C．环状　D．层次型

10．计算机网络的目标是_______。

A．分布处理　B．将多台计算机连接起来

C．提高计算机可靠性　D．共享软件、硬件和数据资源

11．计算机网络的目标是实现_______。

A．数据处理　B．信息传输与数据处理

C．文献查询　D．资源共享与信息传输

12．决定网络应用性能的关键是_______。

A．网络的传输介质　B．网络的拓扑结构

C．网络的操作系统　D．网络硬件

13．计算机网络中，数据的传输速度常用的单位是_______。

A．bit/s　　B．字符/秒　　C．MHz　　D．Byte

14．国际标准化组织定义了开放系统互连模型（OSI），该模型将协议分成_______层。

A．5　　B．6　　C．7　　D．8

15．_______和_______的集合称为网络体系结构。

A．数据处理设备、数据通信设备

B．通信子网、资源子网

C．层、协议

D．通信线路、通信控制处理机

16．TCP/IP 是一种_______。

A．网络操作系统　　B．网桥　　C．网络协议　　D．路由器

17．ISO/OSI 是一种_______。

A．网络操作系统　　B．网桥　　C．网络体系结构　　D．路由器

18．下面不属于局域网的硬件组成的是_______。

A．服务器　　B．工作站　　C．网卡　　D．调制解调器

19．不同网络体系结构的网络互连时，需要使用_______。

A．中继器　　B．网关　　C．网桥　　D．集线器

20．影响局域网性能的主要因素是局域网的_______。

A．通信线路　　B．路由器　　C．中继器　　D．调制解调器

21．Internet 采用的标准网络协议是_______。

A．IPX/SPX　　B．TCP/IP　　C．NetBEUI　　D．以上都不是

22．下列属于计算机局域网所特有的设备是_______。

A．显示器　　B．UPS 不间断电源

C．服务器　　D．鼠标

23．关于网络传输介质错误的说法是_______。

A．双绞线传输率较低，一般为几 Mbit/s

B．光纤传输率很高，为几百 Mbit/s

C．同轴电缆性能价格比较高，只能用于宽带传输

D．特殊情况下，可以使用微波、无线电和卫星等媒体传输数据

24．目前家庭用户与 Internet 连接的最常用方式是_______。

A．将计算机与 Internet 直接连接

B．计算机通过电信数据专线与当地 ISP 连接

C．通过 ADSL 专线接入

D．计算机与本地局域网直接连接，通过本地局域网与 Internet 连接

25．局域网的硬件组成有_______、个人计算机、工作站或其他智能设备、网卡和电缆等。

A．网络服务器　　B．网络操作系统　　C．网络协议　　D．路由器

26．局域网由_______统一指挥，提供文件、打印、通信和数据库等功能。

A．网卡　　B．工作站

C．网络操作系统　　D．数据库管理系统

27．作为Windows环境下网络的普通用户，在入网时，应在允许的时间内和站点上输入_______。

A．自己的姓名　　B．自己的账号

C．连接网络的程序名　　D．当时的时间和地点

28．向ISP申请一个以拨号方式接入因特网的用户账号，完成申请手续之后将会得到一个用户名和一个_______。

A．用户保修卡　　B．用户工具箱　　C．用户编号　　D．用户密码

29．以下列举的关于Internet的各种功能中，错误的是_______。

A．程序编译　　B．电子邮件传送　　C．数据库检索　　D．信息查询

30．在一个URL："http://www.hziee.edu.cn/index.htm"中的www.hziee.edu.cn是指_______。

A．一个主机的域名　　B．一个主机的IP地址

C．一个Web网页　　D．一个IP地址

31．因特网能提供的最基本服务_______。

A．Newsgroup，Telnet，E-mail

B．Gopher，finger，WWW

C．E-mail，WWW，FTP

D．Telnet，FTP，WAIS

32．在Internet中用于远程登录服务的是_______。

A．FTP　　B．E-mail　　C．Telnet　　D．WWW

33．下列关于Explorer在支持FTP的功能方面，说法正确的是_______。

A．能进入非匿名方式的FTP，无法上传

B．能进入非匿名方式的FTP，可以上传

C．只能进入匿名方式的FTP，无法上传

D．只能进入匿名方式的FTP，可以上传

34．Telnet的功能是_______。

A．软件下载　　B．远程登录　　C．WWW浏览　　D．新闻广播

35．在Internet中用于文件传送服务的是_______。

A．FTP　　B．E-mail　　C．Telnet　　D．WWW

36．以下_______服务不属于Internet服务。

A．电子邮件　　B．货物快递　　C．信息查询　　D．文件传输

37．下列_______软件不是WWW浏览器。

A．IE9.0　　B．Netscape Navigator

C．Mosaic　　D．C++ Builder

38．近两年全球掀起了Internet热，在Internet上能够_______。

A．查询检索资料　　B．打国际长途电话

C．点播电视节目　　D．以上都对

39．以下软件中不属于浏览器的是_______。

A．Internet Explorer　　B．Netscape Navigator

C．Opera　　D．CuteFTP

40．因特网中的域名服务器系统负责全网 IP 地址的解析工作，它的好处是_______。

A．IP 地址从 32 位的二进制地址缩减为 8 位的二进制地址

B．IP 协议再也不需要了

C．用户只需要记住一个网站域名，而不必记住 IP 地址

D．IP 地址再也不需要了

41．因特网中某主机的二级域名为“edu”，表示该主机属于_______。

A．非营利性商业机构　　B．军事机构

C．教育机构　　D．非军事性政府组织机构

42．下列关于网络特点的叙述中，不正确的是_______。

A．网络中的数据共享

B．网络中的外围设备可以共享

C．网络中的所有计算机必须是同一品牌、同一型号

D．网络方便了信息的传递和交换

43．网络互连设备中的 HUB 称为_______。

A．集线器　　B．网关　　C．网卡　　D．交换机

44．电话拨号上网所需要的基本硬件设备中，除计算机、电话线等以外，还需要_______。

A．电视信号接收卡　　B．股票行情接收器

C．网卡　　D．调制解调器

45．在普通 PC 连入局域网中，需要在该机器内增加_______。

A．传真卡　　B．调制解调器　　C．网卡　　D．串行通信卡

46．连接到 WWW 页面的协议是_______。

A．HTML　　B．HTTP　　C．SMTP　　D．DNS

47．在 Internet Explorer 浏览器中，要保存一个网址，必须使用_______功能。

A．历史　　B．搜索　　C．收藏　　D．转移

48．HTTP 的中文意思是_______。

A．布尔逻辑搜索　　B．电子公告牌

C．文件传输协议　　D．超文本传输协议

49．HTTP 是一种_______。

A．超文本传输协议　　B．高级程序设计语言

C．网址　　D．域名

50．在使用 Internet Explorer 浏览时，如果想将当前浏览过的地址保存进收藏夹中，可以_______。

A．单击“收藏夹”按钮

B．按【Ctrl+D】组合键

C．选择“收藏”｜“添加到收藏夹”命令

D．以上都对

51．在 Internet Explore 中，如果按 Web 方式下载文件，那么只需要_______。

A．找到所要下载的文件并双击

B．找到所要下载的文件链接并双击

C．找到所要下载的文件并单击

D．找到所要下载的文件链接并单击

52．用浏览器软件浏览网站内容时，“收藏夹”或“书签”的作用是_______。

A．打印网页中的内容

B．隐藏网页中的内容

C．记住某些网站地址，方便下次访问

D．复制网页中的内容

53．在 Internet Explorer 的起始页中，若要转到特定地址的页面，最快速的操作方法是_______。

A．选择“编辑”｜“查找”命令，在其对话框中输入 URL，再按【Enter】键

B．单击“地址栏”文字框，输入 URL，再按【Enter】键

C．选择“文件”｜“打开”命令，在其对话框中输入 URL，再按【Enter】键

D．选择“文件”｜“创建快速方式”命令，在其对话框中输入 URL，再按【Enter】键

54．使用 Internet Explorer 浏览时，按住_______键的同时并单击超链接可以新打开一个所单击超链接的窗口。

A．【Shift】　　B．【Ctrl】　　C．【Alt】　　D．【Shift+Ctrl】

55．使用 IE 浏览网页时，如果想回到刚才浏览过的上一个页面，可以使用_____按钮。

A．主页　　B．后退　　C．刷新　　D．前进

56．用 IE 浏览某一网页时，希望在新窗口显示另一网页，正确的操作方法是_______。

A．单击“地址栏”文本框，输入 Internet 地址，再按【Enter】键

B．选择“查看”｜“转到”｜“主页”命令

C．选择“文件”｜“新建”窗口命令，在打开窗口的地址栏中输入 Internet 地址，再按【Enter】键

D．选择“文件”｜“打开”命令，在弹出对话框的地址栏中输入 Internet 地址，再按【Enter】键

57．在使用 IE 浏览某个网站的网页时，看到一个漂亮的图像，想将其作为墙纸，在完成这个操作过程中，需要用到_______操作项。

A．选择“另存为”命令　　B．选择“设置为墙纸”命令

C．在图像上右击　　D．选择“复制背景”命令

58．Web 地址的 URL 的一般格式为_______。

A．协议名/计算机域名地址[路径[文件名]]

B．协议名:/计算机域名地址[路径[文件名]]

C．协议名:/计算机域名地址/[路径[/文件名]]

D．协议名://计算机域名地址[路径[文件名]]

59．最早的搜索引擎是_______。

A．Sohoo　　B．Excite　　C．Lycos　　D．Yahoo

60．"ftp://ftp.download.com/pub/doc.txt"指向的是一个_______。

A．FTP 站点　　B．FTP 站点的一个文件夹

C．FTP 站点的一个文件　　D．地址表示错误

61．使用 Internet 的 FTP 功能，可以_______。

A．发送和接收电子函件　　B．执行文件传输服务

C．浏览 Web 页面　　D．执行 Telnet 远程登录

62．匿名 FTP 的用户名是_______。

A．Guest　　B．Anonymous

C．Public　　D．Scott

63．电子邮件地址的格式为：username@hostname，其中 hostname 为_______。

A．用户地址名　　B．ISP 某台主机的域名

C．某公司名　　D．某国家或地区名

64．电子邮件地址的一般格式为_______。

A．用户名@域名　　B．域名@用户名

C．IP 地址@域名　　D．域名@IP 地址

65．通过计算机网络可以进行收发电子邮件，它除可收发普通电子邮件外，还可以_______。

A．传送计算机软件　　B．传送语言

C．订阅电子报刊　　D．以上都对

66．下列说法错误的是_______。

A．电子邮件是 Internet 提供的最基本服务

B．电子邮件具有快速、高效、方便等特点

C．通过电子邮件，可向世界上任一角落的网上用户发送信息

D．可发送的多媒体只有图像和文字

67．发送一个新的电子邮件之前，除了写好信的内容，填写信的主题外，还必须要_______。

A．填写 E-mail 到达所经过的路径　　B．填写发信人的电话号码

C．填写收信人的 E-mail 地址　　D．填写邮件的编号

68．在电子邮件地址"zhangsan@mail.hz.zi.cn"中@符号后面的部分是指_______。

A．POP3 服务器地址　　B．SMTP 服务器地址

C．域名服务器地址　　D．WWW 服务器地址

69．当电子邮件在发送过程中有误时，则_______。

A．电子邮件将自动把有误的邮件删除

B．邮件将丢失

C．电子邮件会将原邮件退回，并给出不能寄达的原因

D．电子邮件会将原邮件退回，但不给出不能寄达的原因

70．下列说法中正确的是________。

A．目前电子邮件比普通邮件方式普及

B．电子邮件的保密性没有普通邮件高

C．电子邮件发送过程中不会出现丢失情况

D．正常情况下电子邮件比普通邮件快

71．要在因特网上实现电子邮件，所有的用户终端机都必须或通过局域网或用 Modem 通过电话线连接到________，它们之间通过 Internet 相连。

A．本地电信局　　B．E-mail 服务器

C．本地主机　　D．全国 E-mail 服务中心

72．电子邮件协议中，________具有很大的灵活性，并可决定将电子邮件存储在服务器邮箱，还是本地邮箱。

A．POP3　　B．SMTP　　C．MIME　　D．X.400

73．在电子邮件中所包含的信息是________。

A．只能是文字　　B．只能是文字与图像信息

C．只能是文字与声音信息　　D．可以是文字、声音和图形图像信息

二、多选题

1．计算机网络的主要功能有________。

A．网络通信　　B．海量计算　　C．资源共享　　D．高可靠性

2．下列列举的关于 Internet 的各项功能中，正确的是________。

A．程序编译　　B．电子函件传送

C．数据库检索　　D．信息查询

3．近几年全球掀起了 Internet 热，在 Internet 上________。

A．能够查询检索资料　　B．能够货物快递

C．能够传送图片资料　　D．不能够点播电视节目

4．计算机网络可以分为________。

A．局域网　　B．Internet 网　　C．广域网　　D．微型网

5．局域网的拓扑结构最主要的有星状、________、________和树状。

A．总线　　B．环状　　C．链型　　D．层次型

6．下列关于局域网拓扑结构的叙述中正确的有________。

A．星状结构的中心站发生故障时，会导致整个网络停止工作

B．环状结构网络中，若某台工作站故障，不会导致整个网络停止工作

C．总线结构网络中，若某台工作站故障，一般不影响整个网络的正常工作

D．星状结构的中心站不会发生故障

7．以下________是常见的计算机局域网的拓扑结构。

A．星状结构　B．交叉结构　C．关系结构　D．总线结构

8．计算机网络的拓扑结构有________。

A．星状　B．环状　C．总线　D．三角状

9．下列________是网页制作软件。

A．Dreamweaver　B．Flash　C．Firework　D．Microsoft Access

10．网络操作系统是管理网络软件、硬件资源的核心，常见的局域网操作系统有 Windows NT 和________。

A．DOS　B．Windows 7　C．Netware　D．UNIX

11．TCP/IP 协议对 Internet 网络系统描述具有四层功能的网络模型。即网络接口层、网际层及________。

A．关系层　B．应用层　C．表示层　D．传输层

12．TCP/IP 是 Internet 事实上的国际标准，根据网络体系结构的层次关系，其中________使用 TCP 协议，________使用 IP 协议。

A．运输层　B．网络层　C．应用层　D．链路层

13．国际标准化组织________提出的七层网络模型被称为开放系统互连参考模型。

A．OSI　B．ISO　C．OSI/RM　D．TCP/IP

14．网络协议中的网络层的功能是负责________。

A．拥塞控制　B．对数据分组

C．从源端机到目的机的路径选择　D．数据传输的正确校验

15．________和________的集合称为网络体系结构。

A．层　B．协议　C．通信子网　D．数据处理设备

16．TCP/IP 模型包括四层，即网络接口层、网际层及________。

A．关系层　B．应用层　C．表示层　D．传输层

17．局域网的硬件组成有________、________或其他智能设备、网卡及电缆等。

A．网络服务器　B．个人计算机　C．工作站　D．网络操作系统

18．网络互连设备常用的有________。

A．中继器　B．Modem　C．网桥　D．网关

19．无线传输媒体除常见的无线电波外，通过空间直线传输的还有三种技术________。

A．微波　B．红外线　C．激光　D．紫外线

20．双绞线分________双绞线和________双绞线。

A．基带　B．窄带　C．屏蔽　D．非屏蔽

21．半双工通信指通信双方可以________；全双工通信指通信双方可以________。

A．同时发送　B．同时接收

C．发送信息，但不能同时发送　D．同时发送和接收

22．数据终端设备可以是计算机或________，也可以是各种________。

A．终端　B．中继器　C．I/O 设备　D．Modem

23．在发送端由直流变成交流称为________，在接收端由交流变成直流称为________。

A．调制　B．解调　C．调相　D．调频

24．建立局域网，每台计算机应安装________。

A．网络适配器　B．相应的网络适配器的驱动程序

C．相应的调制解调器的驱动程序　D．调制解调器

25．在局域网连接 Internet 时，在添加 TCP/IP 协议后，还需要设置本机的________后，才能连接 Internet 网。

A．子网掩码　B．网关

C．IP 地址　D．代理服务器地址

26．拨号入网条件有________。

A．由 ISP 提供的用户名、注册密码　B．打印机

C．一台调制解调器（Modem）　D．网卡

27．一个 IP 地址由三个部分组成，它们是________字段。

A．类别　B．网络号　C．主机号　D．域名

28．在网络中信息安全十分重要。与 Web 服务器安全有关的措施有________。

A．增加集线器数量　B．对用户身份进行鉴别

C．使用防火墙　D．使用高档服务器

29．WWW 使用 Client/Server 模型，用户通过________端浏览器访问 WWW ________。

A．客户机　B．服务器　C．浏览器　D．局域网

30．域名 www.acm.org________。

A．是中国的非营利组织的服务器　B．其中最高层域名是 org

C．其中组织机构的缩写是 acm　D．是美国的非营利组织的服务器

31．下列有关电子邮件的说法中，正确的是________。

A．电子邮件的邮局一般在接收方的个人计算机中

B．电子邮件是 Internet 提供的一项最基本的服务

C．通过电子邮件可以向世界上任何一个 Internet 用户发送信息

D．电子邮件可发送的多媒体信息只有文字和图像

32．下列软件中________属于网页制作工具。

A．Photoshop　B．FrontPage　C．PageMaker　D．Netscape

三、判断题

1．多台计算机相连，就形成了一个网络系统。（　）

2．一台带有多个终端的计算机系统称为计算机网络。（　）

3．互联网是通过网络适配器将各个网络互连起来的。（　）

4．所谓互联网，指的是同种类型的网络及其产品相互连接起来。（　）

5．在一所大学里，每个系都有自己的局域网，则连接各个系的校园网是局域网。（　）

6．局域网是将较小区域内的计算机、通信设备连在一起的通信网络。（　）

7．局域网的信息传送速率比广域网高，所以其传送误码率也比广域网高。（　）

8．根据计算机网络覆盖地理范围的大小，网络可分为广域网和以太网。（　）

9．子网是指局域网。（　）

10．局域网常见的拓扑结构有星状、总线和环状结构。（　）

11．网络协议是用于编写通信软件的程序设计语言。（　）

12．OSI 的中文含义是开放系统互连参考模型。（　）

13．为了能在网络上正确地传送信息，制定了一整套关于传输顺序、格式、内容和方式的约定，称为通信协议。（　）

14．广域网中的分组交换网采用 X.25 协议。（　）

15．Internet 上有许多不同的复杂网络和许多不同类型的计算机，它们之间互相通信的基础是 TCP/IP 协议。（　）

16．计算机通信协议中的 TCP 称为传输控制协议。（　）

17．以太网的通信协议是 TCP/IP 协议。（　）

18．信号的传输媒体称为信道。（　）

19．信道复用就是通信信道重复多次使用。（　）

20．帧是两个数据链路实体之间交换的数据单元。（　）

21．在网络中交换的数据单元称为报文分组或包。（　）

22．计算机网络通信通常采用同步和异步两种方式。（　）

23．调制解调器的主要功能是实现数字信号的放大与整形。（　）

24．具有调制和解调功能的装置称为路由器。（　）

25．局域网传输介质一般采用同轴电缆或双绞线。（　）

26．Internet 采用存储交换技术。（　）

27．在计算机网络中，“带宽”这一术语表示数据传输的宽度。（　）

28．传输介质是网络中发送方与接收方之间的逻辑信道。（　）

29．服务器是网络的信息与管理中心。（　）

30．工作站是网络的必备设备。（　）

31．任何连入局域网的计算机或服务器相互通信时都必须在主机上插入一块网卡。（　）

32．局域网各个结点的计算机都应在主机扩展槽中插有网卡，网卡的正式名称是终端适配器。（　）

33．互联网通过网络适配器将各个网络互连起来。（　）

34．网关具有路由器的功能。（　）

35．WWW 服务器使用统一资源定位器 URL 编址机制。（　）

36．WWW 是 Word Wild Windows 的缩写。（　）

37．WWW 是一种基于超文本文件的多媒体检索工具。WWW 是一种基于超文本方

式的信息查询工具，可在 Internet 上组织和呈现相关的信息和图像。 ( )

38．在 Internet 中域名不分大小写。 ( )

39．域名地址 www.sina.com.cn 中，www 称为顶级域名。 ( )

40．域名是用分层的方法为 Internet 中的计算机所取的直观的名字。 ( )

41．IP 地址是给连在 Internet 上的主机分配的一个 16 位地址。 ( )

42．IP 地址中网络号以 127 开头的表示本地软件回送测试。 ( )

43．个人计算机申请了账号并以拨号方式接入 Internet 后，该计算机没有自己的 IP 地址。 ( )

44．Windows 中的拨号网络可以使用户通过调制解调器拨入自己所在的网络的远程服务器。 ( )

45．超文本是非线性结构的文本。 ( )

46．Internet 中信息资源的基本构成是超链接。 ( )

47．用户通过服务器与网络系统对话。 ( )

48．Java 语言指超文本标记语言。 ( )

49．网中文件传输可用 FTP。 ( )

50．FTP 是 Internet 中的一种文件传输服务，它可以将文件下载到本地计算机中。 ( )

51．文件传输和远程登录都是互联网上的主要功能之一，它们都需要双方计算机之间建立通信联系，两者的区别是文件传输只能传输文件，远程登录则不能传递文件。 ( )

52．在 HTML 中，链接源是专门用来链接图形文件的。 ( )

53．HTML 是 Internet 站点中 Web 应用的共同语言，所有的网页都是带有 HTML 格式的文件。 ( )

54．在 Windows 对等网上，所有打印机、CD-ROM 驱动器、硬盘驱动器、光盘驱动器都能共享。 ( )

55．甲乙两台微机互为网上邻居，甲计算机把 C 盘共享后，乙计算机总可以存取修改甲计算机 C 盘上的数据。 ( )

56．获得 Web 服务器支持后，可以将制作好的站点发布到 Web 服务器上。把站点发布到 Web 服务器实际上就是将站点包含的所有网页复制到 Web 服务器上。 ( )

57．一个用户要想使用电子邮件功能，应当使自己的计算机通过网络得到一个 E-mail 服务器的服务支持。 ( )

58．在 Internet 上，每个电子邮件用户所拥有的电子邮件地址称为 E-mail 地址，它具有如下统一格式：用户名@主机域名。 ( )

习题七　信息安全与职业道德

一、单选题

1．防止计算机中信息被窃取的手段不包括_______。

A．用户识别　　B．权限控制　　C．数据加密　　D．病毒控制

2．网上“黑客”是指_______的人。

A．匿名上网　　B．总在晚上上网

C．在网上私闯他人计算机系统　　D．不花钱上网

3．计算机病毒是一种_______。

A．程序　　B．电子元件　　C．微生物“病毒体”　D．机器部件

4．以下对计算机病毒的描述不正确的是_______。

A．计算机病毒是人为编制的一段恶意程序

B．计算机病毒不会破坏计算机硬件系统

C．计算机病毒的传播途径主要是数据存储介质的交换以及网络链路

D．计算机病毒具有潜伏性

5．下列关于计算机病毒的叙述中错误的是_______。

A．计算机病毒是一个标记或一个命令

B．计算机病毒是人为制造的一种程序

C．计算机病毒是一种通过磁盘、网络等媒介传播、扩散并传染其他程序的程序

D．计算机病毒是能够实现自身复制，并借助一定的媒体存储，具有潜伏性、传染性和破坏性的程序

6．关于计算机病毒的说法正确的是_______。

A．计算机病毒可以烧毁计算机的电子元件

B．计算机病毒是一种传染力极强的生物细菌

C．计算机病毒是一种人为特制的具有破坏性的程序

D．计算机病毒一旦产生就无法清除

7．以下叙述正确的是_______。

A．计算机病毒可能会破坏计算机软件和硬件

B．学习使用计算机就应学习编写计算机程序

C．使用计算机时，用鼠标比用键盘更有效

D．Windows 的“记事本”能查看 Microsoft Word 格式的文件内容

8．计算机病毒的特点有_______。

A．传播性、潜伏性和破坏性　　B．传播性、潜伏性和易读性

C．潜伏性、破坏性和易读性　　D．传播性、潜伏性和安全性

9．计算机病毒主要是造成______的损坏。

A．磁盘　　B．磁盘驱动器

C．磁盘和其中的程序和数据　　D．程序和数据

10．计算机病毒传染的必要条件是______。

A．在计算机内存中运行病毒程序　　B．对磁盘进行读/写操作

C．以上两个条件均不是必要条件　　D．以上两个条件均要满足

11．为了预防计算机病毒，应采取的正确步骤之一是______。

A．每天都要对磁盘进行格式化　　B．决不玩任何计算机游戏

C．不同任何人交流　　D．不用盗版软件和来历不明的磁盘

12．计算机感染病毒后，症状可能有______。

A．计算机运行速度变慢　　B．文件长度变长

C．不能执行某些文件　　D．以上都对

13．_____是计算机感染病毒的可能途径。

A．从键盘输入统计数据　　B．运行外来程序

C．光盘表面不清洁　　D．机房电源不稳定

14．宏病毒可以感染______。

A．可执行文件　　B．引导扇区/分区表

C．Word/Excel 文档　　D．数据库文件

15．在磁盘上发现计算机病毒后，最彻底的解决办法是______。

A．删除已感染病毒的磁盘文件　　B．用杀毒软件处理

C．删除所有磁盘文件　　D．彻底格式化磁盘

16．杀毒软件能够______。

A．消除已感染的所有病毒

B．发现并阻止任何病毒的入侵

C．杜绝对计算机的侵害

D．发现病毒入侵的某些迹象并及时清除或提醒操作者

17．计算机病毒会造成______。

A．CPU 的烧毁　　B．磁盘驱动器的损坏

C．程序和数据的破坏　　D．磁盘的物理损坏

18．计算机软件的著作权属于______。

A．销售商　　B．使用者　　C．软件开发者　　D．购买者

19．下列叙述正确的是______。

A．所有软件都可以自由复制和传播

B．受法律保护的计算机软件不能随意复制

C．软件没有著作权，不受法律保护

D．应当使用自己花钱买来的软件

20．某部门委托他人开发软件，如无书面协议明确规定，则该软件的著作权属于______。

A．受委托者　　B．委托者　　C．双方共有　　D．进入公有领域

21．我国政府颁布的《计算机软件保护条例》于______开始实施。

A．1986 年 10 月　　B．1990 年 6 月

C．1991 年 10 月　　D．1993 年 10 月

22．计算机软件著作权的保护期为______年。

A．10　　B．20　　C．25　　D．50

23．下列______软件不拥有版权。

A．共享软件　　B．公有软件　　C．免费软件　　D．商业软件

24．关于计算机软件的叙述，错误的是______。

A．软件是一种商品

B．软件借来复制也不损害他人利益

C．《计算机软件保护条例》对软件著作权进行保护

D．未经软件著作权人的同意复制其软件是一种侵权行为

二、多选题

1．下面有关计算机病毒的叙述正确的是______。

A．计算机病毒的传染途径不但包括 U 盘、硬盘，还包括网络

B．如果一旦被任何病毒感染，那么计算机都不能够启动

C．如果 U 盘加了写保护，那么就一定不会被任何病毒感染

D．计算机一旦被病毒感染后，应马上用消毒液清洗磁盘

2．本地计算机被感染病毒的途径可能是______。

A．使用 U 盘　　B．软盘表面受损　　C．机房电源不稳定　　D．上网

3．计算机病毒通常容易感染扩展名为______的文件。

A．HLP　　B．EXE　　C．COM　　D．BAT

4．计算机病毒会造成计算机______的损坏。

A．硬件　　B．软件　　C．数据　　D．程序

5．防止非法拷贝软件的正确方法有______。

A．使用加密软件对需要保护的软件加密

B．采用“加密狗”、加密卡等硬件

C．在软件中隐藏恶性的计算机病毒，一旦有人非法拷贝该软件，病毒就发作，破坏非法拷贝者磁盘上的数据

D．严格保密制度，使非法者无机可乘

6．计算机病毒的特点有______。

A．隐蔽性、实时性　　B．分时性、破坏性

C．潜伏性、隐蔽性　　D．传染性、破坏性

7．以下关于消除计算机病毒的说法中正确的是______。

A．专门的杀毒软件不总是有效的

B．删除所有带毒文件能消除所有病毒

C．若U盘感染病毒，则对其进行全面的格式化是杀毒的有效方法之一

D．要一劳永逸地使计算机不感染病毒，最好的方法是装上防病毒卡

8．软件著作人享有的权利有__________。

A．发表权　　B．署名权　　C．修改权　　D．发行权

9．下列__________软件拥有版权。

A．共享软件　　B．公有软件　　C．免费软件　　D．商业软件

三、判断题

1．若一台微机感染了病毒，只要删除所有带毒文件，就能消除所有病毒。（　　）

2．当发现病毒时，它们往往已经对计算机系统造成了不同程度的破坏，即使清除了病毒，受到破坏的内容有时也是很难恢复的。因此，对计算机病毒必须以预防为主。（　　）

3．计算机病毒在某些条件下被激活之后，才开始起干扰破坏作用。（　　）

4．计算机病毒只会破坏软盘上的数据和文件。（　　）

5．CIH病毒能够破坏任何计算机主板上的BIOS系统程序。（　　）

6．若一个磁盘上没有可执行文件，则不会感染病毒。（　　）

7．对磁盘进行完全格式化也不一定能消除软盘上的计算机病毒。（　　）

8．计算机只要安装了防毒、杀毒软件，上网浏览就不会感染病毒。（　　）

9．对重要程序或数据要经常备份，以便感染上病毒后能够得到恢复。（　　）

10．宏病毒可感染Word或Excel文件。（　　）

11．计算机职业道德包括不应该复制或利用没有购买的软件，不应该在未经他人许可的情况下使用他人的计算机资源。（　　）

12．1991年5月24日国务院颁布了《计算机软件保护条例》。（　　）

13．摩尔定律是Intel公司创始人戈登·摩尔于20世纪70年代提出的。（　　）

14．摩尔定律和曼卡夫定律揭示了当今社会需求和现代科技进步的规律，也为Internet的快速发展提供了科学依据。（　　）

参 考 文 献

宋益众，金信苗，2013．计算机应用基础[M]．北京：北京交通大学出版社．

宋益众，金信苗，2013．计算机应用基础实训教程[M]．北京：北京交通大学出版社．

吴华，兰星，2012．Office 2010 办公软件应用标准教程[M]．北京：清华大学出版社．

吴卿，2012．办公软件高级应用[M]．杭州：浙江大学出版社．

余素芬，2011．Word 2010 排版及应用技巧总动员[M]．北京：清华大学出版社．

周贤善，王祖荣，2011．计算机网络技术与 Internet 应用[M]．北京：清华大学出版社．